FOKUS BIOLOGIE

W0415122

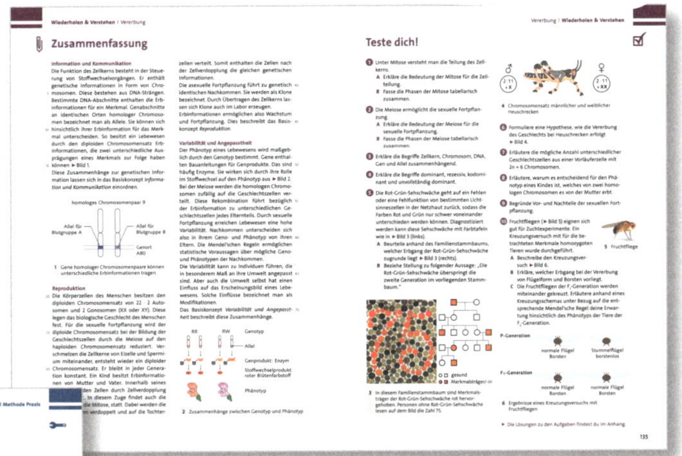
Wiederholen & Verstehen | Vererbung

Zusammenfassung

Teste dich!

ZUSAMMENFASSUNG

Mithilfe der Basiskonzepte werden die Inhalte des Kapitels zusammengefasst. Sie helfen dir, die Informationen zu ordnen und Zusammenhänge herzustellen.

TESTE DICH!

Mit diesen Aufgaben kannst du testen, ob du alles verstanden hast und das erworbene Wissen anwenden kannst. Die Lösungen zu diesen Aufgaben stehen im Anhang des Buches.

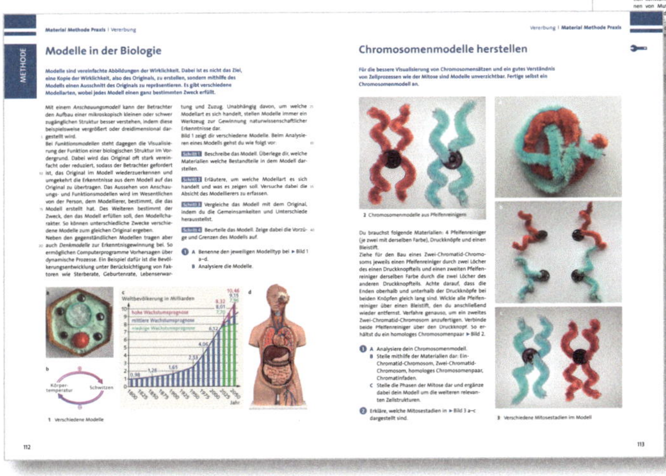
Material Methode Praxis | Vererbung

Modelle in der Biologie

Chromosomenmodelle herstellen

MATERIAL METHODE PRAXIS (MMP)

Die Methodenseiten führen dich Schritt für Schritt in wichtige Arbeitsweisen ein. Auf den anderen MMP-Seiten wendest du Arbeitsweisen an oder du bearbeitest Aufgaben mithilfe verschiedener Materialien.

FOKUS BIOLOGIE

Cornelsen

Autorinnen und Autoren: Julia Budde, Meerbusch; Birgit Giffhorn, Sickte; Holger Hinxlage, Cloppenburg; Markus Schönke, Südergellersen; Jutta Schulz, Guderhandviertel; Yvonne Schwerdtfeger, Hannover

Thomas Armbruster, Konstanz; Sabine Hanke, Pforzheim; Monika Scherer, Bad Rappenau; Monika Waible-Pons Marti, Stuttgart

Redaktion: Christina Utermann, Elisa Schmitt, Andrea Weber

Illustration und Grafik: Christine Faltermayr, Starnberg; Karin Mall, Berlin; Jörg Mair, München; Gregor Mecklenburg, Pinneberg; Heike Möller; Bernhard Peter, Pattensen, newVISION.de; Stephan Winkler; www.biologiegrafik.de

Gesamtgestaltung und technische Umsetzung: EYES-OPEN, Berlin

Begleitmaterialien zum Lehrwerk für Lehrerinnen und Lehrer
Lösungen und Hilfekärtchen: 978-3-06-013628-5
E-Book: 978-3-06-013651-3

www.cornelsen.de

1. Auflage, 1. Druck 2017

Alle Drucke dieser Auflage sind inhaltlich unverändert und können im Unterricht nebeneinander verwendet werden.

Druck: Mohn Media Mohndruck, Gütersloh

ISBN 978-3-06-013625-4

PEFC
PEFC/04-31-1033

PEFC zertifiziert
Dieses Produkt stammt aus nachhaltig bewirtschafteten Wäldern und kontrollierten Quellen.
www.pefc.de

FOKUS

BIOLOGIE 9/10

NIEDERSACHSEN G9

Cornelsen

Inhalt

SEXUALITÄT UND VERANTWORTUNG 82

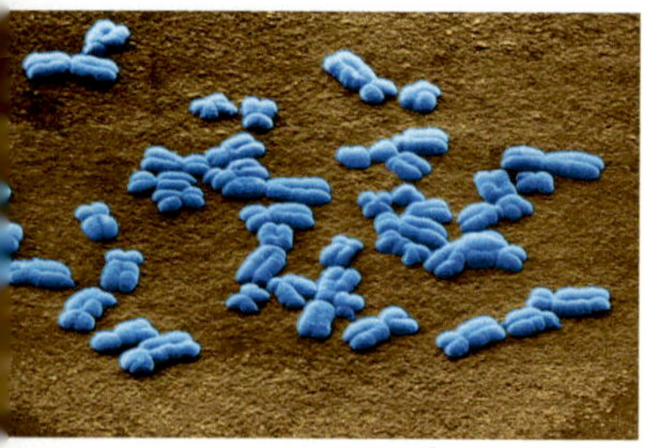

VERERBUNG 104

Französische
Crêpes
Crêpes
FLYING CIRCUS

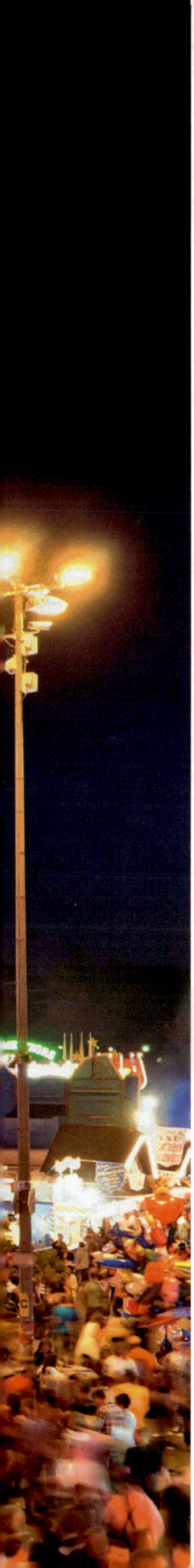

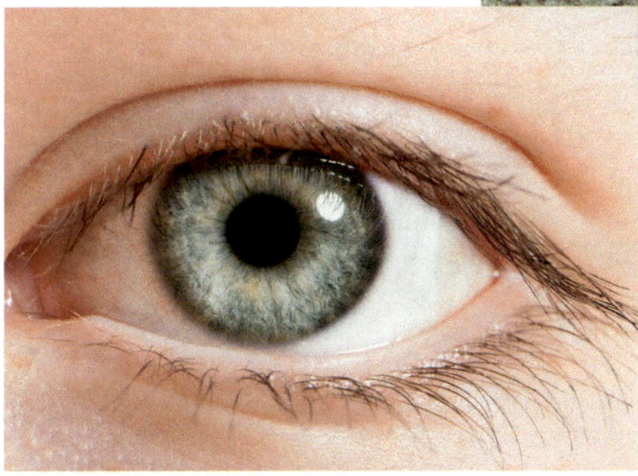

Sinnesorgane

Unsere Sinnesorgane ermöglichen es uns, zahlreiche Informationen aus der Umwelt aufzunehmen und uns so in ihr zurechtzufinden. Dabei arbeiten meist mehrere Sinnesorgane gleichzeitig und vermitteln uns einen vielfältigen Eindruck von der Umgebung. Erst wenn einer unserer Sinne beeinträchtigt ist, merken wir, wie wichtig der einzelne Sinn für die Wahrnehmung ist.

Wahrnehmung der Umwelt mit allen Sinnen

Mithilfe unserer Sinnesorgane sind wir in der Lage, zahlreiche Informationen aus der Umwelt aufzunehmen und uns so in ihr zurechtzufinden. Probiere selbst aus, wie gut deine Sinnesorgane arbeiten.

1 Blind testen

2 Verdünnungsreihen zum Vergleich von Geschmacks- und Geruchssinn

Blind testen

Dem Schüler in ▶ Bild 1 wurden die Augen verbunden. Vor ihm liegt eine Tüte mit unbekanntem Inhalt. Nun soll er herausfinden, worum es sich handelt.

1 **A** Beschreibe Möglichkeiten, wie der Schüler bestimmen kann, was in der Tüte ist. Er darf nicht nachschauen, doch sonst alle seine Sinne einsetzen.
B Probiere das Experiment mit deinem Sitznachbarn aus.
C Nenne die Sinnesorgane, die eingesetzt wurden.

Geschmack oder Geruch – welcher Sinn ist besser?

Stelle ein Gemisch aus 100 ml Wasser und 1 ml Essig (5 %igen Essig) her. Nimm hiervon mit einer Einmalpipette 1 ml und verdünne das Gemisch nochmals mit 100 ml Wasser. Wiederhole den Vorgang zwei weitere Male und beschrifte die Verdünnungsstufen ▶ Bild 2. Stelle ebenso eine Verdünnungsreihe mit 1 g Zucker her. Stelle die Becher in gemischter Reihenfolge auf. Ein Mitschüler kann nun einen Becher auswählen und muss entscheiden, ob in dem gewählten Becher eine Essig- oder Zuckerverdünnung enthalten ist. Er darf dafür an der Flüssigkeit riechen und sie dann mit zugehaltener Nase probieren.

Aus welcher Richtung kommt das Geräusch?

Stelle dich ca. 2 m hinter einem Partner auf, ihr schaut beide in die gleiche Richtung. Halte deine Hand auf Augenhöhe und schnipse mit den Fingern. Bewege deine Hand beim Schnipsen jeweils etwas nach links oder rechts. Dein Partner soll entscheiden, ob das Schnipsen von links oder rechts kommt. Liegt er richtig, so entferne dich immer weiter von ihm, bis die Richtungsentscheidungen nicht mehr stimmen.

Ich sehe was, was du nicht siehst!

Übertrage ▶ Bild 3 in der dargestellten Größe auf ein DIN-A4-Blatt. Zeichne hierzu vier Ringe mit dem Bleistift auf und radiere an unterschiedlichen Stellen eine Öffnung hinein. Hänge das Blatt in 4 m Entfernung in Augenhöhe auf.
Dein Partner soll anschließend versuchen zu erkennen, an welcher Stelle die Ringe jeweils geöffnet sind.

3 Ringe für den Sehtest

Sinne des Menschen

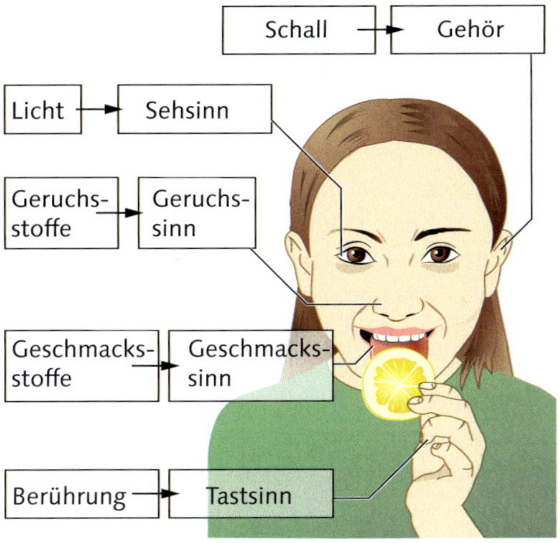

4 Beispiele für Sinne des Menschen

Sinne des Menschen Unser Körper verfügt über Sinne, die es uns ermöglichen, die Informationen aus der Umwelt aufzunehmen und uns zurechtzufinden. Diese Informationen nennt man *Reize*. Jeder Sinn reagiert auf einen zu ihm passenden Reiz, man spricht von einem *adäquaten Reiz*.

Der *Sehsinn* ist bei uns besonders stark ausgeprägt. Der Mensch wird aus diesem Grund auch zu den „Augentieren" gezählt. Es gibt aber weitaus mehr wahrzunehmen als nur die Dinge, die wir sehen. Tritt man von einem Waldstück auf eine Lichtung, so spürt man die Wärme der Sonne deutlicher und der Geruch von Nadelholz wird schwächer. Auch verschwindet das Rascheln des Laubs. Wir nehmen unsere Umwelt also auch mit der Haut, der Nase und den Ohren wahr.

Um zu beurteilen, ob der Apfel an einem Baum reif ist, muss man ihn probieren. Die typischen Geschmacksstoffe eines reifen Apfels nehmen wir mit den *Sinneszellen* unserer Zunge auf. Sie bilden mit vielen weiteren Sinneszellen ein *Sinnesorgan*.

Sinneszellen nehmen die für sie spezifischen Reize auf und wandeln sie in elektrische Signale um. Man spricht von einer Erregung. Diese wird durch *Nervenzellen* von den Sinnesorganen zum Gehirn weitergeleitet. Dort findet die eigentliche *Wahrnehmung* eines Reizes statt. Im Gehirn werden alle Sinneseindrücke zusammengetragen und verarbeitet. Wie der Körper auf einen Reiz reagiert, hängt hierbei von der Gesamtheit aller Eindrücke und Erfahrungen ab. So können wir z. B. einen gut aussehenden und duftenden Apfel greifen. Dafür sendet das Gehirn Signale an die Muskeln im Arm und in der Hand, die als Erfolgsorgane diese Reaktion ausführen.

Neben den „klassischen" fünf Sinnen *Sehen, Hören, Riechen, Schmecken* und *Fühlen* besitzen wir weitere Sinne, um eine Vielzahl an Reizen wahrzunehmen. Hierzu zählen Temperatursinn, Gleichgewichtssinn und Schmerzsinn.

Sinne kann man trainieren Einige Sinne können „trainiert" und dadurch noch leistungsfähiger werden. Blinde lernen mit dem Tastsinn ihrer Finger, die Blindenschrift zu lesen. Ihr Gehör ist häufig besonders gut ausgebildet. Damit nehmen sie oft mehr von ihrer Umwelt wahr als wir „Sehenden". So ist es ihnen möglich, sich sicher durch eine Stadt zu bewegen.

1 Nenne unsere Sinnesorgane und die dazugehörigen Sinne und Reize. Erstelle eine Tabelle wie unten.

Sinnesorgan	Sinn	Adäquater Reiz

2 Elisa steht wartend an einer roten Ampel. Als diese grün wird, geht sie los. Erläutere den Weg vom Reiz zur Reaktion an diesem Beispiel.

3 Beschreibe deine Wahrnehmung, wenn du wie in ▶ Bild 5 auf einer Waldlichtung stündest:
A mit offenen Augen
B mit geschlossenen Augen

4 Erläutere, inwieweit Menschen ohne Geschmackssinn beeinträchtigt sind.

5 Blick auf eine Waldlichtung

Das Auge

Unsere Augen befinden sich an der höchsten Stelle unseres Körpers, dem Kopf. Der Mensch besitzt zwei nach vorne gerichtete Augen.

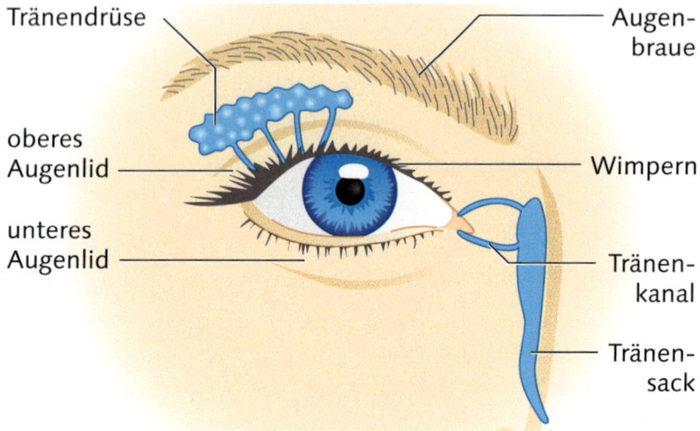

1 Schutzeinrichtungen des Auges

Schutzeinrichtungen Der Großteil des Auges befindet sich gut geschützt in einer knöchernen Höhle im Schädel. Besondere Schutzeinrichtungen bewahren das empfindliche Auge vor Verletzungen ▶ Bild 1.

Besonders auffallend sind die Augenlider, Augenbrauen und Wimpern. Während die Augenbrauen verhindern, dass Flüssigkeiten wie Regenwasser oder Schweiß von oben in die Augen laufen, halten die Wimpern Insekten und Staub ab. Sobald Fremdkörper die Oberfläche des Augapfels berühren oder auch nur die Berührung z. B. durch einen Ast bevorsteht, blinzelt man unwillkürlich. Das Augenlid wird geschlossen, das Auge wird vom Lid verdeckt und somit geschützt.

Jeder hatte schon einmal ein Sandkorn oder ein kleines Insekt im Auge und musste feststellen, dass das Auge zu tränen beginnt. Die Tränenflüssigkeit hat zum einen die Funktion, kleinere Fremdkörper auszuwaschen. Zum anderen verhindert sie aber auch, dass Krankheitserreger ins Auge gelangen. Zusätzlich befeuchtet sie das Auge und ermöglicht so das problemlose Öffnen und Schließen des Augenlids. Die Innenwände der Lider werden von der Bindehaut bedeckt. Die Bindehaut ist eine Schleimhaut und dient der Abwehr von Erregern und Fremdkörpern. Sie verhindert auch, dass Fremdkörper hinter den Augapfel rutschen.

Aufbau des Auges Von außen ist nur ein kleiner Teil des Augapfels zu erkennen ▶ Bild 2. Der Augapfel kann durch Muskeln in alle Richtungen bewegt werden. So lassen sich Gegenstände innerhalb eines kleinen Bereichs ohne Drehung des Kopfs verfolgen. Zum *Augapfel* zählen die weiße Lederhaut, die Hornhaut und die Iris, in deren Mitte sich die *Pupille* befindet. Diese ist als kleine schwarze Öffnung erkennbar. Die *Iris* wird auch Regenbogenhaut genannt und kann unterschiedlich gefärbt sein.

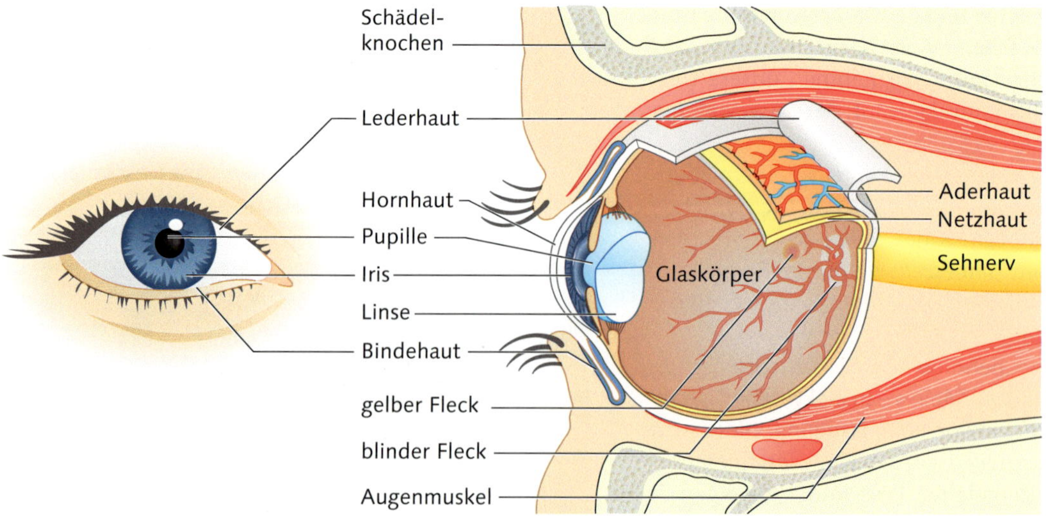

2 Auge von vorn (links) und im Längsschnitt (rechts)

Die durchsichtige Hornhaut, die Linse und der dahinterliegende *Glaskörper* ermöglichen, dass Licht auf die *Netzhaut* fällt. In der Netzhaut befinden sich die *Lichtsinneszellen*. Sie wandeln Lichtreize in elektrische Signale um, die dann an das Gehirn weitergeleitet werden. Zwischen der zähen *Lederhaut*, die dem Schutz des Augapfels dient, und der Netzhaut befinden sich die *Aderhaut* und die Pigmentschicht. Die Aderhaut versorgt das Auge mit Sauerstoff und Nährstoffen, die Pigmentschicht ist reich an Farbstoffteilchen.

Regelung des Lichteinfalls in das Auge Da die Lichtverhältnisse sehr stark schwanken können, ist es wichtig, dass das Auge auf unterschiedliche Helligkeitswerte reagieren kann. Mit der Iris wird der Lichteinfall in das Auge und somit die Beleuchtungsstärke auf der Netzhaut reguliert. Die Iris ist ein Muskel, dessen Spannung verändert werden kann, wodurch die Größe der Pupille variiert (▶ Bild 3). Bei weit geöffneter Pupille gelangt mehr Licht auf die Netzhaut als bei einer kleinen Pupillenöffnung. Diese Anpassung des Auges an unterschiedliche Helligkeitswerte nennt man *Adaptation*.

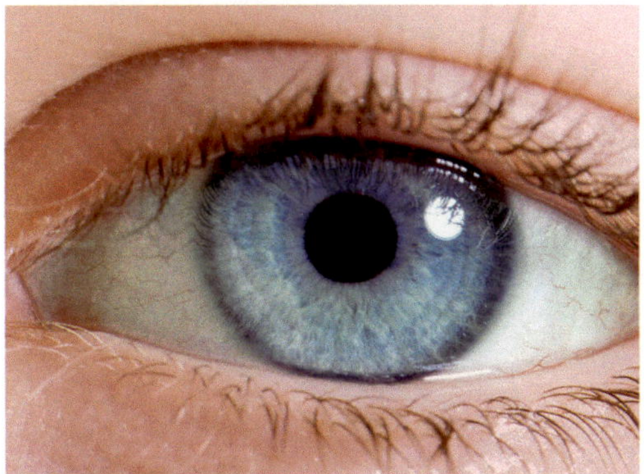

3 Durch die Iris wird die Pupillengröße reguliert.

Regelkreis Eine optimale Beleuchtung der Netzhaut ist wichtig, um einerseits gut sehen zu können und anderseits eine Schädigung der Netzhaut zu vermeiden. Mit einem *Regelkreis* kann erklärt werden, wie die Öffnungsweite der Pupille verändert wird ▶ Bild 4. Hierbei ist die Stärke des einfallenden Lichts die *Störgröße*. Die Sinneszellen auf der Netzhaut können als *Messfühler* die Stärke des Lichts messen und diese Information als *Istwert* an das Gehirn weiterleiten. Je nachdem, ob die Lichtstärke ausreichend, zu hoch oder zu gering ist, wird vom Gehirn ein entsprechender *Stellwert* als Information an die Irismuskulatur gesandt. Diese ist als *Stellglied* in der Lage, durch Zusammenziehen von Muskeln die Öffnungsweite der Pupille zu verändern.

1. Nenne die Schutzeinrichtungen des Auges und ihre Funktionen.

2. Stelle in einem Fließschema den Weg des Lichts durch das Auge dar.

3. **A** Setze dich mit einem Partner an einem Tisch gegenüber. Bitte ihn, für ca. 30 s die Augen zu schließen und dann wieder zu öffnen. Achte beim Öffnen der Augen auf die Pupillen und protokolliere die Beobachtungen. Leuchte vorsichtig mit einer Taschenlampe in ein Auge und beobachte weiter.
   B Erkläre die Beobachtungen.

4. **A** Beschreibe einen Regelkreis für das Experiment in Aufgabe 3.
   B Der Augenarzt tröpfelt zur besseren Betrachtung des Augenhintergrunds eine Flüssigkeit ins Auge. Dadurch wird die Irismuskulatur gelähmt. Beschreibe die ablaufenden Prozesse und das Ergebnis.

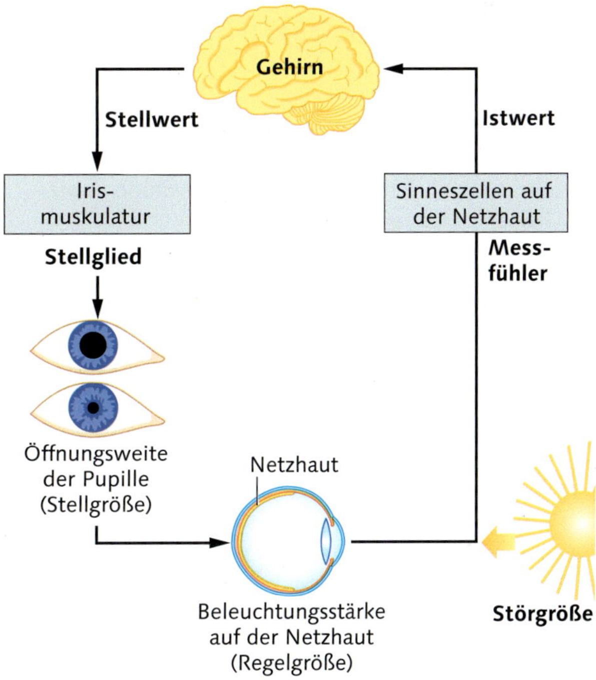

4 Regelkreis für die Hell-Dunkel-Adaptation

Untersuchung eines Schweineauges

Das Schweineauge stimmt in Aufbau und Größe mit einem menschlichen Auge überein. Dies macht es zu einem sehr guten Untersuchungsobjekt. Beim Sezieren eines Auges können der genaue Aufbau und die Funktion einzelner Bestandteile untersucht werden.

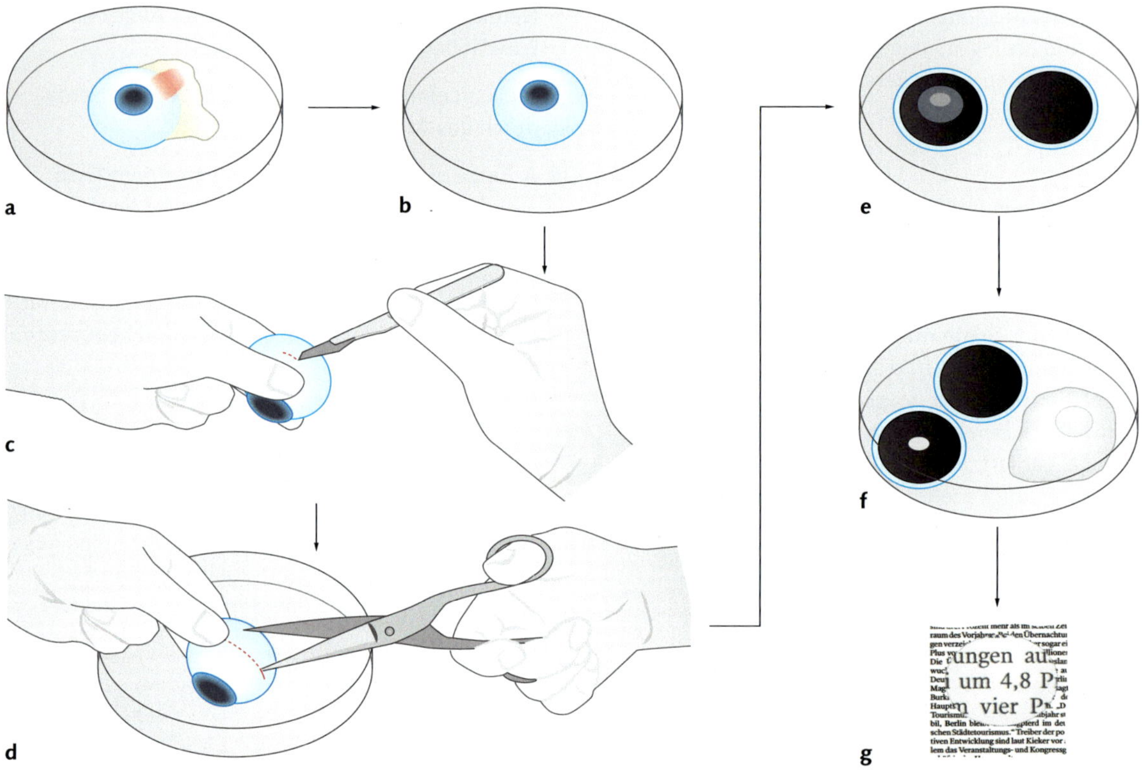

1 Untersuchungsschritte

Material: Schweineauge, Präparier- oder Petrischale, Schere, Skalpell, Pinzette, Einweghandschuhe, Papiertücher, Zeitungspapier

Durchführung:

1. Betrachte zunächst das Auge wie in ▶ Bild 1a von außen und identifiziere die einzelnen Strukturen. Gut zu erkennen sind der Sehnerv, die Hornhaut und teilweise die Ansätze der Augenmuskeln. Des Weiteren sind Fettgewebe und Bindegewebe deutlich zu sehen.
2. Entferne Fett- und Muskelgewebe sauber mit der Schere ▶ Bild 1b.
3. Nimm das Auge so wie in ▶ Bild 1c gezeigt in die Hand.
4. Schneide mit dem Skalpell ein kleines Loch in die Lederhaut. Sei hierbei sehr vorsichtig! Halbiere anschließend mit der Schere wie in ▶ Bild 1d gezeigt das Auge vorsichtig. Achte hierbei darauf, dass der Inhalt nicht herausquillt, sondern nach Möglichkeit in der vorderen Augenhälfte bleibt ▶ Bild 1e.
5. Nimm die inneren Bestandteile des Auges heraus und betrachte sie ▶ Bild 1f.

1 Beschreibe die Beschaffenheit des Glaskörpers.

6. Befreie die Linse von Resten des Glaskörpers und lege sie auf ein Stück Zeitungspapier, wie in ▶ Bild 1g zu sehen ist. Untersuche ihre optische Eigenschaft näher.
7. Drücke vorsichtig seitlich auf die Linse und beobachte.
8. Ziehe von der Innenseite des Auges vorsichtig die Netzhaut ab.

2 Beschreibe das Aussehen der Netzhaut.

Aufbau der Netzhaut

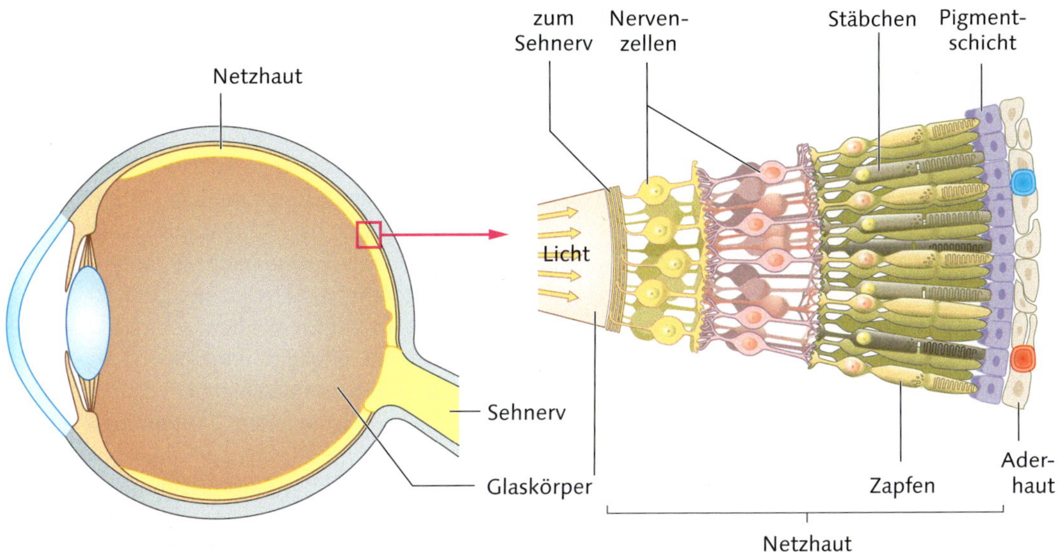

2 Schichten der Netzhaut

Die Netzhaut besteht aus Lichtsinneszellen und Nervenzellschichten ▶ Bild 2. Einfallendes Licht durchdringt zunächst zwei Nervenzellschichten, ehe es auf die Lichtsinneszellen trifft. In der Netzhaut gibt es zwei verschiedene Typen von Lichtsinneszellen: die *Stäbchen* und die *Zapfen*. Beide Zelltypen sind in der Lage, Lichtreize aufzunehmen. Sie unterscheiden sich aber hinsichtlich ihres Aufbaus und der Verteilung in der Netzhaut. Werden die Lichtsinneszellen gereizt, so senden sie Signale an die Schaltzellen, die mit weiteren Nervenzellen verbunden sind. Die Fortsätze aller Nervenzellen bilden zusammen den Sehnerv und führen aus dem Auge in das Gehirn.

Verteilung der Lichtsinneszellen Der überwiegende Teil der ca. 6 Millionen Zapfen befindet sich im *gelben Fleck*. Dies ist der Bereich auf der Netzhaut, an dem wir am schärfsten sehen. Die Zapfen stehen hier besonders dicht zusammen. Jeder Zapfen im gelben Fleck ist mit einer Schaltzelle verbunden und sendet ein eigenes Signal direkt über den Sehnerv zum Gehirn. Dadurch werden die Informationen vieler einzelner Bildpunkte weitergeleitet und wir sehen besonders scharf.
Außerhalb des gelben Flecks befinden sich hauptsächlich Stäbchen. Insgesamt sind es ca. 125 Millionen. Sie sind über die gesamte Netzhaut verteilt, allerdings wird ihre Anzahl immer geringer, je weiter der Bereich vom gelben Fleck entfernt liegt. Die Stäbchen geben ihre Signale nicht einzeln über den Sehnerv an das Gehirn weiter. Vielmehr fassen die Schalt- und Nervenzellen die Informationen mehrerer Stäbchen zusammen. Mehrere schwache Signale werden so zu einem stärkeren Signale zusammengefasst und zum Gehirn weitergeleitet. Darum kann man auch bei geringer Lichtstärke etwas wahrnehmen. An der Stelle, wo der Sehnerv das Auge verlässt, dem *blinden Fleck*, sind keinerlei Lichtsinneszellen vorhanden. Lichtreize können dort nicht aufgenommen werden.

Erkrankungen oder Schäden an der Netzhaut Es gibt zahlreiche Erkrankungen, die die Funktion der Netzhaut stark einschränken oder im schlimmsten Fall zur Erblindung führen können. Im Alter oder als Folge der Zuckerkrankheit (Diabetes) kann sich die Netzhaut von der Pigmentschicht ablösen. Die Netzhautzellen werden dann nicht mehr ausreichend mit Blut, Sauerstoff und Nährstoffen versorgt und können absterben. Symptome einer Netzhautablösung sind z. B. das Sehen von Blitzen oder Sternchen. In einem solchen Fall muss schnellstmöglich ein Arzt aufgesucht werden.

Eigenschaften der Stäbchen und Zapfen Beide Typen von Lichtsinneszellen senden elektrische Signale aus, wenn sie durch Licht gereizt werden. Die etwas dünneren und längeren Stäbchen reagieren besonders empfindlich und ermöglichen das Sehen bei schwachen Lichtverhältnissen, z.B. bei Dämmerung oder bei Nacht. Die Zapfen ermöglichen das Farbensehen, wobei einige Zapfen besonders stark bei rotem Licht und andere stärker bei blauem oder grünem Licht reagieren. Ist der Reiz jedoch zu schwach, so senden die Zapfen keine Signale an das Gehirn weiter.

Im Gehirn entsteht aus allen eingehenden Signalen von Stäbchen und Zapfen der Seheindruck.

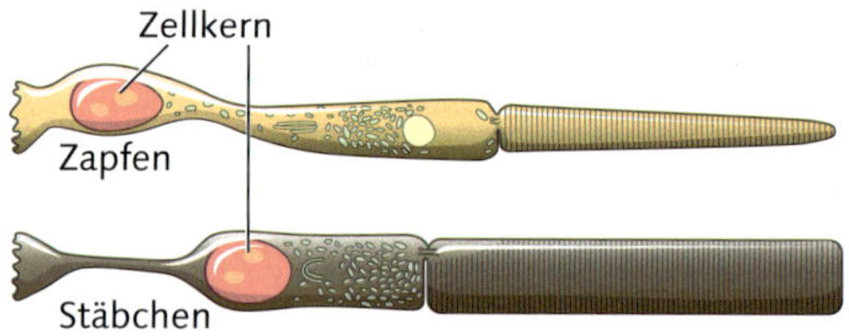

1 Lichtsinneszellen: Stäbchen und Zapfen

Zerfall des Sehfarbstoffs Die Lichtsinneszellen enthalten Sehfarbstoffe, die empfindlich auf Lichtreize reagieren. Fällt Licht auf den Sehfarbstoff, so zerfällt er und es wird ein Signal an die Nervenzellen gesendet ► Bild 2. Ist der Vorrat an Sehfarbstoff aufgebraucht, wird auch das Signal schwächer, das von der einzelnen Lichtsinneszelle weitergegeben wird. Lichtsinneszellen, die längere Zeit nicht angeregt wurden, besitzen einen großen Vorrat an Sehfarbstoff.

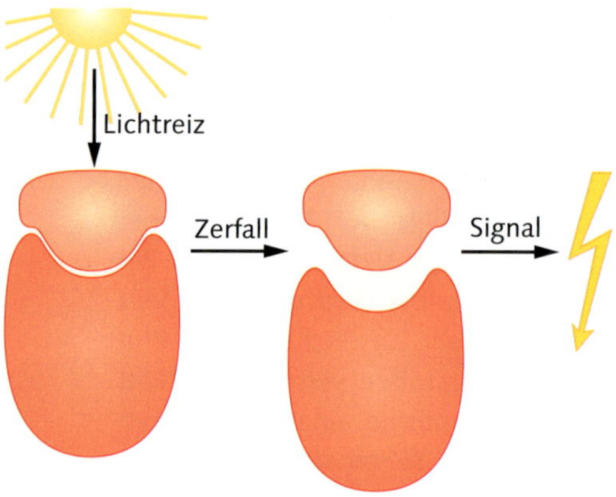

2 Zerfall des Sehfarbstoffs

Nach dem Zerfall dauert es bis zu 15 min, bis der Sehfarbstoff wieder zusammengesetzt ist und erneut auf einen Lichtreiz reagieren kann. Damit der Sehfarbstoff aufgebaut werden kann, benötigt der Körper aus der Nahrung ausreichend Vitamin A.

Farbensehen Werden alle Zapfentypen gleichermaßen durch weißes Licht angeregt, geben sie alle ein gleich starkes Signal an das Gehirn weiter und es entsteht der Seheindruck Weiß ► Bild 3. Werden nur der grüne und rote Zapfentyp angeregt, entsteht der Seheindruck Gelb, da der Farbeindruck im Gehirn aus dem roten und gelben Zapfensignal gebildet wird. So ist es möglich, dass durch unterschiedlich starke Reizung der drei verschiedenen Zapfentypen unzählige Farben wahrgenommen werden können. Man nennt dies additive Farbmischung.

3 Additive Farbmischung

1. Vergleiche Stäbchen und Zapfen. Lege eine Tabelle an.
2. Erkläre, wie das Sprichwort „Nachts sind alle Katzen grau“ gemeint ist.
3. Nimm Stellung zu der Aussage, dass man besonders gut sehen kann, wenn man viele Möhren isst, die unter anderem Vitamin A enthalten.
4. Schaut man genau in dem Moment in eine Kamera, wenn der Blitz ausgelöst wird, so kann man für einen kurzen Zeitraum nicht gut sehen. Man hat den Eindruck, einen dunklen Fleck im Sichtbereich zu haben. Erkläre diese Beobachtung und weshalb nach kurzer Zeit wieder normal gesehen werden kann.

Experimente mit den eigenen Augen

Mit einfachen Experimenten kannst du einige Eigenschaften des Auges untersuchen. Mithilfe der Informationen im Grundwissen und den Materialien auf dieser Seite kannst du die Effekte erklären.

4 Versuch zum blinden Fleck – Wo ist die Rose?

Blinder Fleck

Lege das Buch mit ca. 50 cm Abstand vor dich auf den Tisch. Halte dein linkes Auge mit der linken Hand zu und schaue mit deinem rechten Auge auf die Iris in ► Bild 4. Bewege anschließend deinen Kopf langsam auf das Buch zu, wobei du immer auf die Iris schauen musst.

1 **A** Beschreibe deine Beobachtungen, während du deinen Kopf immer weiter in Richtung Buch bewegst.
B Erkläre deine Beobachtungen und weshalb im Alltag der blinde Fleck beim Sehen nicht bemerkt wird.

Nachbilder I

Halte dir ein Auge zu und schaue mit dem anderen für ca. 15 s auf das Kreuz der schwarzen Lampe ► Bild 5. Anschließend musst du schnell auf das Kreuz daneben schauen. Du wirst sehen, wie dir plötzlich „ein Licht aufgeht".

5 Licht aus – Licht an

2 **A** Beschreibe deine Beobachtungen.
B Erkläre die gemachte Beobachtung mithilfe der Informationen zum Zerfall des Sehfarbstoffs.

Nachbilder II

Bei diesem Versuch musst du mit einem Auge für ca. 15 s in die Mitte des grünen Vierecks schauen. Versuche, währenddessen nicht zu blinzeln. Schaue anschließend auf den weißen Kasten daneben.

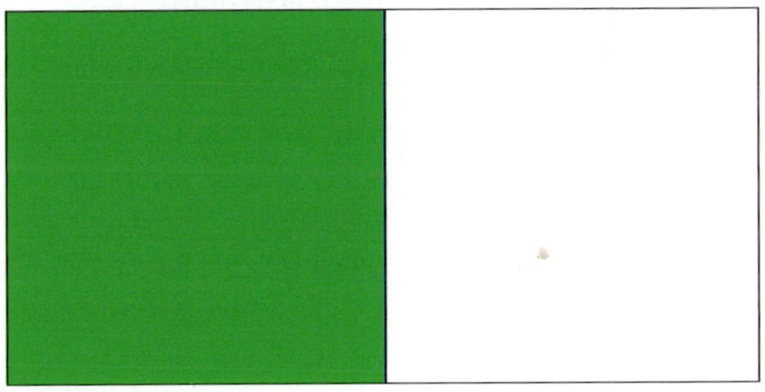

6 Farbenwechsel?

3 **A** Beschreibe deine Beobachtung.
B Deute deine Beobachtungen. Nutze die Informationen zur additiven Farbmischung auf der Grundwissensseite sowie ► Bild 3.

Du kannst den Versuch auch mit andersfarbigen Kärtchen durchführen. Schneide hierzu einfach aus einem farbigen Papier eine beliebige Form aus und führe den Versuch wie oben beschrieben durch. Besonders interessant ist die Versuchsdurchführung mit den Farben Blau, Gelb oder Rot.

Sehen in die Nähe und Ferne – Akkommodation

1 „Scharfstellen“ in nah und fern

In der unmittelbaren Umgebung kann man normalerweise alle Gegenstände scharf erkennen. Unser Auge ist selbst in der Lage, diese „scharf zu stellen“. Das funktioniert sowohl in der Nähe als auch bis zu einer gewissen Distanz in der Ferne. Das scharfe Sehen in der Nähe und Ferne ist jedoch nicht gleichzeitig möglich ▶ Bild 1.

Funktion der Linse Die Linse in unserem Auge gehört zusammen mit der Hornhaut und dem Glaskörper zum *optischen Apparat*. Diese Strukturen beeinflussen das einfallende Licht, bevor es auf die Netzhaut trifft. Man sagt, das *Licht wird gebrochen*. Die Linse ist verformbar, wodurch sich ihre Brechkraft verändert. Die Linse im menschlichen Auge ist eine Sammellinse, in der Fachsprache bezeichnet man diese nach außen gewölbte Form als konvex. Eine so geformte Linse hat die Eigenschaft, das Licht umso stärker zu brechen, je runder sie ist. Hierbei werden die Lichtstrahlen gebündelt ▶ Bild 2.

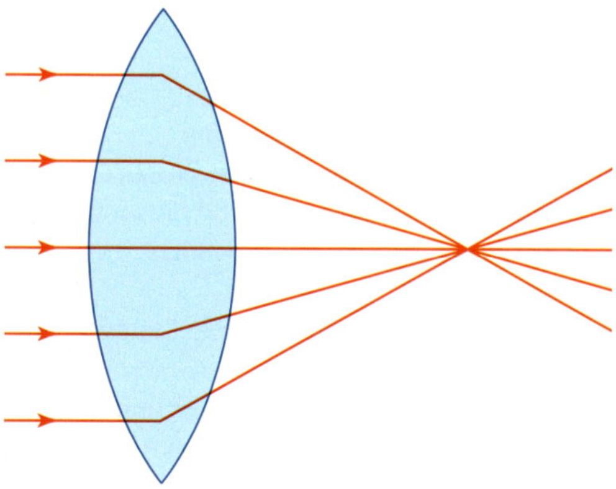

2 Lichtbrechung an einer Sammellinse

Akkommodation Der Vorgang, bei dem sich die Linse verformt und somit das Sehen sowohl in der Nähe als auch in der Ferne ermöglicht, bezeichnet man als *Akkommodation*. Die weiche Linse ist im Auge an Linsenbändern aufgehängt, die mit dem *Ziliarmuskel* verbunden sind. Spannt er sich an, verringert sich sein Zug auf die Linsenbänder. Diese werden entspannt und die Linse nimmt eine kugelige Form an ▶ Bild 3. Das Licht wird nun stärker gebrochen und so können Gegenstände in der Nähe scharf gesehen werden. Entspannt sich der Muskel dagegen, werden die Linsenbänder gestrafft und die Linse wird in die Länge gezogen. Die Brechkraft der Linse lässt nach und man sieht in der Ferne scharf. Allerdings ist die Verformbarkeit der Linse beschränkt. Wir können nicht beliebig weit entfernte oder aber unmittelbar vor dem Auge liegende Objekte scharf sehen. Ab einem bestimmten Punkt ist die Linse nicht mehr in der Lage, die Lichtstrahlen ausreichend stark zu brechen, das Bild ist unscharf. Die Entfernung, in der nahe Objekte gerade noch scharf abgebildet werden können, nennt man *Nahpunkt*.

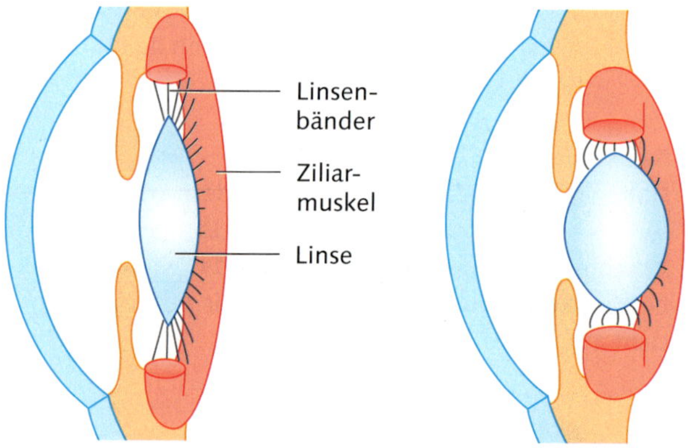

3 Abgeflachte (links) und kugelige (rechts) Form der Linse

1. Erstelle ein Fließschema für den Vorgang der Akkommodation, ausgehend von einer länglich geformten Linse.
2. Erkläre, weshalb Ojekte unterhalb des Nahpunkts nicht mehr scharf gesehen werden können.
3. Versucht man z. B. einen Stift genau vor dem Auge scharf zu sehen, so merkt man schnell, dass das recht anstrengend ist. Erkläre diese Tatsache.

Modell zur Funktion des Auges

Modelle erleichtern oft das Verständnis von komplizierten Sachverhalten. Du kannst die Funktion der Linse mit einem selbst gebauten Modell genauer untersuchen.

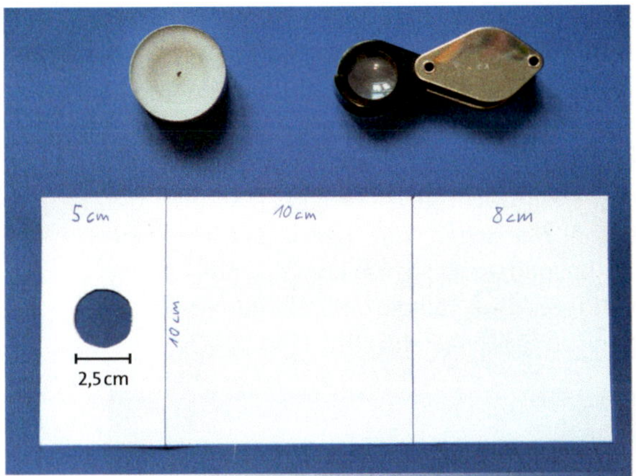

4 Augenmodell: Material und Maße

5 Aufbau des Augenmodells

Bau eines einfachen Augenmodells

Lies dir die Anleitung gut durch und baue anschließend mithilfe von ▶ Bild 4 ein eigenes Augenmodell. So kannst du Funktionen des menschlichen Auges selbst untersuchen.

Material: weißes, dickes Papier oder Karton (DIN A4), Teelicht, kleine Lupe

Durchführung:
Schneide das Papier zu wie in ▶ Bild 4 gezeigt. Falte es entlang der eingezeichneten Linien und baue alles so auf wie in ▶ Bild 5 dargestellt.

Funktion der Linse

Stelle das Teelicht vor die Öffnung.

1 Beschreibe deine Beobachtungen.

Positioniere zusätzlich eine kleine Lupe direkt hinter der Öffnung. Achte beim Aufbau darauf, dass die Kerzenflamme, die Öffnung und die Lupe die gleiche Höhe haben.

2 Beschreibe deine Beobachtungen. Verändere den Abstand der Kerze vor der Öffnung. Beobachte.

3 **A** Vergleiche das Modell mit dem menschlichen Auge, indem du den einzelnen Gegenständen Strukturen im Auge zuordnest.
B Erkläre, inwieweit sich Modell und Auge in ihren Eigenschaften unterscheiden.

Camera obscura

LEONARDO DA VINCI (1452–1519) erkannte, dass unser Auge ähnlich wie die Camera obscura funktioniert. Als Camera obscura (lat. *obscur:* dunkel) wurde früher ein Raum benannt, der völlig abgedunkelt war. Durch ein kleines Loch fiel Licht in ihn hinein. So wurde ein Abbild der Außenwelt auf der dem Loch gegenüberliegenden Wand erzeugt ▶ Bild 6.

4 **A** Erkläre, weshalb das Abbild sowohl bei der Camera obscura als auch bei den Modellversuchen auf dem Kopf steht.
B Begründe, ob das Bild auf der Netzhaut des Auges auch auf dem Kopf steht.

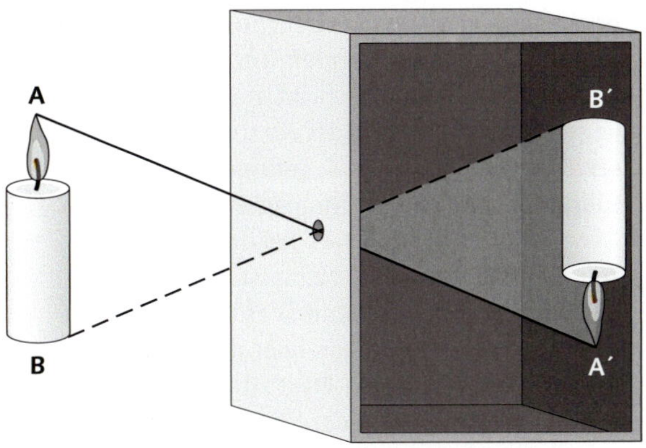

6 Camera obscura

Fehlsichtigkeiten und Sehschwächen

Fehlsichtigkeit Die Eigenschaft, Gegenstände nur in der Nähe scharf sehen zu können, bezeichnet man als *Kurzsichtigkeit*. In der Ferne sieht ein Kurzsichtiger unscharf. Können dagegen nur Gegenstände mit größerem Abstand scharf gesehen werden, so spricht man von *Weitsichtigkeit*. Ursachen sind entweder die Form des Augapfels oder aber die veränderten Eigenschaften der Linse, wie sie im Alter auftreten können. Beide Formen der Fehlsichtigkeit lassen sich mit Sehhilfen, also Brillen oder Kontaktlinsen, korrigieren.

Linsentypen Bei Sehhilfen unterscheidet man grundsätzlich zwischen zwei Typen von Linsen, den Sammellinsen und den Zerstreuungslinsen. Bei den *Sammellinsen* werden die Lichtstrahlen stärker gebündelt. Der Optiker spricht von Plusgläsern. Bei den *Zerstreuungslinsen* werden die Lichtstrahlen stärker gestreut. Man bezeichnet sie als Minusgläser. Auch Kontaktlinsen können beide Eigenschaften besitzen.

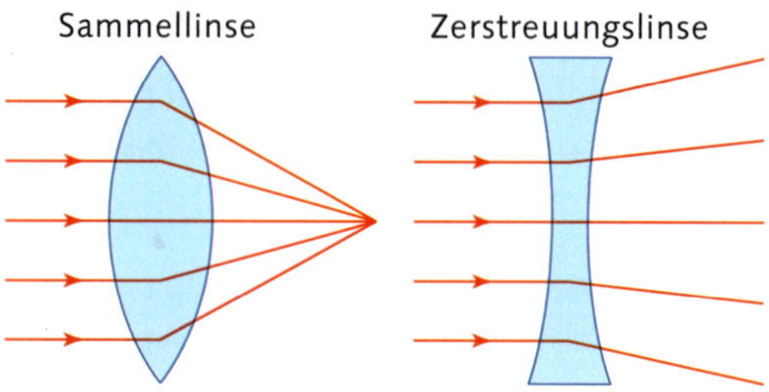

1 Linsentypen

Die richtige Korrekturlinse Wenn das Auge eines Kurzsichtigen fernakkommodiert ist, bricht die Augenlinse das Licht zu stark und entfernte Gegenstände werden unscharf abgebildet, weil die Bildpunkte nicht auf der Netzhaut liegen. Bei einer Brille muss ein Linsentyp eingesetzt werden, der zu einer geringeren Brechung führt, der Optiker setzt Minusgläser ein. Genau andersherum ist es bei der Weitsichtigkeit. Beim Sehen in der Nähe ist die Brechkraft der Linse nicht ausreichend. Dies kann an einem zu kurzen Augapfel liegen oder daran, dass die Augenlinse im Alter an Elastizität verliert und dadurch beim Sehen in der Nähe nicht mehr die ausreichend kugelige Form annimmt. Hier müssen Plusgläser eingesetzt werden.

Farbsehschwäche Fast jeder 10. Junge oder Mann leidet an der Rot-Grün-Sehschwäche. Bei Frauen tritt sie deutlich seltener auf, hier ist nur etwa jede 200. Frau betroffen. Die Sehschwäche ist meist angeboren und bisher gibt es noch keine Behandlungsmöglichkeit. Ursache kann das Fehlen eines bestimmten Zapfentyps sein oder dessen Fehlfunktion. Auch wenn das Farbensehen beeinträchtigt ist (▶ Bild 2), können die meisten Menschen mit dieser Sehschwäche ohne besondere Einschränkungen ihren Alltag bewältigen. Eine völlige Farbenblindheit ist dagegen sehr selten (Häufigkeit 1 : 100 000).

2 Dasselbe Bild von Normalsichtigem (oben) und von Person mit Rot-Grün-Sehschwäche (unten) gesehen

1 **A** Manche Personen benötigen nur zum Lesen eine Brille. Erläutere, ob sie unter Kurz- oder Weitsichtigkeit leiden.
B Erkläre, welcher Linsentyp in eine Lesebrille eingesetzt werden muss.

2 Beschreibe Herausforderungen, die an Menschen mit Rot-Grün-Sehschwäche im Alltag gestellt werden.

3 Manche Farbenblinde besitzen gar keine funktionsfähigen Zapfen. Erkläre, warum sie am Tag weniger scharf sehen als Normalsichtige.

Räumliches Sehen

Unsere Augen sind beide nach vorn gerichtet und ermöglichen so das räumliche Sehen. Durch das räumliche Sehen können wir Gegenstände gezielt greifen und uns sicher bewegen. Probiere selbst, wie gut du mit einem und mit zwei Augen sehen kannst.

Gesichtsfeldbestimmung

Mit dem folgenden Versuch kannst du den Bereich, den du mit beiden Augen siehst, also dein Gesichtsfeld, bestimmen.

Material: DIN-A3-Papier oder Karton, farbige Stifte

Durchführung:
Schneide den Karton wie in ▶ Bild 3 gezeigt aus, setze dich an den Tisch und halte dir die Pappe in Augenhöhe vor das Gesicht. Halte zunächst ein Auge zu. Ein Mitschüler führt nun einen Stift, von einer Seite kommend, am Rand der Pappe entlang. In dem Moment, wenn du den Stift siehst, sage Stopp. Dein Mitschüler markiert diese Stelle auf der Pappe. Der Stift wird dann weiter am Rand fortbewegt. Signalisiere, wenn du ihn nicht mehr siehst. Auch dieser Punkt wird auf dem Karton markiert. Verbinde nun die Punkte mit der Markierung für das Auge. Das Gleiche wird für das zweite Auge wiederholt.

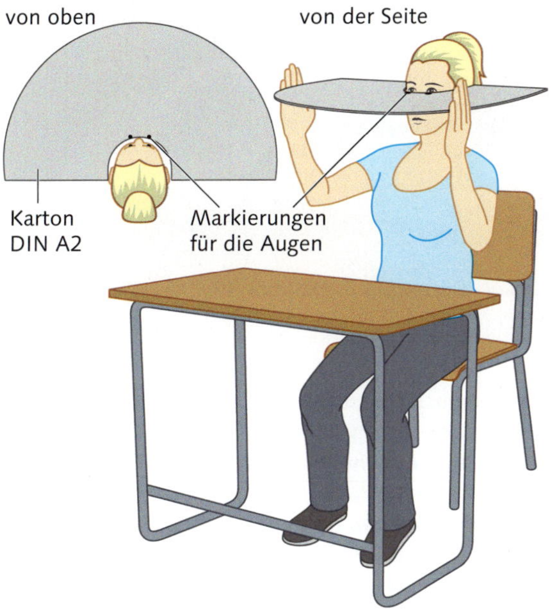

3 Gesichtsfeldbestimmung

1 Bestimme und beschrifte die Bereiche, die jeweils mit nur einem Auge gesehen wurden, und den Bereich, der mit beiden gesehen wurde.

Einäugiges Sehen

Dieser Versuch zeigt den Unterschied zwischen einäugigem und beidäugigem Sehen.

Material: 2 gleich große Stifte

Durchführung:
Stelle dich einem Partner gegenüber, der dir 2 Stifte im Abstand von ca. 50 cm vor deine Augen hält. Schließe jetzt beide Augen. Dein Partner verschiebt nun einen der Stifte um 3 cm nach vorn oder hinten. Die Stifte müssen dabei immer auf der gleichen Höhe sein.
Öffne nun ein Auge und entscheide, welcher der Stifte vorn und welcher weiter hinten ist.

2 **A** Führe den Versuch mit unterschiedlichen Abständen aus. Überprüfe zwischendurch deine Beobachtungen, wenn beide Augen geöffnet sind.
B Notiere deine Beobachtungen.
C Erkläre den Nachteil des Sehens mit nur einem Auge.

Sehen mit beiden Augen

Betrachte einen Gegenstand zunächst nur mit dem linken und dann mit dem rechten Auge und anschließend mit beiden Augen.

3 **A** Beschreibe die Beobachtung.
B Erkläre die Vorteile des Sehens mit beiden Augen.

4 Würfel, mit linkem und mit rechtem Auge gesehen

Sinne der Tiere

Menschen und Tiere nehmen über die Sinne die Umwelt wahr. Dabei kann die Leistungsfähigkeit einiger Sinne sehr unterschiedlich sein. Außerdem gibt es im Tierreich Sinne, die wir Menschen überhaupt nicht besitzen.

1 Ein Steinadler kann sehr scharf und weit sehen.

Adleraugen Greifvögel wie der Steinadler (▶ Bild 1) können ihre Beute aus großer Höhe mit dem Auge erkennen – wozu der Mensch nicht in der Lage ist. Diese hervorragende Sehfähigkeit beruht auf dem besonderen Aufbau ihrer Augen. Die Linse ist weicher und kann somit stärker verformt werden, was das Sehen in größerer Entfernung ermöglicht. Außerdem enthält die Netzhaut mehr Lichtsinneszellen, wodurch ein schärferes Bild entsteht.

Spürnasen Es ist bekannt, dass Hunde dank ihres ausgezeichneten Geruchsvermögens kleinste Mengen eines Geruchs wahrnehmen und so Spuren von Wild verfolgen können. Aber auch Schweine können so gut riechen, dass sie sogar zum Aufspüren von unterirdisch wachsenden Trüffeln eingesetzt werden ▶ Bild 2. Diese besonderen Riechleistungen sind möglich, da die Oberfläche der Riechschleimhaut dieser „Spürnasen" sehr viel größer ist und insgesamt mehr Geruchssinneszellen enthält als die des Menschen.

2 Ein Schwein auf der Suche nach Trüffeln

Mit den Ohren sehen Die Augen der Fledermäuse sind nicht sehr leistungsstark, die Tiere sind beinahe blind. Allerdings sind sie sehr gut in der Lage, Geräusche wahrzunehmen. Mithilfe ihres Gehörs schaffen sie ein Abbild der Umgebung und können in völliger Dunkelheit fliegen und jagen ▶ Bild 3. Die Tiere stoßen Schallwellen im Ultraschallbereich aus, die der Mensch nicht wahrnehmen kann. Diese werden von Objekten in der Umgebung reflektiert und ergeben so für die Fledermaus ein Hörbild der Umwelt.

3 Fledermäuse haben ein ausgezeichnetes Gehör.

Innerer Kompass Einige Tiere sind in der Lage, durch spezialisierte Sinnesorgane das Magnetfeld der Erde wahrzunehmen. Wenn im Spätsommer die Tage kürzer werden, ziehen einige Vogelarten in wärmere Gebiete im Süden und verbringen dort den Winter. Störche (▶ Bild 4) fliegen bis nach Afrika und kehren jedes Frühjahr zum gleichen Storchennest zurück. Sie sind Meister der Navigation und erreichen immer ihr Ziel. Sie orientieren sich am Magnetfeld, das die gesamte Erde umgibt, und können so stets ihre genaue Position bestimmen. Auch Wale orientieren sich im Meer am Magnetfeld der Erde.

4 Störche auf dem Zug

Wärmebilder Warme Körper heben sich durch Abstrahlung ihrer Körperwärme deutlich von der Umgebung ab ▶ Bild 5. Einige Schlangenarten können mit speziellen Sensoren im Grubenorgan Wärmestrahlung wahrnehmen. So sind sie in der Lage, auch im Gras versteckte Beute zu entdecken. Das Grubenorgan befindet sich seitlich am Kopf unterhalb der Augen ▶ Bild 6.

5 Hund, mit einer Wärmebildkamera fotografiert

Sinnesorgane als Fenster Sinnesorgane ermöglichen es uns, die Welt um uns herum wahrzunehmen. Einige Tiere sind durch besondere Sinnesorgane in der Lage, weitere, für den Menschen nicht wahrnehmbare Reize aufzunehmen und umzuwandeln. Im Alter oder bei Krankheit kann die Leistung der Sinnesorgane schwächer werden oder ganz ausfallen. Dann nehmen wir nur noch einen Teil der Umwelt wahr. Viele dieser Eigenschaften von Sinnesorganen können mit Fenstern zur Umwelt verglichen werden. Nur wenn ein Fenster vorhanden ist, kann man Informationen aus der Umwelt erhalten ▶ Bild 7.

6 Grubenorgan einer Klapperschlange

1. Nenne weitere Aufgabenfelder, bei denen Tiere dank ihrer besonderen Sinnesleistungen dem Menschen behilflich sein können.
2. Das Funktionsprinzip der Wahrnehmung bei Fledermäusen wird als Echoortung auch bei U-Booten eingesetzt. Erkläre, weshalb diese Technik bei U-Booten besondere Vorteile bietet.
3. Wale orientieren sich am Magnetfeld der Erde, aber auch mit ihrem guten Gehör. Trotzdem verirren sich immer wieder Wale auf ihren Wanderungen durch das Meer. Stelle Hypothesen auf, durch welche Einflüsse ihre Orientierung gestört werden könnte.
4. Die Polizei nutzt Wärmebildkameras, die ähnlich dem Grubenorgan der Schlangen mit speziellen Sensoren Wärmestrahlung registrieren und so Wärmebilder erzeugen ▶ Bild 5. Beschreibe Einsatzmöglichkeiten für diese Kameras.
5. Stelle anhand des Fenstermodells (▶ Bild 7) dar, welche Informationen eine Fledermaus aus der Umwelt aufnehmen kann.

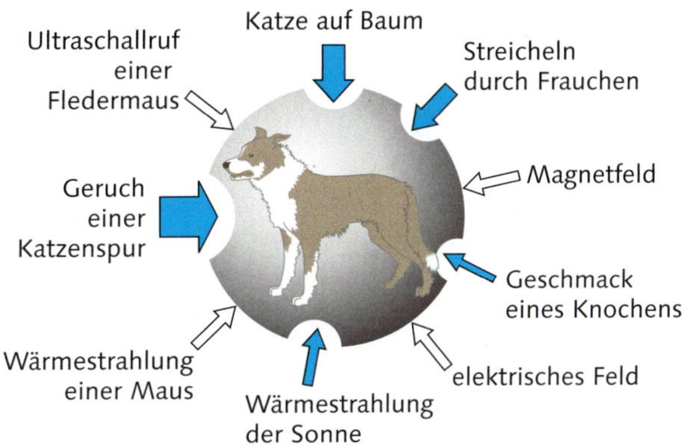

7 Wahrnehmung der Umwelt durch den Hund (blaue Pfeile bedeuten: kann wahrgenommen werden)

Das Ohr

Das Gehör ist unser aktivstes Sinnesorgan. Egal, ob wir schlafen oder wach sind – stets nehmen wir die Umwelt mit offenen Ohren wahr. Das Gehör hat eine besondere Bedeutung für die Kommunikation, denn durch das Hören erlernen wir das Sprechen. Wir nehmen unterschiedliche Töne wahr und unterscheiden Lautstärke, Richtung und Entfernung von Geräuschquellen. Deshalb ist das Gehör wichtig für die räumliche Orientierung. Außerdem befinden sich im Ohr der *Lage- und Drehsinn*, mit dem wir Drehbewegungen des Körpers wahrnehmen und die Stellung des Kopfs kontrollieren. Das Ohr besteht aus Außen-, Mittel- und Innenohr ▶ Bild 1.

Außenohr Das *Außenohr* mit Ohrmuschel und Gehörgang dient als Schalltrichter. Von einer Schallquelle ausgehende Schallwellen werden von der Ohrmuschel aufgenommen und über den Gehörgang an das Mittelohr weitergeleitet. Talgdrüsen in der Haut des Gehörgangs und Ohrschmalzdrüsen sondern klebriges Ohrenschmalz ab. Dieses schützt den Gehörgang vor dem Eindringen von Wasser und reinigt ihn von Schmutz- und Staubpartikeln. Außerdem wirkt es antibakteriell, tötet also Bakterien ab, die ins Außenohr eingedrungen sind.

Mittelohr Das *Mittelohr* umfasst das Trommelfell, die luftgefüllte Paukenhöhle mit den *Gehörknöchelchen Hammer, Amboss* und *Steigbügel* sowie die *eustachische Röhre*. Es übernimmt eine wichtige Funktion für die Weiterleitung und Verstärkung von Schallsignalen. Durch die eintreffenden Schallwellen beginnt das Trommelfell zu schwingen. Diese Schwingungen werden über die gelenkig miteinander verbundenen Gehörknöchelchen auf das ovale Fenster übertragen. Hierbei handelt es sich um eine Membran, die das Mittelohr vom Innenohr trennt. Die Fläche des ovalen Fensters ist viel kleiner als die des Trommelfells. Bei der Übertragung vom Trommelfell auf das ovale Fenster wird das Schallsignal daher verstärkt.
Die eustachische Röhre verbindet das Mittelohr mit dem Nasen- und Rachenraum. Sie dient der Belüftung und dem Druckausgleich. Beim Fliegen oder Tauchen verändert sich der Luftdruck innerhalb kurzer Zeit. Dies führt dazu, dass in der Paukenhöhle ein anderer Druck herrscht als außen. Dann kann das Trommelfell nicht mehr schwingen und die Hörfähigkeit ist eingeschränkt. Beim Gähnen oder Schlucken öffnet sich die eustachische Röhre und ein Druckausgleich kann erfolgen.

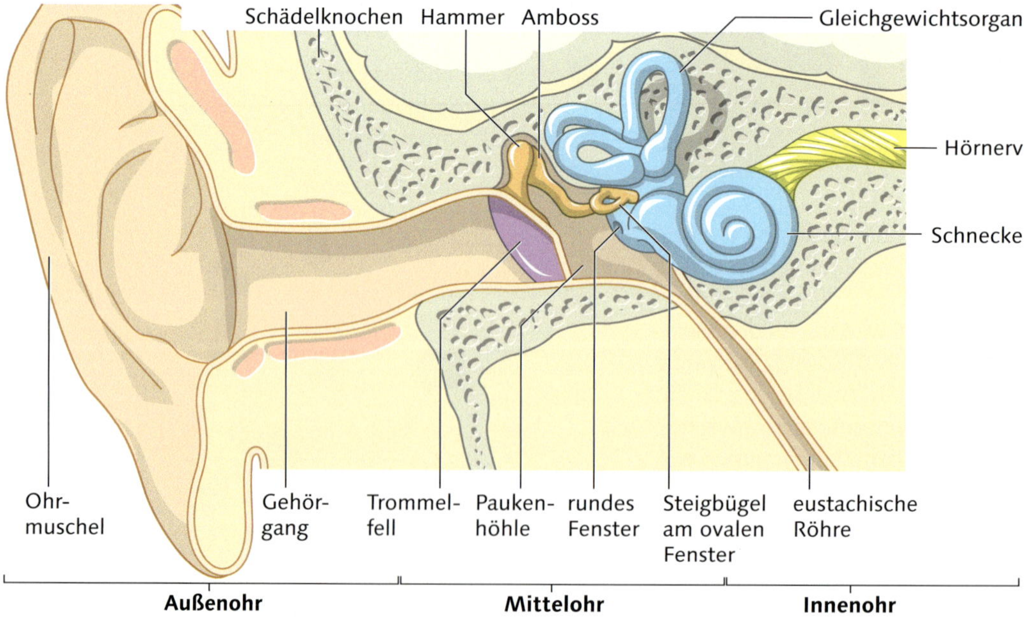

1 Ohr des Menschen

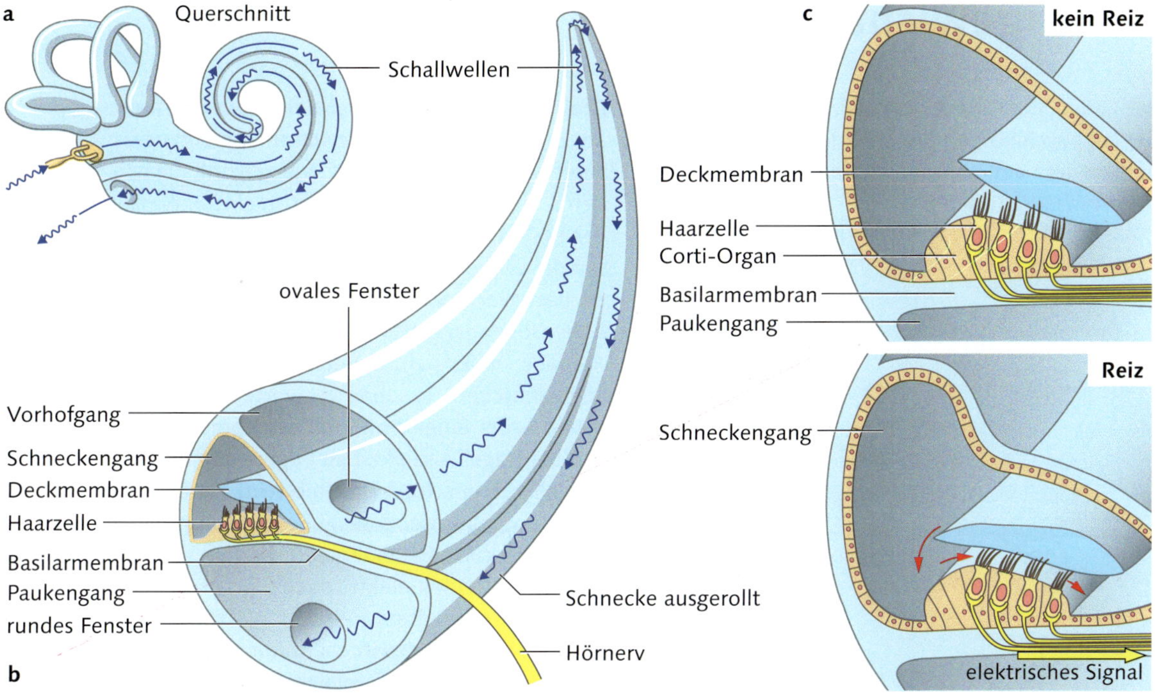

2 Bau des Innenohrs: Schnecke (a), Schnecke ausgerollt (b), Schneckengang mit Corti-Organ (c)

Innenohr Das flüssigkeitsgefüllte *Innenohr* besteht aus dem Vorhof, den drei Bogengängen und der Schnecke. Während der Gleichgewichtssinn in den Bogengängen liegt, ist der Gehörsinn in der Schnecke angesiedelt.

Die *Schnecke* besteht aus drei mit Flüssigkeit gefüllten und durch Membranen voneinander getrennten Räumen ▶ Bild 2. In der Mitte liegt der Schneckengang, darüber der Vorhofgang und darunter der Paukengang. Alle drei Gänge sind wie ein Schneckenhaus aufgewunden. Der Vorhofgang beginnt am ovalen Fenster und reicht bis zur Schneckenspitze. Dort geht er in den Paukengang über, der im runden Fenster endet.

Der Boden des Schneckengangs wird von der Basilarmembran gebildet. Hier befindet sich das eigentliche Hörorgan, das Corti-Organ, auf dem rund 25 000 Haarzellen, die *Hörsinneszellen*, liegen ▶ Bild 2. Die Hörsinneszellen werden von einer Deckmembran überdeckt. Wenn im Mittelohr der Steigbügel die Membran des ovalen Fensters nach innen drückt, gerät die Flüssigkeit in der Schnecke in Bewegung, eine Druckwelle entsteht. Diese Druckwelle versetzt die Basilarmembran des Schneckengangs in Schwingungen. Die Hörsinneszellen stoßen gegen die Deckmembran und werden gereizt. Es entsteht ein elektrisches Signal, das über den Hörnerv an das Gehirn weitergeleitet wird. Erst dort entsteht der Höreindruck.

Richtungshören Das Hören mit zwei Ohren ermöglicht es, die Position einer Schallquelle auszumachen. Trifft der Schall zeitgleich in beiden Ohren ein, so läuft das Signal von beiden Ohren gleichzeitig auf das Gehirn zu. Es wird erkannt, dass das Geräusch direkt von vorn oder direkt von hinten kommt. Erreicht der Schall ein Ohr früher als das andere, so gelangen die Signale beider Ohren zeitversetzt ins Gehirn. Je größer die Zeitdifferenz der gesendeten Signale ist, desto weiter ist die Schallquelle zu einer Seite verschoben.

1. Stelle in einer Tabelle die Bestandteile des Ohrs und ihre jeweilige Funktion dar.
2. Im Flugzeug verteilen Flugbegleiter Kaugummis an Fluggäste. Erkläre den Grund.
3. Auch mit verbundenen Augen kann man hören, aus welcher Richtung ein Geräusch kommt. Erkläre.
4. Ärzte warnen davor, die Ohren mit Wattestäbchen zu reinigen. Begründe.

Gleichgewichtsorgan

Bei jeder Bewegung des Körpers wird das Gleichgewichtsorgan im Innenohr gereizt. Es besteht aus den Lagesinnesorganen und dem Drehsinnesorgan ▶ Bild 1.

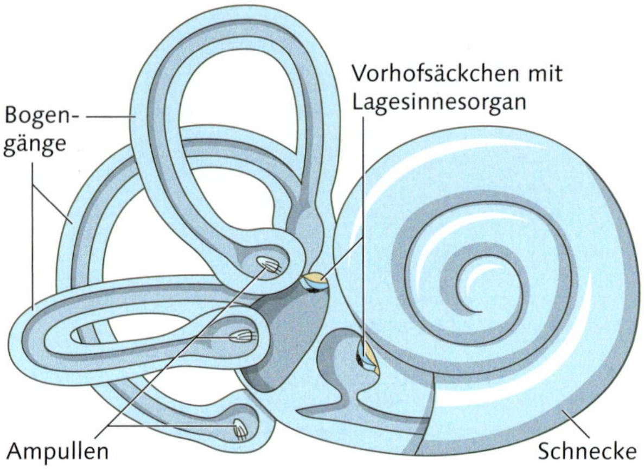

1 Lage- und Drehsinnesorgan

Lagesinnesorgan Das *Lagesinnesorgan* besteht aus zwei flüssigkeitsgefüllten Vorhofsäckchen. Sie enthalten Haarzellen, die jeweils eine größere Anzahl von feinen Sinneshärchen tragen. Diese sind von einer Gallertkappe umhüllt, in die zahlreiche kleine Kalkkristalle eingebettet sind ▶ Bild 2.

Bewegen wir unseren Kopf nach rechts, so verrutschen die Kalkkristalle ebenfalls nach rechts. Dadurch biegen sich die Sinneshärchen in die gleiche Richtung. Sie werden gereizt und es entsteht ein elektrisches Signal, das über Nervenzellen an das Gehirn weitergeleitet wird. Hier treffen auch elektrische Signale des anderen Lagesinnesorgans ein. Aus beiden Informationen wird die Lage des Kopfs errechnet.

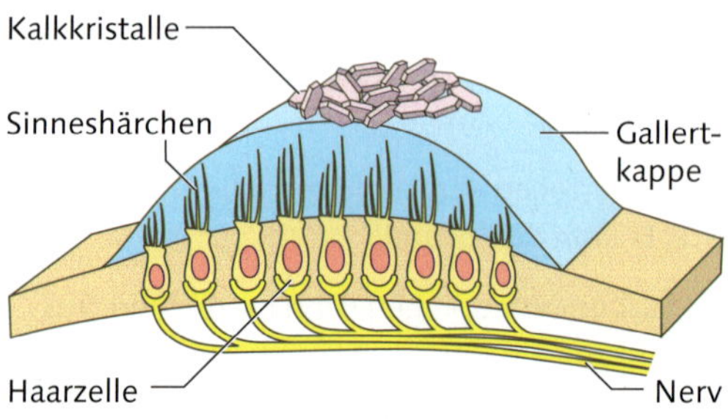

2 Querschnitt durch ein Lagesinnesorgan

Drehsinnesorgan Das *Drehsinnesorgan* besteht aus drei mit Flüssigkeit gefüllten Bogengängen. Einer der Bogengänge liegt waagerecht, die beiden anderen stehen senkrecht in einem Winkel von 90° dazu ▶ Bild 1. So können wir Drehungen um die Längsachse sowie Bewegungen zur Seite, nach vorn oder nach hinten wahrnehmen. Jeder Bogengang besitzt eine Erweiterung, die *Ampulle*, in der sich Haarzellen befinden, deren Sinneshärchen in eine Gallertkappe ragen ▶ Bild 3. Bei einer Drehung des Kopfs bewegt sich die träge Flüssigkeit im Bogengang nicht so schnell wie der Kopf. Deshalb wird die Gallertkappe entgegen der Bewegungsrichtung ausgelenkt und die Sinneshärchen werden gereizt. Die entstehenden elektrischen Signale werden zum Gehirn geleitet und dort als Drehbewegung wahrgenommen.

Wird die Drehbewegung fortgesetzt, so bewegt sich die Flüssigkeit so schnell wie der Körper. Der Druck auf die Gallertkappe verringert sich, sodass dem Gehirn keine Kreisbewegung mehr gemeldet wird. Stoppt die Drehbewegung plötzlich, strömt die Flüssigkeit aufgrund ihrer verzögerten Reaktion weiter. Die Gallertkappe wird in die der Drehbewegung entgegengesetzte Richtung ausgelenkt. Eine falsche Information über die Richtung der Bewegung wird ans Gehirn gesendet: Wir empfinden Drehschwindel.

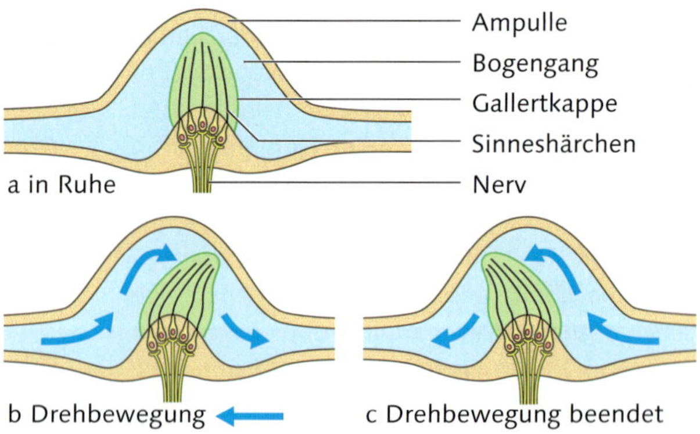

3 Längsschnitt durch eine Ampulle

1. Vergleiche Bau und Funktion von Lage- und Drehsinnesorgan.
2. Zeichne das Lagesinnesorgan (▶ Bild 2) bei nach links geneigtem Kopf.

Schall, Tonhöhe und Lautstärke

Was ist Schall? Schall wird durch schwingende Körper erzeugt. Wird eine Schallquelle, z. B. eine Gitarrensaite, angeschlagen, so werden die Luftteilchen vor der nach vorn schwingenden Saite zusammengedrückt. Hier entsteht ein Bereich mit höherem Luftdruck. Schwingt die Saite zurück, werden die Luftteilchen auseinandergezogen, der Luftdruck ist in diesem Bereich geringer ▶ Bild 5. Die entstehenden Luftdruckschwankungen breiten sich als Schallwellen im Raum aus und treffen auf unsere Ohren.

Tonhöhe und Lautstärke Ob wir Schall wahrnehmen, ist abhängig von der Tonhöhe und der Lautstärke. Je schneller eine Schallquelle schwingt, je höher also die Frequenz der Schwingung ist, desto höher klingt der Ton. Die Frequenz wird in der Einheit Hertz (Hz) gemessen. Dabei bedeutet 1 Hertz eine Schwingung pro Sekunde. Der Hörbereich eines jungen Menschen liegt bei Frequenzen zwischen 20 und 20 000 Hz. Mit zunehmendem Alter nimmt die Empfindlichkeit des Ohrs für hohe Frequenzen ab.
Die Lautstärke wird durch die Größe der Luftdruckschwankung bestimmt, also durch die Amplitude der Schwingung. Je größer die Amplitude der Schwingungen, desto stärker vibriert die Basilarmembran und desto lauter wird der Ton wahrgenommen. Die Lautstärke wird in der Einheit Dezibel (dB) angegeben.

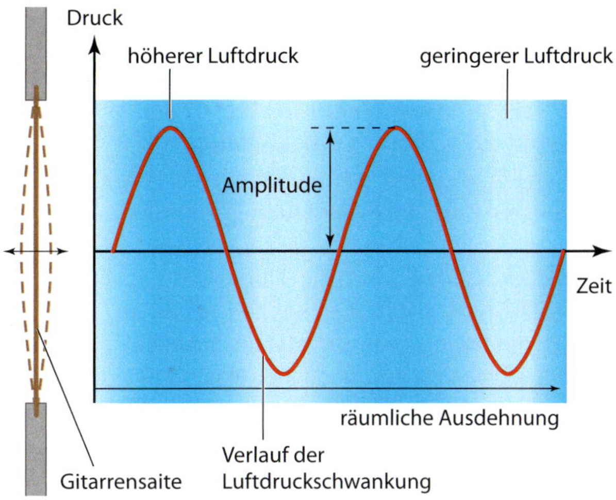

5 Schallwellen, Lautstärke und Tonhöhe

1 Zeichne die Kurve aus ▶ Bild 5 in dein Heft. Skizziere im Diagramm den Verlauf der Luftdruckschwankung, wenn man eine Gitarrensaite stark anschlägt.

2 Modellversuche wie der Tamburinversuch veranschaulichen, wie Schall sich ausbreitet.
A Beschreibe den Versuch aus ▶ Bild 4.
B Nimm ein Tamburin und halte es vor eine brennende Kerze. Schlage es kräftig an.
C Erkläre deine Beobachtungen.

3 Schall wird in verschiedenen Medien unterschiedlich gut übertragen ▶ Bild 7. Erkläre die Unterschiede in der Tabelle mit dem Teilchenmodell ▶ Bild 6.

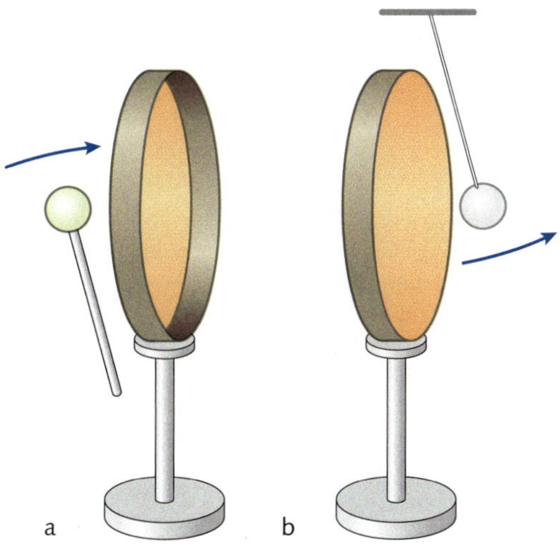

4 Modellversuch zur Weiterleitung des Schalls

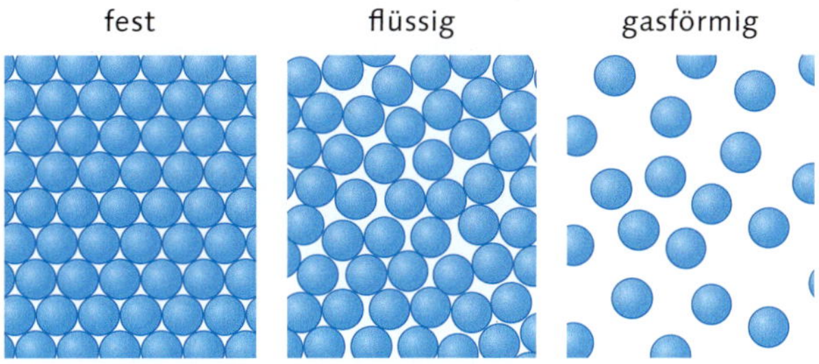

6 Teilchenmodell zum Bau der Stoffe

Medium	Luft	Wasser	Buchenholz	Stahl	Vakuum
	343	1484	3300	5000	0

7 Schallgeschwindigkeiten bei 20 °C in m/s

Schäden des Gehörs

Lärmbelastung Einige Experten sehen in der regelmäßigen Benutzung von Kopfhörern eine Ursache für die Verschlechterung des Gehörs. Durch lang andauernden Lärm oder durch einmalige, sehr laute Schallereignisse kann unser Gehör bleibend geschädigt werden. Im schlimmsten Fall kann es zur Taubheit kommen.

Hörschäden Häufig lässt die Hörleistung im Alter nach. Auch Infektionen können schuld an der Hörminderung sein. Bei starker Schalleinwirkung werden die empfindlichen Haarsinneszellen, die Haarzellen im Corti-Organ, geschädigt ▶ Bild 1. Somit kann kein Signal mehr gebildet werden, mit der Folge, dass man einige Töne nicht mehr so gut hören kann. Solche Hörschäden sind nicht rückgängig zu machen, da die Haarzellen nicht nachwachsen. Bei sehr lauten Geräuschen (Knall, Explosionen) kann das Trommelfell reißen. Dies kann den Verlust des Gehörs bedeuten. Ein stark geschädigtes Trommelfell kann nicht mehr zuwachsen, kleinere Verletzungen können dagegen wieder heilen.

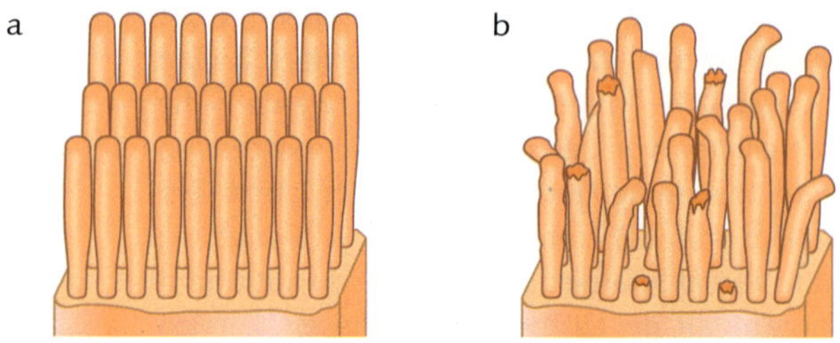

1 Intakte (a) und geschädigte (b) Hörsinneszelle

1. Die Belastung durch Lärm ist nicht nur in vielen Berufen ein großes Problem, sondern tritt häufig in der Freizeit auf. Nenne Beispiele.
2. Erläutere mit deinem Wissen über die Schallleitung im Innenohr, wie Schwerhörigkeit entstehen kann.

Material Methode Praxis

Lärmbelastung beurteilen

Lärm verursacht nicht nur Hörschäden. Auch Erkrankungen des Herz-Kreislauf-Systems und der Psyche können durch Lärm bedingt sein.

3. Der Verkehrslärm in einer Straße wurde mit einem Messgerät aufgezeichnet ▶ Bild 2.

A Beschreibe den Verlauf der Lautstärke.
B Gib den Maximal- und den Minimalwert im dargestellten Zeitraum an und schätze den Mittelwert.
C Beurteile die Lärmbelastung für die Anwohner. Nimm ▶ Bild 3 zu Hilfe.

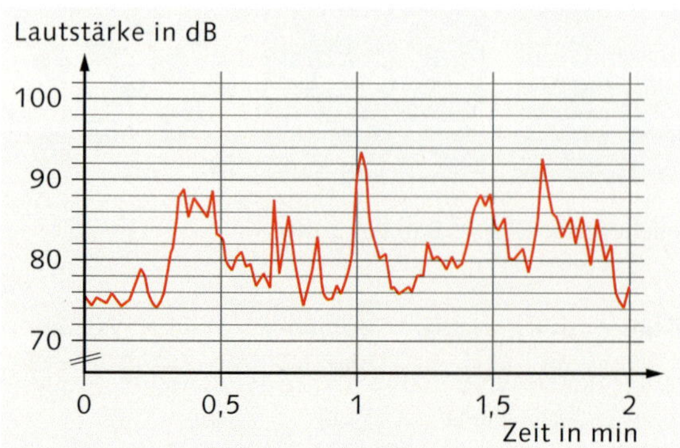

2 Ergebnis der Lautstärkemessung an einer Straße

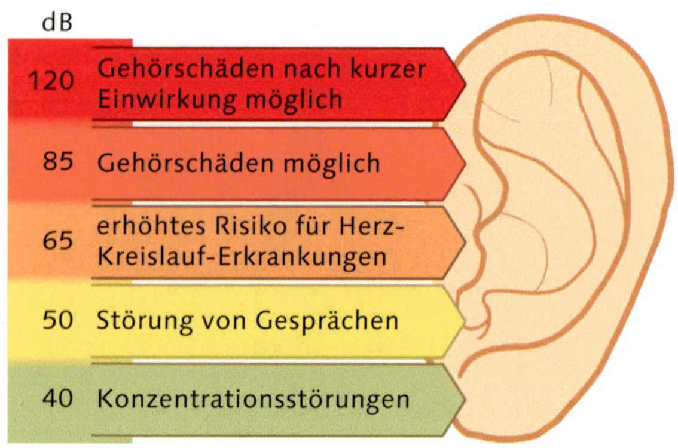

3 Wirkungen von Lautstärke und Lärmarten

Mit den Händen verstehen

Dank spezieller Techniken ist es für gehörlose Menschen möglich, sich mit anderen Personen zu unterhalten. Und blinde Menschen können Bücher lesen. Probiere selbst, wie man sich wortlos mit anderen unterhalten oder mit geschlossenen Augen lesen kann.

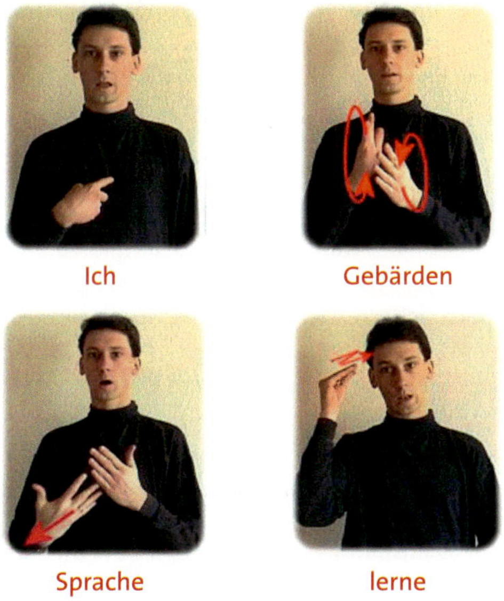

4 „Ich lerne die Gebärdensprache."

Gebärdensprache

Menschen, die gehörlos sind, können sich mithilfe der Gebärdensprache verständigen. Im Fernsehen und Internet gibt es viele Sendungen, bei denen ein Dolmetscher in die Gebärdensprache übersetzt.

1 Versuche, die Abfolge der Gebärden aus ▶ Bild 4 nachzumachen. Informiere dich über die Gebärdensprache und bereite zur nächsten Stunde einen einfachen Satz vor.

Fingeralphabet

Nicht für jedes Wort gibt es eine passende Gebärde oder aber dem anderen ist diese nicht bekannt. Namen und Fremdwörter sind auch für uns neu und müssen dann buchstabiert werden. Gehörlose nutzen dazu das Fingeralphabet ▶ Bild 5.

2 Buchstabiere ein Wort mit dem Fingeralphabet. Dein Partner soll es erkennen.

Brailleschrift

1825 hat LUIS BRAILLE eine Schrift aus Punktmustern entwickelt, die es blinden Menschen ermöglicht, mit ihren Händen zu lesen ▶ Bild 6. Die Brailleschrift findet man z. B. auf Medikamentenverpackungen und vielen öffentlichen Plätzen auf Infotafeln.

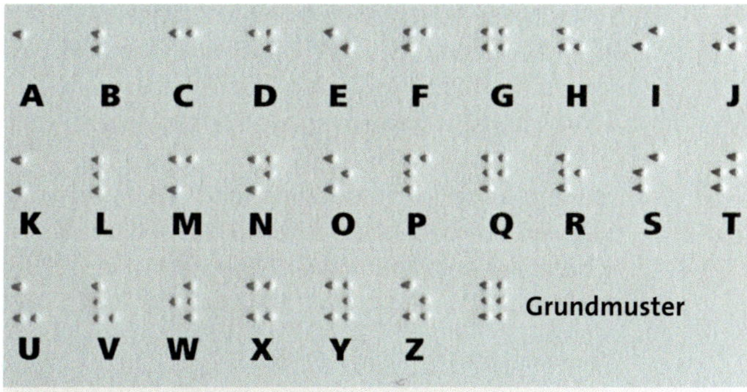

6 Die Brailleschrift besteht aus Punktmustern.

3 Zeichne, wie oben zu sehen, immer 6 Punkte nebeneinander in zwei Dreierreihen auf. Male einzelne Punkte mit einem Filzschreiber dick nach und bilde so ein Wort in Brailleschrift. Drehe das Papier um und stanze mit einem Bleistift kleine Löcher in die dick eingezeichneten Punkte. Lege es einem Partner mit den Erhöhungen nach oben vor, der zunächst mit geschlossenen Augen die Anzahl der Buchstaben ertasten soll. In einem zweiten Schritt soll er versuchen, die Buchstaben zu identifizieren.

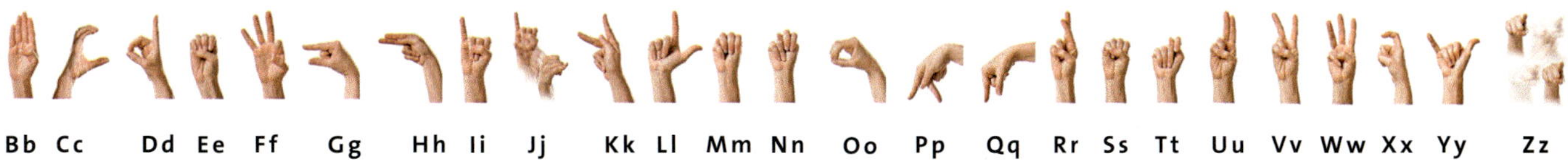

5 Fingeralphabet

Zusammenfassung

Information und Kommunikation

Sinnesorgane sind wie Fenster zur Umwelt. Menschen und Tiere nehmen über Sinnesorgane und Sinneszellen Informationen aus ihrer Umwelt sowie aus ihrem eigenen Körper auf. Alle Umwelteinflüsse, die mithilfe der Sinnesorgane aufgenommen werden können, bezeichnet man als Reize. Dabei reagieren die Sinnesorgane nur auf adäquate Reize mit einer entsprechenden Reaktion ▶ Bild 1. So reagiert das Auge auf Licht, das Ohr hingegen auf Schall und der Geruchs- und Geschmackssinn auf chemische Stoffe. Die Sinneszellen in den Sinnesorganen wandeln den jeweils adäquaten Reiz in ein elektrisches Signal um. Diese werden über Nervenzellen bis zum Gehirn weitergeleitet und dort verarbeitet. Es folgt dann eine entsprechende Reaktion. Menschen und Tiere können nur solche Reize wahrnehmen, für die sie passende Sinneszellen besitzen.

Die Aufnahme, Umwandlung und Weiterleitung von Informationen wird im Basiskonzept *Information und Kommunikation* beschrieben.

Sinnesorgan	Adäquater Reiz
Auge	Licht
Ohr	Schall
Nase	Geruchsstoffe
Zunge	Geschmacksstoffe
Haut	Temperatur, Druck, Schmerz

1 Adäquate Reize

Variabilität und Angepasstheit

Die Sinnesorgane aller Lebewesen zeigen in ihren Eigenschaften und ihrem Aufbau eine gewisse Variabilität. So sind die Lebewesen an ihre Lebensweise optimal angepasst. Unter Angepasstheit versteht man einen Zustand, bei dem eine Struktur und die damit verbundene Funktion das Überleben eines Organismus fördert. Vergleicht man die Augen von Greifvögeln und Menschen, so kann man Variabilität beim Bau der Netzhaut und der Linse erkennen. Die Augen der Greifvögel sind an die Jagd angepasst. Sie können Beute aus großer Entfernung wahrnehmen, weil sie aufgrund der großen Zahl an Stäbchen in der Netzhaut und wegen der stärkeren Verformbarkeit der Linse ein schärferes Bild sehen. Zugvögel können das Magnetfeld der Erde wahrnehmen und sich so während des Vogelzugs orientieren.

Diese Zusammenhänge werden im Basiskonzept *Variabilität und Angepasstheit* zusammengefasst.

Steuerung und Regelung

Unser Körper kann durch Steuerung und Regelung auf Veränderungen in der Umwelt reagieren. Ändert sich die Lichtintensität, so ändert sich die Größe der Pupille. Trifft viel Licht auf das Auge, verengt sich die Pupille. Ist es dämmrig, weitet sie sich. Die Öffnungsweite der Pupille wird so reguliert, dass jeweils die optimale Lichtmenge auf die Lichtsinneszellen der Netzhaut trifft. Trotz wechselnder Bedingungen ist damit die Wahrnehmung der Umwelt gewährleistet. Im Fall der Lichtsinneszellen können wir trotz veränderter Beleuchtungsstärke Lichtreize wahrnehmen. Regelungsprozesse werden in Pfeildiagrammen und Regelkreismodellen dargestellt ▶ Bild 2.

Solche Prozesse werden mit dem Basiskonzept *Steuerung und Regelung* beschrieben.

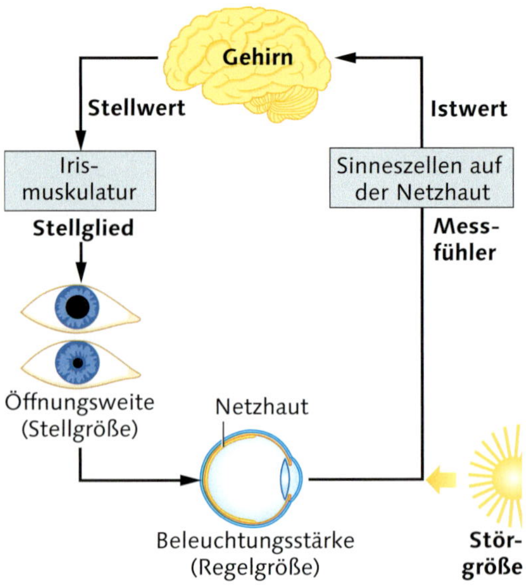

2 Regelkreis zur Regulation der Pupillenweite

Teste dich!

1 Definiere folgende Begriffe: Reiz, Sinneszelle, Sinnesorgan und Wahrnehmung.

2 **A** Benenne die in ▶ Bild 1 nummerierten Strukturen des Auges.
B Erkläre die Funktion dieser Strukturen.

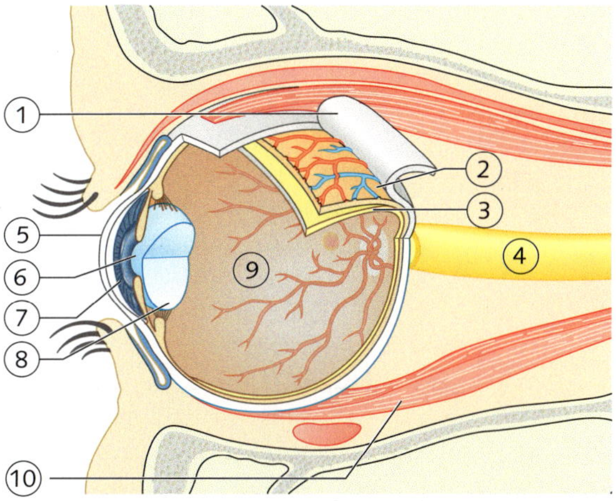

3 Strukturen des Auges

3 Personen, die unter Albinismus leiden, fehlt ein wichtiges Pigment, wodurch ihre Iris farblos ist. Sie sind sehr lichtempfindlich und ihr Sehvermögen ist eingeschränkt. Häufig tragen sie eine starke Sonnenbrille.
Formuliere eine begründete Hypothese für den Grund der hohen Lichtempfindlichkeit.

4 **A** Beschreibe mithilfe von ▶ Bild 4 den Vorgang der Akkommodation.

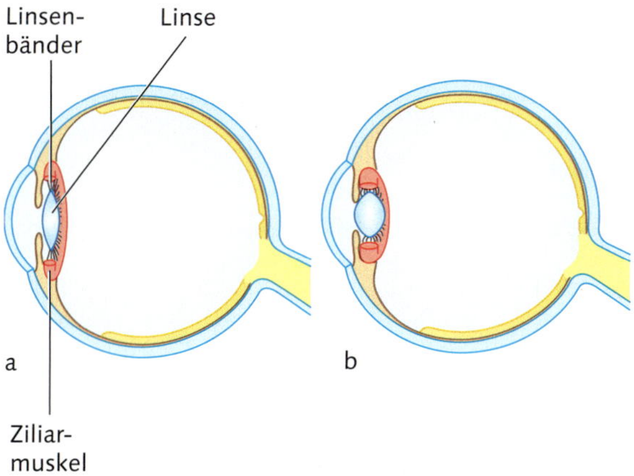

4 Akkommodation

B Im Alter verringert sich die Verformbarkeit der Linse. Erläutere die Folgen beim Betrachten von Gegenständen in unterschiedlichen Entfernungen.

5 **A** Vergleiche das Gesichtsfeld des Kaninchens mit dem eines Menschen ▶ Bild 5.
B Erkläre die Vor- und Nachteile der beiden unterschiedlichen Gesichtsfelder.

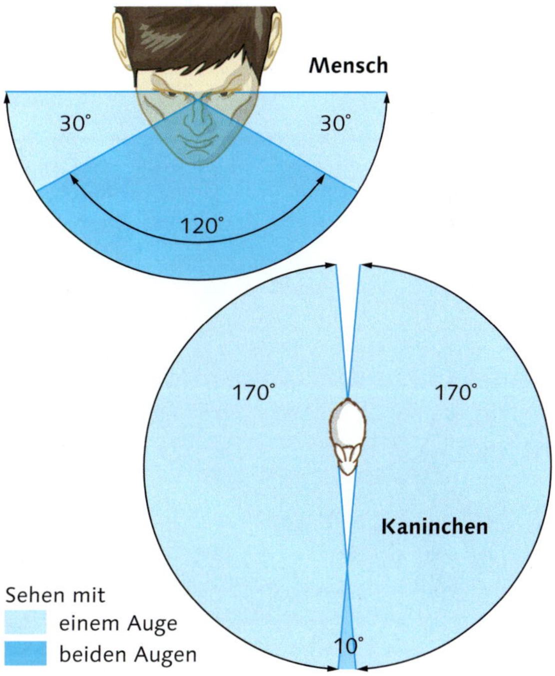

5 Gesichtsfelder von Kaninchen und Mensch

6 Beschreibe die Funktion des Trommelfells und der Gehörknöchelchen.

7 In Kinosälen hat man oft das Gefühl, dass z. B. ein Auto von der Seite ins Bild hineingefahren kommt. Erkläre, wie dieser Eindruck vermittelt werden kann.

8 In den vergangenen Jahren wird immer wieder vor der Zunahme von Lärmbelästigung gewarnt.
A Nenne mögliche Ursachen von steigender Lärmbelastung.
B Erkläre, welche Gefahren von einer starken Lärmbelastung ausgehen.

9 Erläutere die Aussage: Sinnesorgane sind wie Fenster zur Umwelt.

▶ Die Lösungen zu den Aufgaben findest du im Anhang.

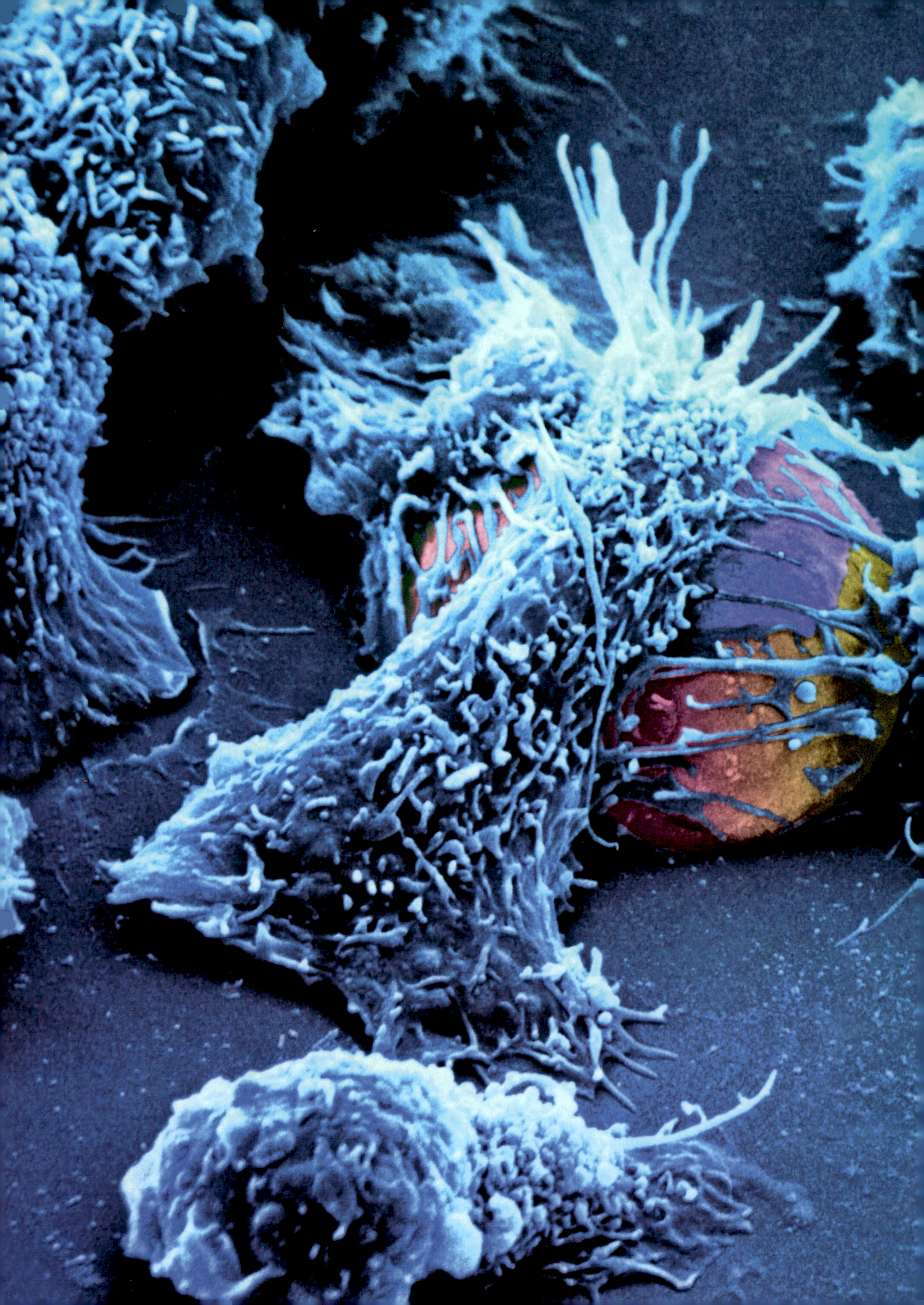

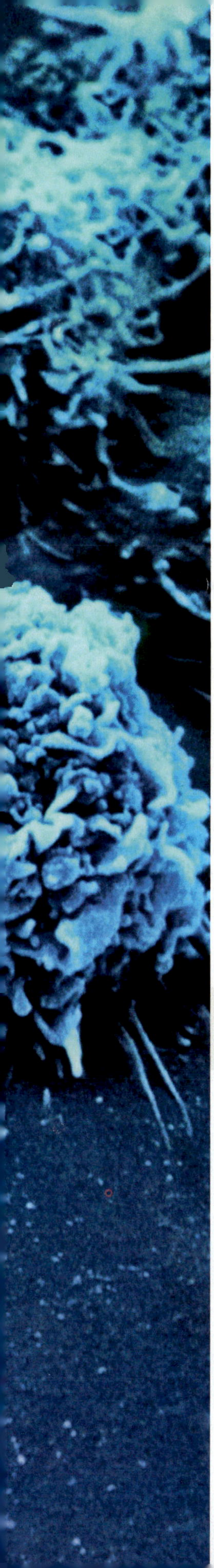

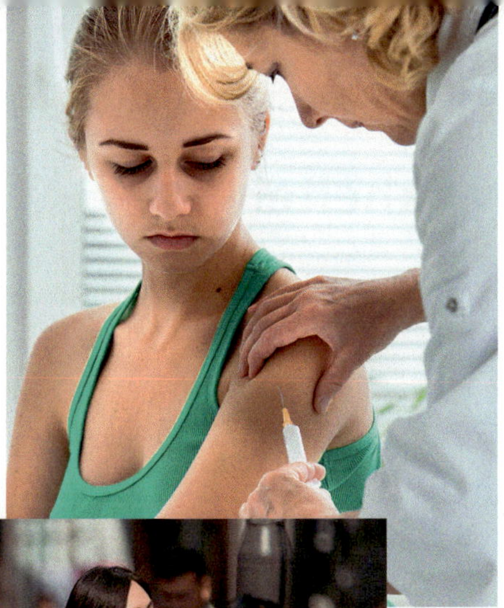

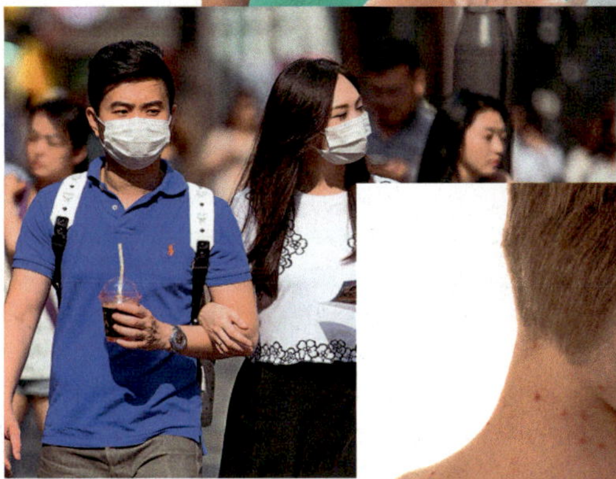

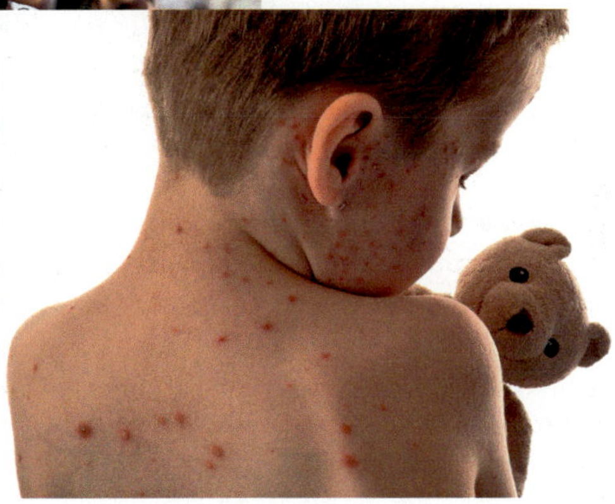

Immunsystem

Krankheitserreger sind überall um uns herum: in der Luft, im Boden, auf allen Gegenständen und in der Nahrung. Dennoch werden wir nur manchmal krank, weil unser Körper ein hervorragendes Abwehrsystem besitzt. Dieses Immunsystem ist ständig aktiv und schützt uns vor vielen Erregern. Durch Medikamente wie Antibiotika können wir unserem Körper bei einer Erkrankung helfen. Schutzimpfungen können unser Immunsystem vorbereiten, bevor es mit einem bestimmten Erreger in Kontakt kommt.

Infektionskrankheiten

1 Niesen – Ansteckungsgefahr für andere

Ansteckungsgefahren Krankheitserreger sind überall um uns herum: In der Luft, auf Oberflächen (▶ Bild 2) und in der Erde oder im Wasser findet man sie. Viren, Bakterien und Pilze können Infektionskrankheiten auslösen. Dringen Krankheitserreger in den Körper ein und vermehren sich, bezeichnet man dies als *Infektion*. Eine Infektion kann über die Nahrung, die eigenen Hände oder die Luft erfolgen. Niest oder hustet ein Erkrankter, so werden feine Speicheltröpfchen, angefüllt mit Krankheitserregern, in die Luft geschleudert ▶ Bild 1. Gelangen diese Erreger über die Atemwege in den Körper eines anderen Menschen, so kann eine *Tröpfcheninfektion* stattfinden.

Krankheitsverlauf Wenn die Krankheitserreger die Schutzbarrieren des Körpers überwunden haben, können sie sich im Körper vermehren. Stunden oder Tage nach der Infektion treten die ersten Symptome auf.
Symptome sind typische Kennzeichen einer Erkrankung. Bei einer Grippe können das Kopf- und Gliederschmerzen sowie Fieber sein. Bei einer Salmonelleninfektion tritt ein plötzlich einsetzender Durchfall mit Unwohlsein, Kopf- und Bauchschmerzen auf. Den Zeitraum zwischen der Infektion und dem Ausbruch der Erkrankung nennt man *Inkubationszeit*. In dieser Phase können einige Infektionskrankheiten schon ansteckend sein.
Bei vielen Erkrankungen ist unser Körper selbst in der Lage, die Erreger abzutöten. Dadurch vermindern sich die Symptome und man wird wieder gesund.
Die erhöhte Körpertemperatur unterstützt die Abwehrreaktion. Stoffwechselreaktionen können bei höherer Temperatur schneller ablaufen und damit werden die Krankheitserreger effektiver bekämpft. Ab einer Körpertemperatur von 38 °C spricht man von Fieber. Erst Temperaturen von über 40 °C schädigen den Körper selbst, da bei diesen Temperaturen nicht nur die Erreger, sondern auch körpereigene Stoffwechselprozesse beeinträchtigt und Zellen geschädigt werden.

Diagnose und Behandlung Bei Infektionskrankheiten wie einem schweren grippalen Infekt oder einer Grippe muss man eine Arztpraxis aufsuchen. Der Mediziner erfragt den bisherigen Krankheitsverlauf und die Symptome. Er überprüft die Lunge und erfühlt die Lymphknoten, die bei einer Infektion geschwollen sein können. Bei entzündetem Mund- und Rachenraum kann er mit einem Wattestäbchen einen Abstrich an den infizierten Schleimhäuten nehmen und anschließend im Labor die Krankheitserreger ermitteln lassen.
Je nach Art der Infektion verschreibt der Arzt oder die Ärztin Antibiotika, fiebersenkende Mittel oder andere Medikamente, sodass die Symptome abklingen und eine Genesung des Patienten unterstützt wird.

2 Häufiger Übertragungsweg für Krankheitserreger

Vorbeugende Maßnahmen Eine gesunde und ausgewogene Ernährung, regelmäßige sportliche Betätigung, Bewegung an der frischen Luft sowie regelmäßiges Händewaschen sind die beste *Prophylaxe*. So nennt man vorbeugende Maßnahmen, die eine Infektionsgefahr vermindern, weil sie das Immunsystem stärken oder den Kontakt mit Krankheitserregern verringern.

1 Erkläre die folgenden Begriffe: Erreger, Inkubationszeit, Tröpfcheninfektion, Symptom.

2 Erkläre, warum Fieber auf der einen Seite die Abwehrfunktion des Körpers gegen Krankheitserreger unterstützt und auf der anderen Seite lebensbedrohlich werden kann.

3 Stelle in einer Tabelle mögliche Ansteckungswege und dazu passende Prophylaxemaßnahmen dar.

Verlauf eines grippalen Infekts

Eric fehlt heute im Unterricht. Gestern musste er aus der Schule abgeholt werden. Er klagte über Kopf- und Gliederschmerzen. Er war blass und konnte sich nicht konzentrieren.
Zu Hause angekommen, stellt seine Mutter fest, dass er leichtes Fieber hat, das ansteigt. Eric hustet und niest immer wieder, auch hat er nun Schnupfen.
Die Hausärztin stellt die Diagnose: grippaler Infekt. Sie verordnet mehrere Tage Bettruhe und rät davon ab, Sport zu treiben. Erics Körper soll zunächst selbst mit Fieber die Erreger bekämpfen. Erics Mutter überprüft seine Körpertemperatur regelmäßig.
Das Liniendiagramm in ▶ Bild 3 zeigt den Verlauf der Körpertemperatur während eines grippalen Infekts, wie Eric ihn hat.

4 **A** Übernimm das Diagramm in dein Heft ▶ Bild 3.
B Trage die Inkubationszeit und die Phase der Erkrankung ein und bestimme den Zeitpunkt, ab dem die Gesundung eintritt.
C Bestimme den Tag, an dem Eric von der Schule abgeholt wurde.

5 Kennzeichne die Tage, an denen Eric Fieber hat, in deinem Diagramm mit roter Farbe.

6 **A** Erkläre, warum Eric keinen Sport treiben soll.
B Nenne die Symptome eines grippalen Infekts.
C Trage im Diagramm ein, wann die Symptome der Erkrankung besonders heftig auftreten müssten.

7 Eric war während der Inkubationszeit noch in der Schule. Beschreibe die möglichen Übertragungswege, über die seine Mitschüler sich angesteckt haben könnten.

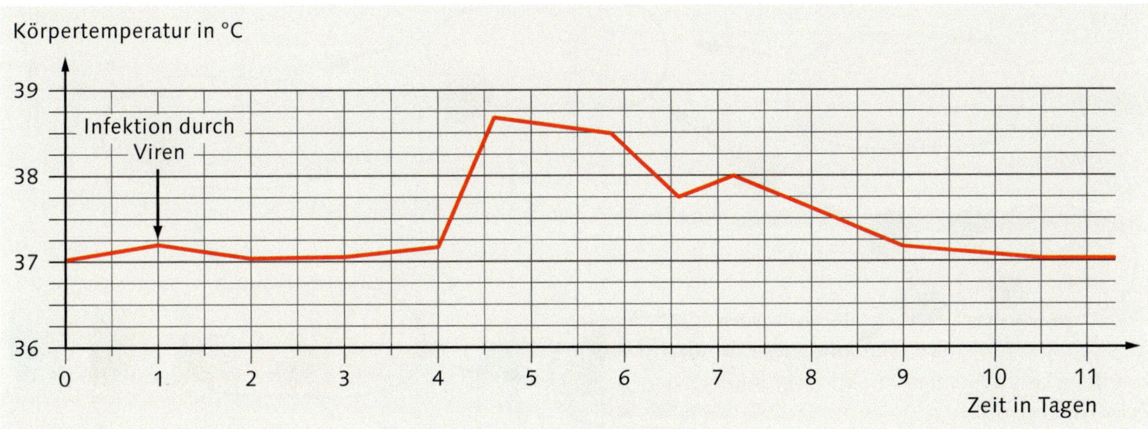

3 Körpertemperatur während des Krankheitsverlaufs

Viren

Eigenschaften von Viren Für zahlreiche Infektionskrankheiten wie Grippe, Tollwut oder Windpocken sind Viren verantwortlich. Viren sind sehr kleine Erreger, deren Durchmesser zwischen 10 und 200 nm beträgt. Ein Nanometer ist ein millionstel Millimeter. Auch ihre Form kann deutlich variieren. Weil man sie im Lichtmikroskop nicht erkennen kann, wurden sie erst lange nach den Bakterien entdeckt. Mit der Erfindung des Elektronenmikroskops 1940 konnte man sie sichtbar machen.
Der Grundaufbau des Grippevirus ähnelt dem aller Viren ▶ Bild 2. Grippeviren haben eine Virusmembran und darunter eine Proteinhülle, die die Erbinformation umschließen. Wie Spikes ragen an der Außenseite des Virus Oberflächenproteine hervor. Da Viren keinen eigenen Stoffwechsel, kein Wachstum, keine eigenständige Fortpflanzung oder Eigenbewegung zeigen, zählt man sie nicht zu den Lebewesen.

Vermehrung von Viren Viren befallen lebende Zellen, die *Wirtszellen*, in denen sie sich vermehren. Jeder Virustyp braucht ganz bestimmte Wirtszellen für seine Vermehrung. So müssen Grippeviren auf die Schleimhautzellen der Atemwege treffen, um eine Infektion auszulösen. Die Oberflächenproteine des Virus heften sich an die passenden Strukturen auf der Wirtszellenoberfläche. Das Virus dringt nun in die Wirtszelle ein ▶ Bild 1. Manche Viren injizieren nur ihre Erbinformation.

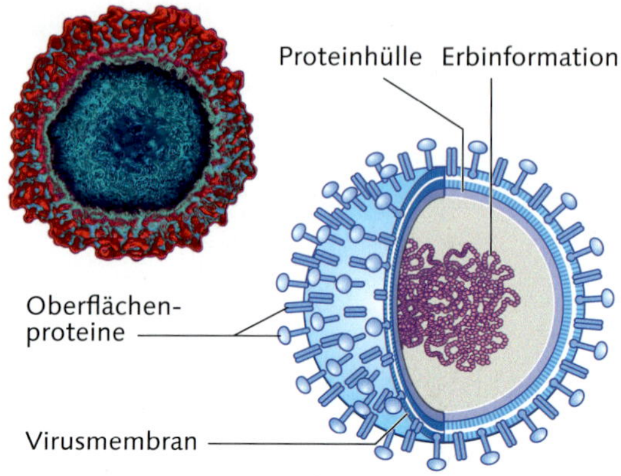

2 Virus, elektronenmikroskopisches Bild (oben); Bau des Grippevirus (unten)

Die Erbinformation des Virus übernimmt die Steuerung der Zelle. Sie wird nun vervielfältigt und neue Proteine und Membranen werden hergestellt. Die neuen Viren werden zusammengesetzt und Abertausende von ihnen verlassen die Wirtszelle. Sie befallen sofort neue Zellen des umliegenden Gewebes und der Vermehrungszyklus beginnt von Neuem.

1. Beschreibe die Virusvermehrung anhand von ▶ Bild 1.
2. Informiere dich über Computerviren und beurteile, ob der Begriff „Virus" dafür passend gewählt ist.
3. Erkläre das Schlüssel-Schloss-Prinzip anhand von ▶ Bild 1.

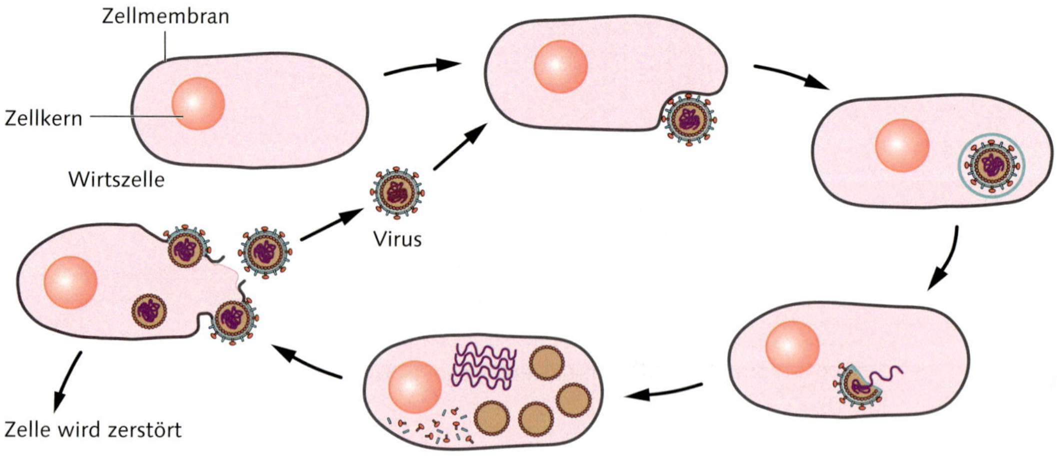

1 Vermehrung des Grippevirus

Bakterien

Eigenschaften von Bakterien Bakterien sind Prokaryoten. Das sind – im Gegensatz zu Eukaryoten – einzellige Lebewesen ohne Zellkern. Ihre Größe schwankt zwischen 0,1 und 5 µm. Ein Mikrometer entspricht einem tausendstel Millimeter. Bakterien können sich in ihrer Form deutlich voneinander unterscheiden ▶ Bild 3. Ihr Grundbauplan ist aber gleich ▶ Bild 4. Sie besitzen eine Zellwand, die einer Zellmembran aufliegt. Viele Bakterien haben als besonderen Schutz eine Schleimhülle auf die Zellwand aufgelagert. Das Innere der Bakterienzelle ist von Zellplasma gefüllt, in dem die Stoffwechselprozesse ablaufen. Die Erbinformation liegt frei im Zellplasma. Einige Bakterien können sich mit Geißeln fortbewegen.

Vermehrung von Bakterien Eine Vermehrung findet bei Bakterien durch Zellverdopplung statt. Die Erbinformation verdoppelt sich, das Bakterium schnürt sich ein und teilt sich: Es entstehen zwei Zellen. Die Zeit zwischen zwei Teilungen kann unter optimalen Bedingungen weniger als eine halbe Stunde betragen. Die beiden neuen Bakterien können sich wiederholt teilen, sodass ein Bakterienhaufen entsteht, den man als Bakterienkolonie bezeichnet.

Nützliche Bakterien Man findet überall Bakterien, aber nicht alle sind schädlich. Darmbakterien helfen uns dabei, die Nahrung, die wir sonst nicht verdauen könnten, aufzuschließen. Bei der Herstellung vieler Lebensmittel werden Bakterien genutzt, z. B. Milchsäurebakterien für Milchprodukte. Auch in der Medikamentenherstellung, in Kläranlagen, Biogasanlagen oder zur Schwermetallbeseitigung werden verschiedene nützliche Bakterien eingesetzt. Die Stoffkreisläufe in der Natur wären ohne Bakterien nicht möglich. Diese zersetzen totes Tier- und Pflanzenmaterial und machen so Mineralstoffe und bestimmte chemische Verbindungen für andere Lebewesen verfügbar.

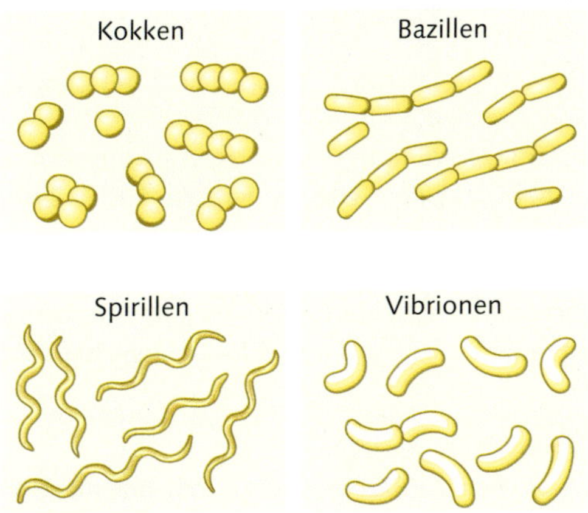

3 Bakterienformen

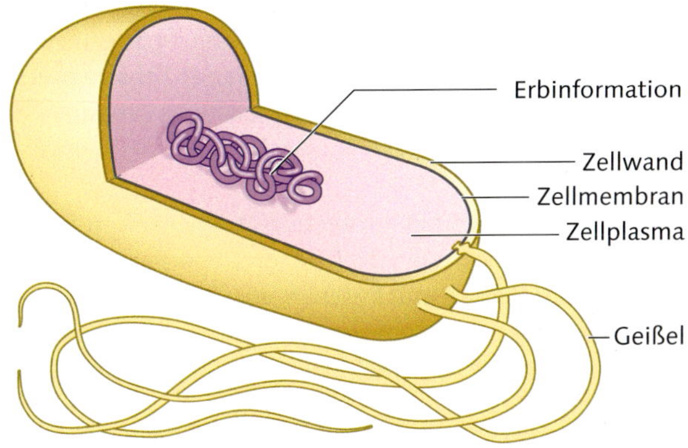

4 Bau eines Bakteriums

Schädliche Bakterien Nur ein geringer Teil der Bakterien gilt als schädlich. Sie können Nahrungsmittel verderben und Vergiftungen auslösen oder Krankheiten hervorrufen. Bakterien geben Giftstoffe ab. Diese Toxine entstehen als Nebenprodukte im Stoffwechsel. Sie können Körperzellen abtöten, Gewebe schädigen und Stoffwechselprozesse stören. Bekannte bakterielle Erkrankungen sind Salmonellose, Scharlach, Lungenentzündung und Karies.

1 Vergleiche Bakterien und Viren anhand selbst gewählter Kriterien.

2 **A** Eine Bakterienart kann sich unter optimalen Bedingungen alle 30 min verdoppeln. Berechne ausgehend von einem einzigen Bakterium, wie viele nach 6 Stunden vorhanden sind.
B Stelle die Ergebnisse in einem Liniendiagramm dar.

3 „Vor Bakterien muss man sich schützen!" Diskutiere.

4 Vergleiche den Bau von Bakterien (▶ Bild 4) mit dem von eukaryotischen Zellen.

METHODE

Internetrecherche

Für Referate und Hausaufgaben recherchierst du hin und wieder im Internet, um an Informationen zu kommen. Dabei helfen dir Suchmaschinen, mit denen du die Fülle an Quellen filtern kannst. Die gefundenen Inhalte musst du einer Prüfung unterziehen, bevor du sie in deiner Ausarbeitung verwendest. Zudem sollte die Quelle benannt werden.

Das Internet bietet hervorragende Möglichkeiten für die Recherche, doch sind die Quellen von unterschiedlicher Qualität. Man muss wissen, wie man an die wesentlichen Informationen kommt und worauf man achten muss, um seriöse Quellen von unseriösen zu unterscheiden.
Eine Internetrecherche umfasst folgende Schritte:

Schritt 1 Quellen suchen

Es gibt viele Suchmaschinen im Internet, z. B. Google, Bing, Yahoo, Duckduckgo, Metager oder Ixquick ▶ Bild 1. Metasuchmaschinen wie Metager leiten die Anfrage an mehrere andere Suchmaschinen weiter und bereiten die gefundenen Ergebnisse auf.
Wenn man nur ein einzelnes Wort bei einer Suchmaschine eingibt, erhält man oft eine unüberschaubare Anzahl an Internetseiten. Deswegen ist es hilfreich, seine genaue Fragestellung zu kennen. Mit einer erweiterten Suche oder der Angabe von mehreren Suchwörtern kann man die Auswahl filtern ▶ Bild 3.
Bei vielen Suchmaschinen helfen auch Operatoren (▶ Bild 2), um die Suche zu verfeinern. So kann man Begriffe von der Suche ausschließen oder nur bestimmte Dateiformate finden lassen.
Der Aufbau der Ergebnislisten ist bei den verschiedenen Suchmaschinen sehr ähnlich. Eine Überschrift zeigt einen Teil des Titels der Seite, darunter stehen die vollständige Webadresse und dann ein kurzer Auszug aus dem Text der Seite, in dem die Suchbegriffe fett gedruckt hervorgehoben sind. Auch ein Datum des Artikels ist meist angegeben. Da oft kommerzielle Anzeigen oben erscheinen, kann die Reihenfolge der Suchergebnisse nicht mit der Relevanz gleichgesetzt werden.

1 Verschiedene Suchmaschinen

Operator	Funktion	Beispiel
„“	Exakten Ausdruck finden	„Masernerkrankung in Deutschland“
+	Beide Wörter müssen vorkommen	Masern + Kinderkrankheiten
ODER	Mindestens eines der Wörter muss vorkommen	Masern ODER Mumps
–	Dieses Wort darf nicht vorkommen	Masern –Epidemie
* oder **	Platzhalter für unbekannte Wörter oder Zeichen	Peni * illin
~	Auch Synonyme suchen	~ Krankheitserreger
title:	Das Wort muss im Titel der Internetseite auftauchen	title: Masern
allintitle:	Alle Wörter müssen im Titel der Seite auftauchen	allintitle: Masern Kinderkrankheit
filetype:	Nur bestimmte Dateiformate sollen gesucht werden, z. B. pdf, doc	Masern filetype: pdf

2 Einige Operatoren für die Internetsuche mit Google

Schritt 2 Quellen beurteilen

Auch wenn man die Ergebnisliste durch eine ausführliche Suche eingeschränkt hat, ist nicht jede Quelle brauchbar. Für ein Biologiereferat müssen die Quellen

3 Gute Anfragen verringern die Anzahl der Suchergebnisse.

vertrauenswürdig sein, damit der Inhalt mit hoher Wahrscheinlichkeit sachlich richtig und damit verwendbar ist.
Zunächst sollte man herausfinden, wer den Text verfasst hat. Wissenschaftliche Seiten, z.B. von Universitäten und Forschungszentren, zeigen vermutlich gesicherte Inhalte. Bei Verbänden, Vereinen und kommerziellen Seiten muss man damit rechnen, dass Sachverhalte einseitig dargestellt oder Produkte beworben werden. Deshalb muss man prüfen, ob die angegebenen Informationen richtig und ausreichend für die eigene Fragestellung sind. Jede Internetseite sollte ein Impressum haben, aus dem der Verfasser deutlich hervorgeht – aber nicht immer ist dies der Fall. Fehlt ein Impressum, sollte man die Seite nicht verwenden.
Wikipedia ist ein digitales Nachschlagewerk. Jeder darf auf dieser Plattform veröffentlichen, Artikel ergänzen oder neu schreiben. Die Inhalte werden von der Gemeinschaft der Wiki-Autoren zwar überprüft, sie sind aber nicht unbedingt wissenschaftlich abgesichert. Wikibu ist ein hilfreiches Werkzeug, das über eine Punktevergabe die Qualität eines Artikels aus Wikipedia anzeigt, eine kritische Prüfung aber nicht ersetzt.
Man muss die Inhalte der verwendeten Seiten vergleichen und beurteilen, ob sie wirklich für die eigene Fragestellung relevant sind.

Schritt 3 Informationen verarbeiten und dokumentieren

Auch von einer Internetseite darf man nicht einfach abschreiben. Das Copyright, also das Urheberrecht des Verfassers, muss gewahrt werden. Deswegen sind Zitate immer kenntlich zu machen. Die Quelle muss in einem Quellenverzeichnis angegeben werden, aus dem der Verfasser und die genaue Internetadresse hervorgehen. Das Abrufdatum der Internetseite ist dabei sehr wichtig, da die Inhalte im Internet schnell verändert werden.
Bei Bildrechten verhält es sich genauso. Die Bilder aus dem Internet dürfen nicht einfach verwendet werden. Es gibt aber Onlinedatenbanken, die auch kostenfreie Bilder anbieten. Auch für Bilder muss eine Quellenangabe aufgeführt werden.

Sicherheit und Datenschutz im Internet

Suchmaschinen finanzieren sich oft über Werbung. Deswegen speichert z.B. Google die Suchanfragen und erstellt ein Benutzerprofil. Ausgewählte Werbeanzeigen werden dann geschaltet. Bei einigen Suchmaschinen wie Ixquick bleibt man anonym und bekommt keine Werbung, die zu vorangegangenen Suchanfragen passt. Die Suchanfragen sind dann bei öffentlichen Computern für andere nicht einsehbar.

1 **A** Informiere dich mithilfe der Methode Internetrecherche über eine der folgenden Krankheiten: Windpocken, Masern, Tollwut, Vogelgrippe, Pest, Botulismus, Salmonellen. Verwende verschiedene Quellen. Protokolliere deine Vorgehensweise.
B Erstelle einen Kurzvortrag.

4 Schüler beim Kurzvortrag

Warum wir nicht ständig krank sind

Immunsystem Der menschliche Körper steht Krankheitserregern nicht wehrlos gegenüber. Schutzbarrieren erschweren ein Eindringen oder die Vermehrung von Bakterien, Viren und anderen Erregern. Alle Maßnahmen des Körpers, eine Infektion zu vermeiden oder zu bekämpfen, werden als unspezifische und spezifische Abwehr im *Immunsystem* zusammengefasst. Die *unspezifische Abwehr* richtet sich gegen alle körperfremden Stoffe und Erreger. Wenn die unspezifische Abwehr nicht ausreicht, kommt die spezifische Abwehr zum Einsatz, die gezielt bestimmte Erreger bekämpft.

Schutzbarrieren Unsere Haut und Schleimhäute können Krankheitserreger abhalten. Bewegliche Flimmerhärchen in der Luftröhre und der Nase befördern Fremdkörper und Erreger aus dem Körper. Neben diesen mechanischen hat der Körper auch chemische Barrieren. So befindet sich auf der Haut ein Säureschutzmantel, der die Vermehrung von Bakterien erschwert. Die Schleimhäute in Nase, Mund und Rachen sondern ein Sekret ab, an dem Erreger hängen bleiben und verkleben. Gleichzeitig zersetzen dort vorhandene Enzyme die Eindringlinge. Gleiches gilt für die Tränenflüssigkeit. Mit der Nahrung aufgenommene Erreger werden durch die Magensäure abgetötet. Die dritte Schutzbarriere sind die Abwehrzellen. Das sind weiße Blutzellen wie die *Fresszellen* ▶ Bild 2. Sie erkennen körperfremde Stoffe, nehmen diese auf und verdauen sie. Sie können ihre Gestalt verändern und sogar die Blutgefäße verlassen.

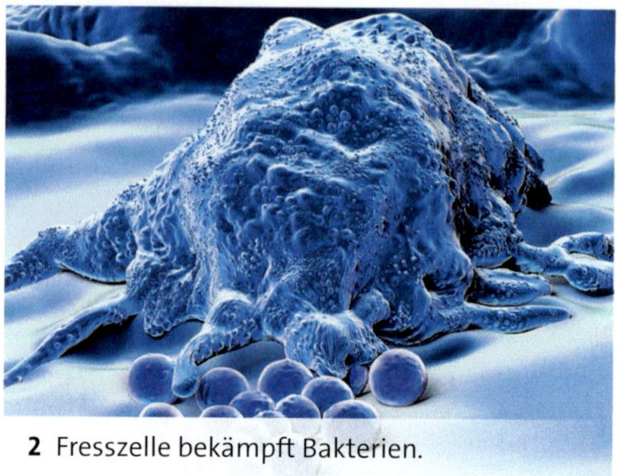

2 Fresszelle bekämpft Bakterien.

Entzündungsreaktion Bei einer Verletzung kann es zu einer Entzündungsreaktion kommen ▶ Bild 1. Körpereigene Signalstoffe leiten die Entzündung ein. Aufgrund der verstärkten Durchblutung des verletzten Gewebes kommt es zu einer Rötung und Erwärmung. Weil sich Flüssigkeit im Gewebe ansammelt, kann das umliegende Gewebe anschwellen. Schmerzen und eine eingeschränkte Funktion des verletzten Bereichs gehen damit einher. Mit dem Blutstrom gelangen zahlreiche Fresszellen an die verletzte Stelle und verlassen die durchlässig gewordenen Blutgefäße. Sie nehmen die Erreger auf und machen sie unschädlich. Dabei entsteht als Abbauprodukt Eiter.

1. Stelle die chemischen Schutzbarrieren und ihre Funktionen in einer Tabelle dar.
2. Beschreibe den Verlauf einer Entzündungsreaktion (▶ Bild 1) in Form eines Fließschemas.

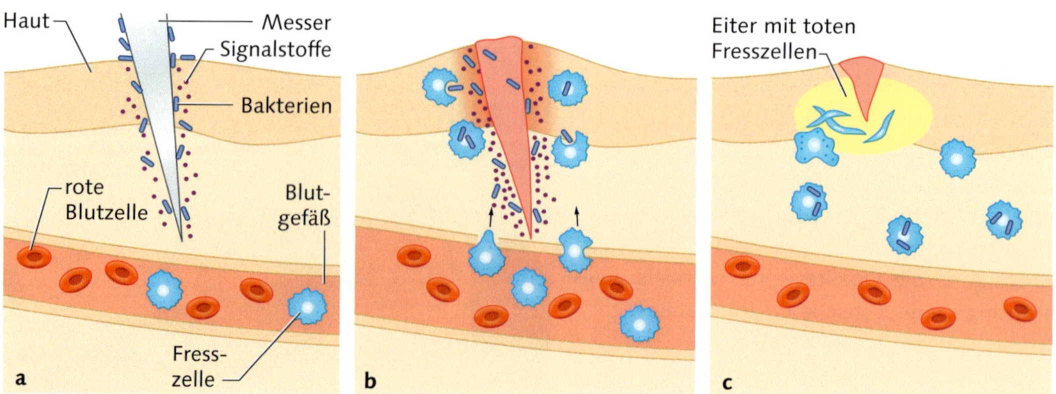

1 Entzündungsreaktion

Zellen und Organe des Immunsystems

Zellen des Immunsystems (▶ Bild 3) Im roten Knochenmark findet man die *Stammzellen*, aus denen verschiedene Vorläuferzellen entstehen. Alle aus den Vorläuferzellen gebildeten Zellen gehören zu den *Leukozyten*, den weißen Blutzellen. Je nach Aufgabe entwickeln sie sich an unterschiedlichen Orten im Körper. Monozyten sammeln sich als Vorstufen der Fresszellen in der Milz und T-Zellen im *Thymus*, einer Drüse auf Höhe des Brustbeins ▶ Bild 4. B-Zellen bilden sich im Knochenmark und können sich zu Plasmazellen und Gedächtniszellen umwandeln. Beide sind an der spezifischen Abwehr beteiligt. Nach einer Reifephase sind die einzelnen Zelltypen auf verschiedene Aufgaben der Abwehr spezialisiert. Sie gelangen in den Blutkreislauf. Fresszellen können die Blutbahn verlassen und sich im Gewebe bewegen. Mastzellen sind immer im Gewebe vorhanden und setzen Signalstoffe frei, die eine schnelle Immunantwort auslösen. Sie spielen auch bei Allergien eine Rolle. Die verschiedenen Leukozyten übernehmen Aufgaben in der spezifischen Abwehr von Erregern. Nur die Fresszellen sind auch an der unspezifischen Abwehr beteiligt.

Lymphsystem Eine wichtige Aufgabe des Lymphsystems (▶ Bild 4) ist die Abwehr von Krankheitserregern. Das Lymphsystem umfasst alle Organe, die bei Immunreaktionen mitwirken, z. B. die Lymphknoten, die Milz, die Mandeln, den Thymus und das Knochenmark. Bei einer Infektion oder Entzündung werden in den Lymphknoten viele Leukozyten gebildet. Die Lymphknoten nahe dem Infektionsherd sind dann geschwollen und ertastbar.

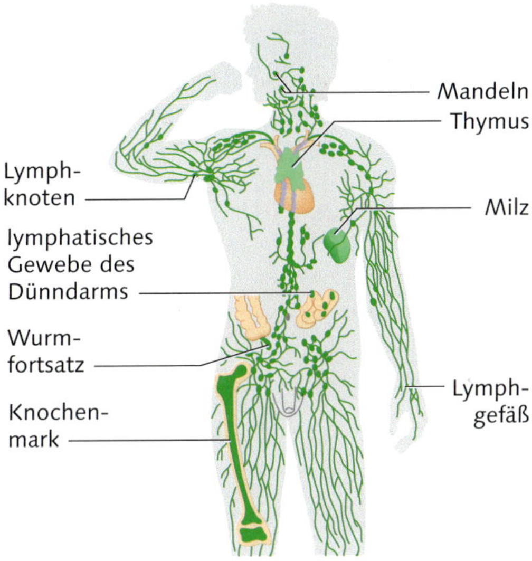

4 Lymphsystem

1. Ordne die Zellen des Immunsystems der unspezifischen und der spezifischen Abwehr zu.

2. Menschen, die an Leukämie leiden, bilden fehlerhafte Leukozyten. Erkläre, wie eine Knochenmarkspende helfen kann ▶ Bild 3.

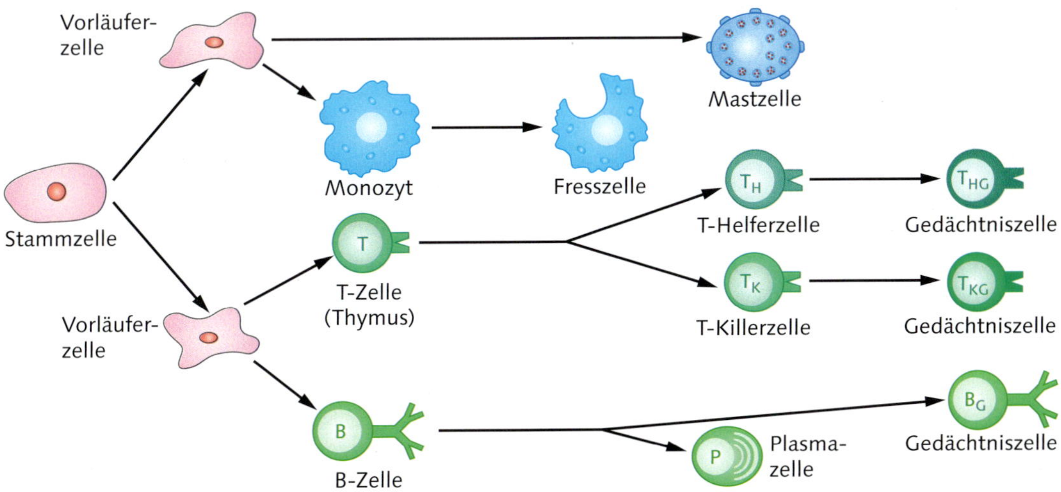

3 Zellen des Immunsystems

Spezifische Abwehr

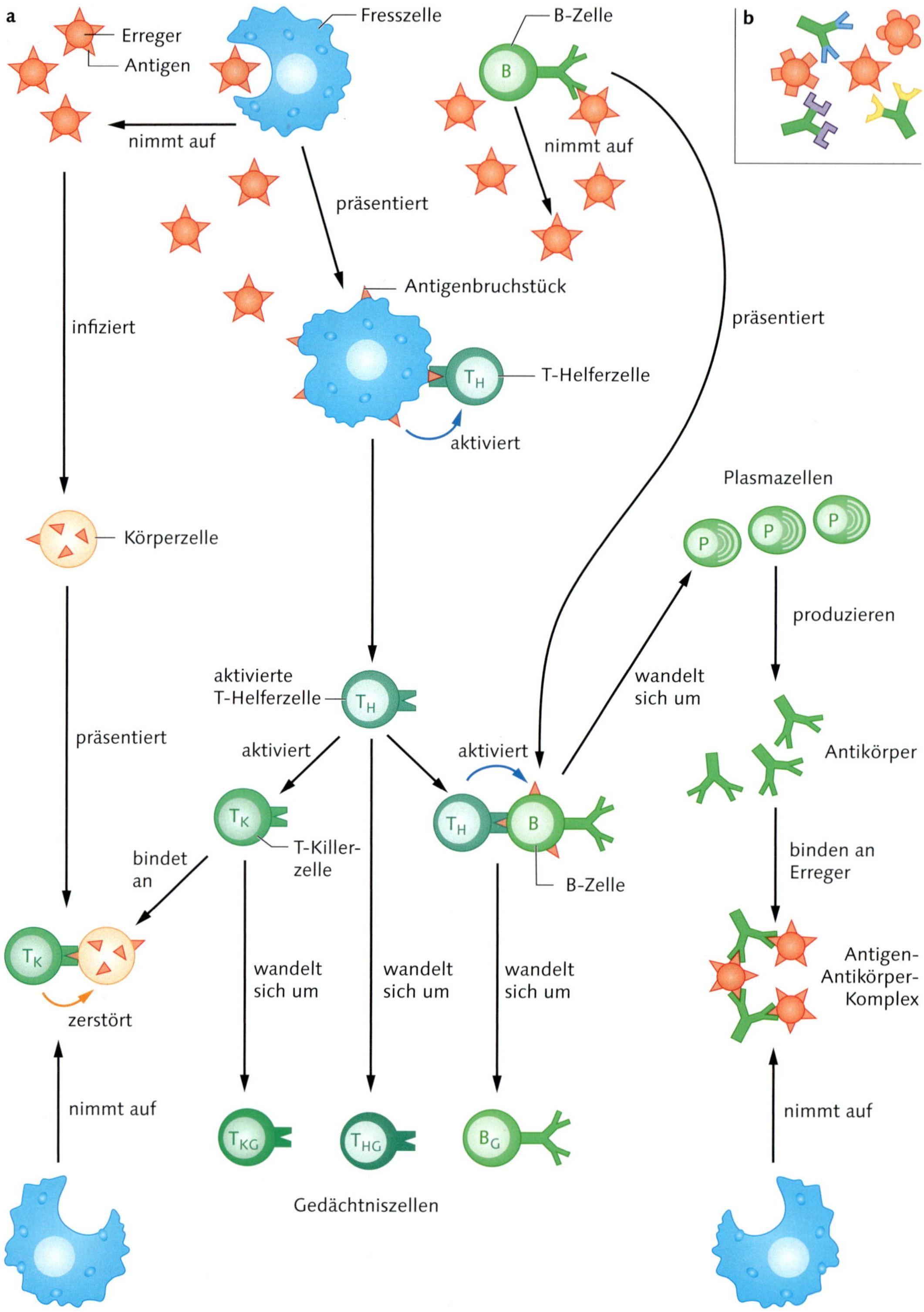

1 Spezifische Abwehr (a), verschiedene Erreger und Antikörper (b)

Immunantwort Die *spezifische Abwehr* richtet sich gegen bestimmte Erreger und löst eine Immunantwort aus ▶ Bild 1a. Auf den Erregern befinden sich Oberflächenstrukturen, die Antigene. An diesen erkennen die Fresszellen und die B-Zellen sie als körperfremd. Sie nehmen die Erreger auf und präsentieren daraufhin Antigenbruchstücke auf ihrer eigenen Oberfläche. Damit aktivieren die Fresszellen die spezifische Abwehr. T-Helferzellen erkennen diese Antigenbruchstücke und aktivieren nun die T-Killerzellen und die B-Zellen. Die B-Zellen wandeln sich daraufhin in Plasmazellen um, die *Antikörper* produzieren und freisetzen. Die Antikörper passen nach dem Schlüssel-Schloss-Prinzip zu den Antigenen der Erreger. Sie binden an die Erreger, verklumpen mit diesen zu *Antigen-Antikörper-Komplexen* und machen sie damit unschädlich. Fresszellen nehmen die Antigen-Antikörper-Komplexe auf und verdauen sie.
Die von den T-Helferzellen aktivierten T-Killerzellen erkennen infizierte Körperzellen, denn diese präsentieren Antigenbruchstücke. Die T-Killerzellen zerstören die infizierten Körperzellen, die ebenfalls von Fresszellen aufgenommen und unschädlich gemacht werden.

Immungedächtnis Beteiligte T-Killerzellen, B-Zellen und T-Helferzellen wandeln sich nach der Bekämpfung der Erreger in *Gedächtniszellen* um. Dadurch hat man *Immunität* gegenüber dieser Krankheit erlangt, denn die Gedächtniszellen befinden sich über lange Zeit überall im Körper. Bei erneutem Kontakt mit demselben Erreger lösen sie eine schnelle Immunantwort aus. Sie bilden rasch sehr viele Antikörper, die die Erreger unschädlich machen.
Im Lauf der Zeit sammeln sich so im Immunsystem viele Informationen über die Bekämpfung von Erregern an.

1 Stelle in einer Tabelle den Ursprung und die Funktionen der Zellen der spezifischen Abwehr dar.

2 Erkläre anhand von ▶ Bild 1b, warum diese Art der Immunantwort als spezifisch bezeichnet wird.

3 Entwickle einen Film, einen Comic oder ein Spiel, in dem du den Ablauf der Immunantwort wiedergibst.

Material Methode Praxis

Immungedächtnis

4 **A** Kinderkrankheiten wie Mumps, Röteln und Windpocken bekommt man in der Regel nur einmal. Erläutere diese Aussage mithilfe von ▶ Bild 2a.

B Erkläre, weshalb der Zeitraum zwischen dem Antigenkontakt und der Immunantwort bei der Erstinfektion so viel länger ist als bei der Zweitinfektion mit Antigen 1.

C Stelle Hypothesen auf, warum manche Menschen eine Kinderkrankheit doch zweimal bekommen.

5 **A** Bei manchen Erregern wie den Grippeviren verändern sich die Antigene mit großer Geschwindigkeit, sodass eine schnelle Immunantwort bei einer erneuten Infektion nicht möglich ist. Erkläre dies anhand von ▶ Bild 2b.

B Begründe, warum es häufig zu Grippewellen kommt.

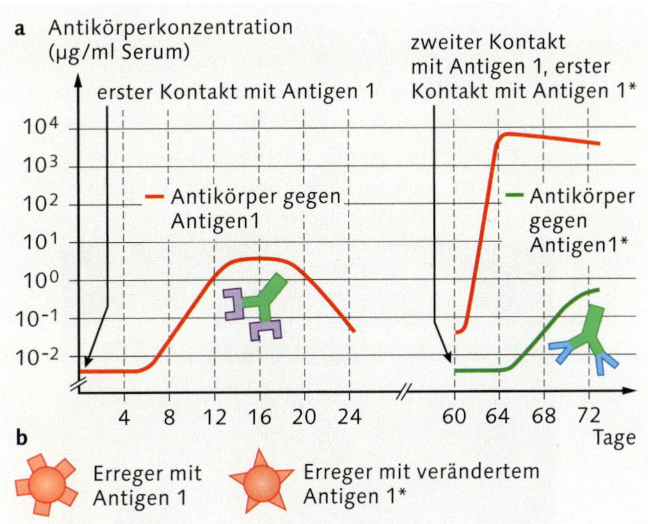

2 Antikörperkonzentration nach Erst- und Zweitinfektion (a), Grippeviren mit verschiedenen Antigenen (b)

Antibiotika – eine Wunderwaffe?

Eine zufällige Entdeckung ALEXANDER FLEMING (▶ Bild 2) war Bakteriologe in London. In seinem Labor machte er 1928 eine bahnbrechende Entdeckung. In einer seiner Petrischalen mit Bakterienkulturen hatte sich ein Schimmelpilz entwickelt. Um diesen herum waren keine Bakterien zu entdecken. Es hatte sich ein Hemmhof gebildet ▶ Bild 1. FLEMING erkannte, dass der Schimmelpilz *Penicillium* einen Stoff abgab, der das Bakterienwachstum hemmte. Er nannte ihn Penicillin und hatte damit das erste *Antibiotikum* entdeckt. Die Bedeutung seiner Entdeckung war ihm zu diesem Zeitpunkt noch nicht klar.

Zu Beginn des Zweiten Weltkriegs war es dem Mediziner HOWARD FLOREY und dem Biochemiker ERNST CHAIN gelungen, Penicillin in großen Mengen zu produzieren, um es als Medikament einzusetzen. Mit ihm konnte man viele Infektionen wie Tetanus, die zuvor tödlich verliefen, erfolgreich behandeln. 1945 erhielten FLEMING, FLOREY und CHAIN den Nobelpreis für Medizin für ihre Forschung.

Seitdem wurden viele weitere Antibiotika entdeckt. Zur Herstellung von Medikamenten mussten diese früher mühsam aus Schimmelpilzen gewonnen und aufgearbeitet werden und waren dadurch sehr teuer. Heute werden die meisten Antibiotika synthetisch hergestellt.

Wirkungsweise von Antibiotika Man unterscheidet vor allem zwei Wirkungsweisen von Antibiotika: Viele Antibiotika zerstören die Zellwand oder deren Aufbau bei der Teilung eines Bakteriums. Andere hemmen lebenswichtige Stoffwechselwege der Bakterien, sodass diese sich nicht vermehren können oder absterben.

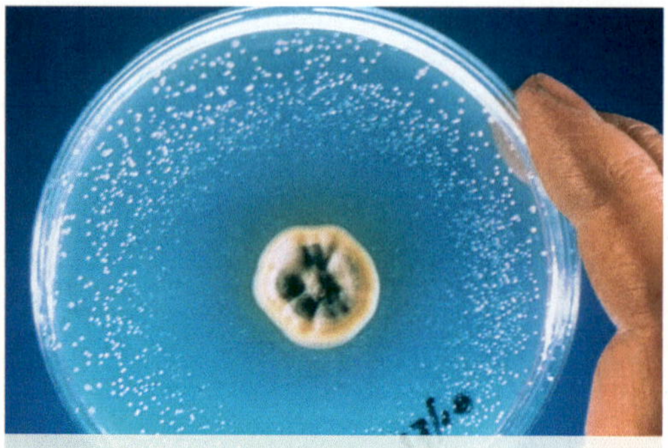

1 Schimmelpilz mit Hemmhof

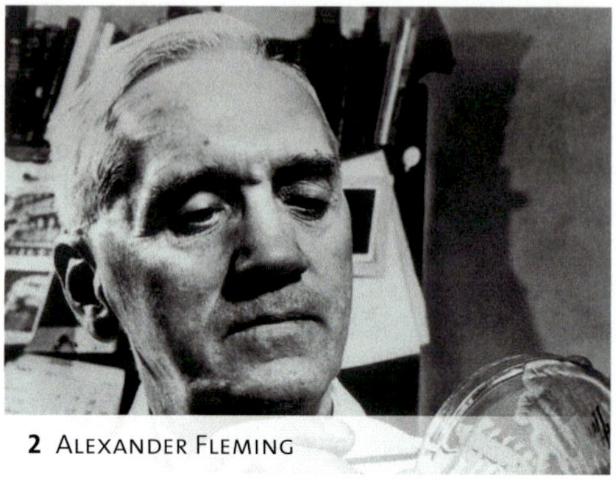

2 ALEXANDER FLEMING

Da Antibiotika in bestimmten Teilungsstadien auf Bakterien wirken, müssen sie ausreichend lange eingenommen werden. Nur so werden alle Bakterien erfasst.

Antibiotika wirken nur gegen Bakterien. Eukaryotische Zellen schädigen sie nicht. Auch gegen Viren sind sie wirkungslos.

Eine Waffe wird stumpf Zunächst glaubte man, dank der Antibiotika nun alle bakteriellen Infektionen erfolgreich behandeln zu können. Doch schon bald fiel auf, dass viele Bakterien gegen Antibiotika widerstandsfähig, also *resistent* sind. Eine zu häufige Gabe von Antibiotika kann dazu führen, dass sich resistente gegenüber nicht resistenten Bakterien stark vermehren. Eine erneute Antibiotikagabe kann den Erreger dann nicht mehr wirksam bekämpfen.

Heute sind die Resistenzen ein großes Problem. Vor allem die multiresistenten Bakterien, gegen die kaum ein bekanntes Antibiotikum wirkt, sind eine große Gefahr. Menschen mit geschwächtem Immunsystem sind besonders gefährdet.

1. Beschreibe die unterschiedlichen Wirkungsweisen von Antibiotika.
2. Erkläre, warum bei einer Grippe keine Antibiotika eingenommen werden sollten.
3. Antibiotika soll man auch noch einige Tage nach der Gesundung einnehmen. Erläutere, warum das wichtig ist.
4. Erläutere, warum es nach einer Antibiotikagabe zu Verdauungsproblemen kommen kann.

Multiresistente Bakterien

Jährlich sterben bis zu 15000 Menschen in Deutschland an multiresistenten Bakterien, mit denen sie sich in Krankenhäusern infiziert haben. Durch Verletzungen, operative Eingriffe oder ein geschwächtes Immunsystem kann es in Kliniken zur Infektion kommen. Dadurch kann sich der Verlauf einer Erkrankung verlängern, eine Heilung erschwert werden oder ein harmloser Eingriff zum Tod führen. Auch für Neugeborene können multiresistente Bakterien zur Gefahr werden, da ihr Immunsystem erst noch lernen muss, mit Erregern umzugehen. Die Ursache der steigenden Anzahl an multiresistenten Bakterien ist vielschichtig. Dazu gehört auch der Umgang mit Antibiotika in der Tierhaltung ▶ Bild 4.

1 **A** Erläutere die Rolle der Intensivtierhaltung bei der Entstehung multiresistenter Bakterien mithilfe der Informationen aus ▶ Bild 4.
B Beschreibe Verbreitungswege multiresistenter Bakterien.
C Erkläre, warum multiresistente Bakterien gerade in Krankenhäusern eine große Gefahr darstellen.

2 Stelle mithilfe des Diagramms (▶ Bild 3) Hypothesen auf, welche der Antibiotika nur in äußersten Notfällen eingesetzt werden sollten.

3 Diskutiere mögliche Maßnahmen, um die Entstehung weiterer multiresistenter Bakterien zu verhindern.

In der Intensivtierhaltung von Geflügel, Schweinen und Rindern wird heute die Ursache der Entstehung vieler multiresistenter Bakterien gesehen. Um den Fleischertrag zu erhöhen, werden sehr viele Nutztiere auf engem Raum gehalten. Sie sind auf schnellen Masterfolg gezüchtet und anfällig für Infektionen. In der Tiermast sind enge Zeitpläne einzuhalten, sonst drohen finanzielle Verluste. Auch ein leichter Infekt würde die Mast verzögern, weil ein kränkliches Tier weniger frisst und nicht zunimmt. Außerdem kann es weitere Tiere anstecken. Erscheint ein Tier krank, werden oft alle Tiere meist über das Trinkwasser mit Antibiotika behandelt. Die Gabe von Antibiotika zur Leistungsförderung ist in der Mast aber verboten, obwohl dies die finanziellen Verluste mindert. Bei Verdacht auf eine Erkrankung darf der Tierarzt aber Antibiotika verschreiben. Die Gabe der Antibiotika übernimmt der Landwirt selbst. So bekommen viele Masttiere über einen langen Zeitraum ihres kurzen Lebens Antibiotika. In den Ställen bilden sich multiresistente Bakterien. Über den als Gülle auf die Felder gebrachten Kot der Tiere und über die Abluft aus den Ställen können multiresistente Bakterien in die Umgebung und ebenfalls in unsere Nahrung gelangen.
Auch im rohen Fleisch vieler Tiere sind multiresistente Bakterien nachzuweisen. Landwirte und Mitarbeiter der Fleisch verarbeitenden Industrie sind damit in ständigem Kontakt und können die Erreger verbreiten. Über die Zubereitung von Nahrung in der Küche verteilen wir diese Bakterien in unseren Wohnungen. Gefährlich werden sie erst, wenn sie über offene Wunden in unseren Körper gelangen und wir ein geschwächtes Immunsystem haben.

4 Informationen zur Intensivtierhaltung

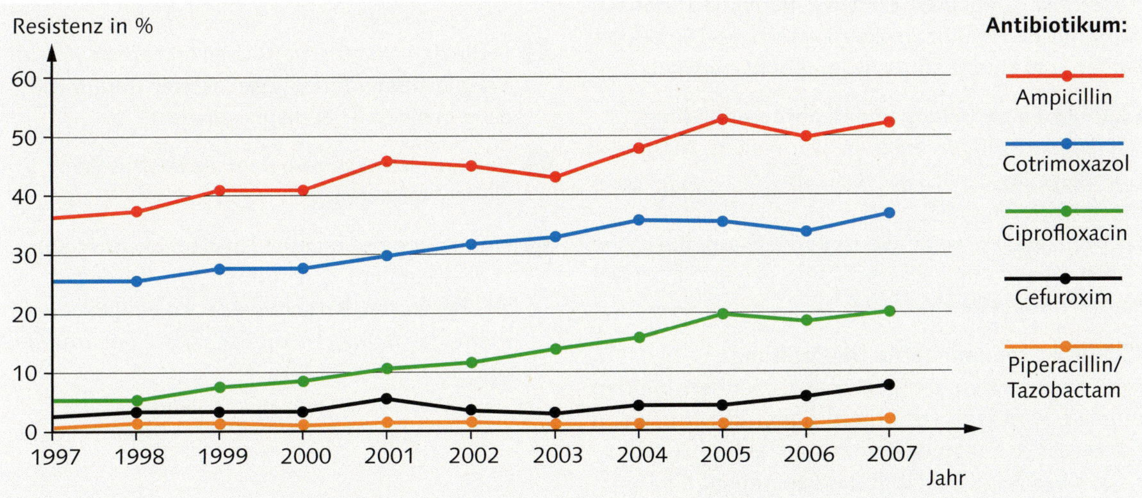

3 Resistenzen bei Durchfall verursachenden Bakterienstämmen

Der naturwissenschaftliche Erkenntnisweg

Beobachtungen in der Natur werfen oft Fragen auf. Naturwissenschaftler sind schon immer deren Beantwortung nachgegangen. Dazu stellen sie Hypothesen auf. Kann ein Forscher seine Hypothese bestätigen, so hat er einen naturwissenschaftlichen Zusammenhang entdeckt. Am Beispiel der Entdeckung der aktiven Immunisierung wird hier ein solcher naturwissenschaftlicher Erkenntnisweg nachgezeichnet.

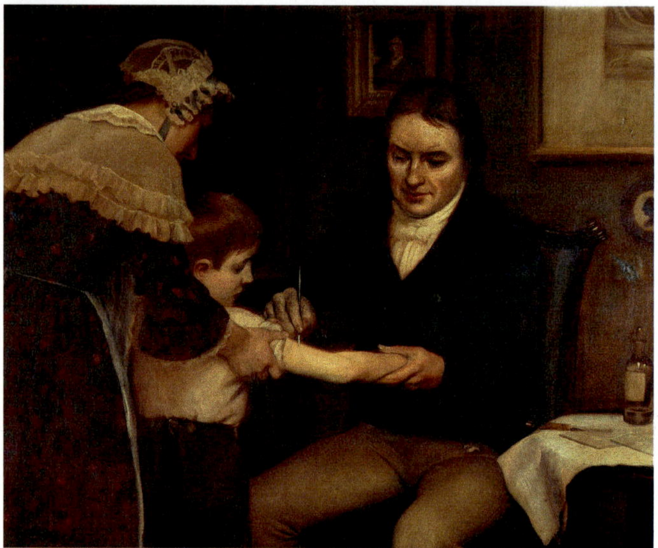

1 Edward Jenner infiziert einen Jungen (1796).

Schritt 1 Beobachtungen

Oft ist die Beobachtung eines Phänomens Anlass für die Durchführung eines Experiments.
Der englische Landarzt Edward Jenner beobachtete Ende des 18. Jahrhunderts, dass Menschen, die an den harmlosen Kuhpocken erkrankt waren, sich danach nicht mit den echten Pocken ansteckten. Die echten Pocken sind eine gefährliche Infektionskrankheit.

Schritt 2 Fragestellung und Hypothesenbildung

Aus Beobachtungen ergeben sich Fragen. Auf deren Grundlage lassen sich auf Basis von Vorwissen Hypothesen formulieren.
Edward Jenner stellte die Hypothese auf, dass eine überstandene Kuhpockeninfektion gegen die echten Pocken immun macht.

Schritt 3 Experimente zur Überprüfung

Mit Experimenten, die genau dokumentiert werden müssen, wird jede Hypothese überprüft. Nur wenn die Ergebnisse reproduzierbar sind, gelten Hypothesen als bestätigt. Bestätigt das Experiment die Hypothese nicht, müssen neue Hypothesen formuliert werden.
Edward Jenner infizierte einen Jungen mit dem Sekret aus den Kuhpocken. Der Junge erkrankte an diesen harmlosen Pocken. Nachdem er genesen war, infizierte Jenner ihn auf gleiche Weise mit den echten Pocken ▶ Bild 1. Der Junge erkrankte nicht. Jenner wiederholte das Experiment und konnte damit seine Hypothese bestätigen.

Schritt 4 Allgemeingültige Aussage

Wenn ein Forscher seine Hypothese bestätigt hat, dann kann er eine allgemeingültige Aussage formulieren.
Edward Jenner konnte zeigen, dass man durch den Kontakt mit einem „harmlosen" Erreger gegen die gefährlichen Erreger immun wird. Er hatte damit die Grundlagen der aktiven Immunisierung entdeckt.

Erfolg der Pockenimpfung

Zu Jenners Zeiten starben in Europa schätzungsweise 400 000 Menschen jährlich an den Pocken. Die von ihm entdeckte Impfung rettete viele Menschenleben. Bis 1983 gab es eine weltweite Impfpflicht gegen die Pocken. Von der Impfung blieb eine Pockenimpfnarbe zurück. Da seit 1978 keine Pockeninfektion mehr bekannt wurde, konnte die Welt kurze Zeit später für pockenfrei erklärt werden.

1. Stelle den wissenschaftlichen Erkenntnisweg am Beispiel der Endeckung der aktiven Immunisierung in einem Fließdiagramm dar.
2. Bewerte Jenners Vorgehen unter ethischen Gesichtspunkten.
3. Normalerweise müssen Forscher auch ein Kontrollexperiment durchführen, um ihre Hypothese zu überprüfen. Beschreibe das Kontrollexperiment, das Jenner theoretisch hätte durchführen müssen.

Aktive Immunisierung

Gefährliche Infektionskrankheiten Tetanus, der Wundstarrkrampf, wird vom Gift des Tetanus-Bakteriums ausgelöst, das weit verbreitet ist. Gelangen diese Bakterien durch eine offene Wunde in den Körper, verursacht das Gift bei den Betroffenen extreme Muskelkrämpfe. Dies führt zum Tod durch Ersticken.

Die Kinderlähmung verläuft nicht immer tödlich, kann aber zu bleibenden Lähmungen führen. Sie wird von Viren ausgelöst, die das Nervensystem befallen. Dank konsequenter Impfung gilt sie in Deutschland als ausgerottet. Andere Infektionskrankheiten wie die Masern können noch Jahre nach der Infektion Spätfolgen verursachen und zum Tod führen. Röteln und Windpocken zeigen bei Erwachsenen schwerere Krankheitsverläufe als bei Kindern oder gefährden das ungeborene Kind.

Aktive Immunisierung Eine aktive Immunisierung bietet wirksamen Schutz gegen viele Infektionskrankheiten. Bei der aktiven Immunisierung, der *Schutzimpfung*, werden abgeschwächte oder abgetötete Erreger als Antigene in den Körper injiziert ▶ Bild 2. Lebendimpfstoffe enthalten abgeschwächte Erreger, Totimpfstoffe abgetötete Erreger oder Teile von Erregern, z. B. Virushüllen.

Das Immunsystem reagiert auf diese Antigene mit einer Immunantwort, ohne dass der Betroffene erkrankt. Manchmal zeigen sich nach einer Impfung leichtes Fieber oder Hautreaktionen. Sie sind Zeichen dafür, dass die spezifische Abwehr aktiv ist, und werden als Impfreaktionen bezeichnet. Infiziert sich der Geimpfte später mit dem echten Erreger, kann das Immunsystem dank der gebildeten Gedächtniszellen schnell und effektiv reagieren und es kommt zu keiner Erkrankung.

Selten kommt es nach einer Schutzimpfung zu Impfschäden, also zu bleibenden Schäden des Geimpften. Bei empfohlenen Impfungen gilt das Risiko im Verhältnis zu den Risiken der betreffenden Krankheit als sehr gering.

Durchimpfungsrate Als Durchimpfungsrate bezeichnet man den Anteil der Bevölkerung, der gegen eine bestimmte Krankheit geimpft ist. Wenn genügend Menschen geimpft sind, sind auch Nichtgeimpfte indirekt geschützt, weil die Krankheit sich nicht ausbreiten kann. Bei einer Durchimpfungsrate zwischen 83 und 94 % wäre dies z. B. für Masern der Fall. Im Jahr 2015 waren 70 % der Deutschen gegen Masern geimpft.

1 **A** Beschreibe die aktive Immunisierung ▶ Bild 2.
B Beurteile, ob man die aktive Immunisierung nur für Viren oder auch für Bakterien anwenden kann.

2 Begründe, warum es immer wieder zu Masernausbrüchen kommt.

3 **A** Informiere dich über die Durchimpfungsraten für Keuchhusten, Kinderlähmung und Röteln. Diskutiere, ob ein größeres Auftreten dieser Infektionskrankheiten wahrscheinlich ist.
B Werte für eine Durchimpfungsrate für die Tetanusimpfung sind eigentlich belanglos. Diskutiere diese Aussage.

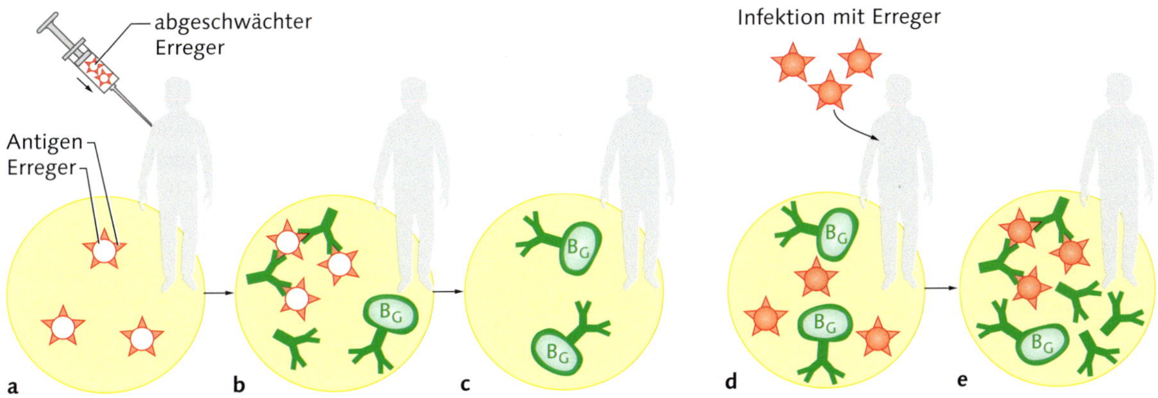

2 Aktive Immunisierung (Schutzimpfung)

Bewerten am Beispiel Impfen

Es gibt zwar Empfehlungen für Schutzimpfungen, aber in Deutschland besteht keine Impfpflicht. Schutzimpfungen werden oft kritisch diskutiert. Um zu entscheiden, ob eine bestimmte Schutzimpfung gemacht werden soll, kann die hier vorgestellte Methode des Bewertens angewandt werden.

Erreger können heute unbemerkt in wenigen Stunden um die ganze Welt reisen, sodass Infektionskrankheiten überall auftreten können. Schutzimpfungen stellen einen sicheren Weg dar, geschützt zu sein. Infektionskrankheiten wie die Kinderlähmung und der Wundstarrkrampf sind heute dank Schutzimpfungen nicht mehr so häufig wie noch vor 50 Jahren.

In den letzten Jahren lässt sich allerdings der Trend beobachten, dass immer weniger Eltern ihre Kinder impfen lassen. Dieses Phänomen bezeichnet man als Impfmüdigkeit.

Im Folgenden soll das Impfen anhand einiger typischer Aussagen bewertet werden. Für eine Bewertung hat sich ein einfacher Dreischritt bewährt.

Schritt 1 Argumente entwickeln

Entwickle Argumente für und gegen eine Maßnahme. Die Argumente können dabei verschiedene Sach- und Werteebenen haben. Auf einer Sachebene sind alle Argumente einzuordnen, die sich wissenschaftlich untermauern lassen. Die Werteebene ist persönlicher Natur. Das können beim Thema Impfen Werte wie Gesundheit, Selbstbestimmung, körperliche Unversehrtheit oder Verantwortung für sich und andere sein.

Schritt 2 Argumente überprüfen

Gleiche die Argumente mit den eigenen Wertvorstellungen ab. Du wirst manche Argumente als wichtiger ansehen als andere. Gewichte die Argumente am höchsten, die deine Werte (z. B. Allgemeinwohl gegen individuelles Empfinden) am besten widerspiegeln. Formuliere eine Entscheidung. Schätze dazu kurz- und langfristige Folgen des Handelns ab.

Schritt 3 Entscheidungen begründen

Begründe die getroffene Entscheidung. Erläutere dazu, welche Argumente dir besonders wichtig sind.

1 **A** Prüfe, ob die Argumente in den Sprechblasen auf der Sachebene stichhaltig sind oder widerlegt werden können ▶ Bild 1.
B Ordne sie nach Pro- und Kontraargumenten.
C Benenne die Sach- und Werteebene von zwei Argumenten.

2 Nenne mögliche Gründe, warum es in der Bevölkerung so viele Gegenstimmen zum Impfen gibt.

3 Bewerte die Schutzimpfung an einem selbst gewählten Beispiel einer Infektionskrankheit. Führe dabei die Schritte 1–3 durch.

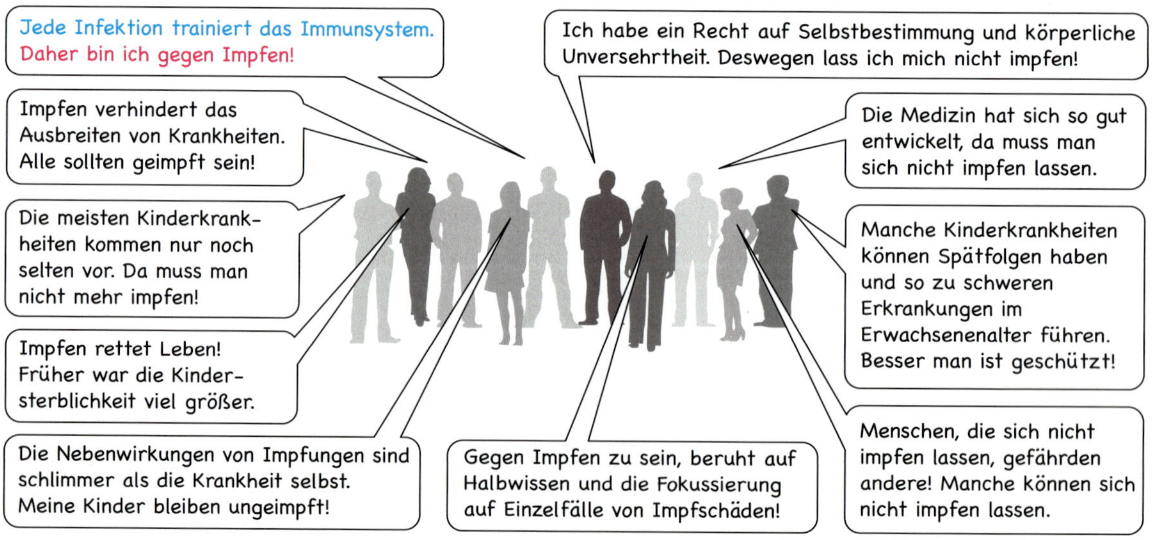

1 Aussagen zum Impfen. Im Beispiel: Sachebene, Werteebene

Passive Immunisierung

Emil von Behring Bis 1891 galt die Infektionskrankheit Diphtherie als tödlich und unheilbar. Vor allem viele Kinder starben daran. Diphtherie wird von Bakterien verursacht, die die oberen Atemwege befallen. Der preußische Arzt Emil von Behring (▶ Bild 3) entwickelte ein Immunserum, das er aus dem Serum infizierter Tiere gewann. Er wurde zum „Retter der Kinder", da sein Immunserum die Sterblichkeitsrate durch Diphtherie bei Kindern um die Hälfte reduzierte. Emil von Behring hatte die passive Immunisierung gefunden, für die er 1901 den ersten Medizinnobelpreis erhielt.

3 Emil von Behring

Methode der passiven Immunisierung Bei der *passiven Immunisierung* wird einem Erkrankten ein Serum verabreicht, das Antikörper gegen den entsprechenden Krankheitserreger enthält. Dazu werden Tiere, z. B. Pferde, mit dem abgeschwächten Erreger infiziert ▶ Bild 2. Auf diese Antigene reagiert das Immunsystem der Tiere mit einer spezifischen Immunantwort und bildet Antikörper. Diese werden aus dem Blutserum der Tiere gewonnen und dem Erkrankten als Immunserum injiziert. Die Antikörper verklumpen im Körper des Erkrankten mit den Antigenen des Erregers. Die Antigen-Antikörper-Komplexe werden dort von den Fresszellen abgebaut und eine Genesung des Patienten tritt ein. Es bilden sich jedoch keine Gedächtniszellen und nach einer Heilung ist der Betroffene nicht immun gegen den Erreger.

Solche Passivimpfstoffe werden auch als Gegengift bei Schlangenbissen verwendet. Die passive Immunisierung wird ebenfalls bei akuten Infektionen mit gefährlichen Erregern bei nicht geimpften Personen eingesetzt, z. B. bei Verdacht auf eine Tollwutinfektion.

1 **A** Die passive Immunisierung nennt man auch Heilimpfung. Begründe, warum das eine gut gewählte Bezeichnung ist.
B Erkläre, weshalb man nach einer passiven Immunisierung nicht immun gegen die Krankheit ist.

2 **A** Vergleiche aktive und passive Immunisierung.
B Ohne aktive Immunisierung gäbe es keine passive Immunisierung. Erläutere.

3 Begründe, weshalb bei einer passiven Immunisierung auch Reaktionen des Immunsystems auf den Impfstoff zu erwarten sind.

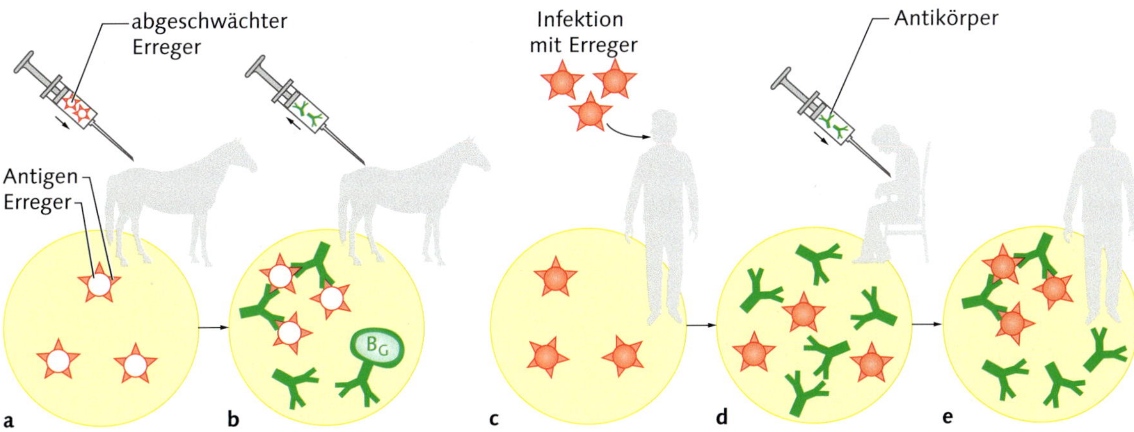

2 Passive Immunisierung (Heilimpfung)

Sexuell übertragbare Infektionen

Ansteckung, Verantwortung und Schutz Eine Infektionskrankheit, die hauptsächlich beim Geschlechtsverkehr übertragen wird, nennt man sexuell übertragbare *Infektion* (engl. *Sexually Transmitted Infection*, abgekürzt STI). Erreger dieser Krankheiten sind Viren, Bakterien, Pilze und Einzeller.
Die bekanntesten STIs sind Chlamydien, Syphilis, Gonorrhö, HPV, Hepatitis B und HIV. Sie werden über Körperflüssigkeiten der Geschlechtsorgane, aber teilweise auch über Blut oder Speichel übertragen. Viele Erreger können von der Mutter bei der Geburt auf den Säugling übergehen. Bei häufig wechselnden Sexualpartnern steigt die Wahrscheinlichkeit einer Ansteckung. Neben akuten Symptomen sind auch Spätfolgen wie Unfruchtbarkeit oder die Schädigung innerer Organe möglich. Dadurch enden einige STIs unbehandelt tödlich.
Es ist wichtig, bei Verdacht auf eine Infektion den Arzt aufzusuchen ▶ Bild 2. Hat man sich mit einer STI angesteckt, so hat man die Verantwortung, diese nicht weiterzuverbreiten. Dazu gehört auch, dass man ehemalige Sexualpartner über die eigene Infektion informiert.
Kondome schützen sicher vor der Ansteckung mit einer STI. Gegen manche der Krankheiten kann man sich impfen lassen.

Chlamydien *Chlamydien* gehören zu den Bakterien. Eine Chlamydien-Infektion kann sich durch Juckreiz im Genitalbereich und Brennen beim Wasserlassen äußern. Da diese Symptome nicht immer auftreten, bleibt eine Infektion oft unbemerkt. So sind viele Menschen ohne ihr Wissen Überträger der Chlamydien. Im weiteren Verlauf der Erkrankung kann es zu Entzündungen der inneren Geschlechtsorgane kommen. Unfruchtbarkeit kann eine Folge sein.

Syphilis Beim *Syphilis*-Erreger handelt es sich ebenfalls um ein Bakterium ▶ Bild 1. Die Ansteckung erfolgt über die Schleimhäute der Geschlechtsorgane. Die Bakterien gelangen über feine Risse in der Haut in den Körper und befallen die Lymphknoten. Als erste Symptome bilden sich an Geschlechtsorganen, am After oder am Mund schmerzlose Geschwüre, die ein hoch ansteckendes Sekret absondern. Im weiteren Verlauf kommt es zu Hautausschlägen, Haarausfall und zu grippeähnlichen Beschwerden. In diesem Stadium ist die Krankheit mit Antibiotika noch vollständig heilbar. Bleibt sie jedoch unbehandelt, befällt der Erreger auch die inneren Organe. Häufig sind Herz, Skelett, Leber und Blutgefäße betroffen. Diese Schädigungen können schließlich zum Tod führen.

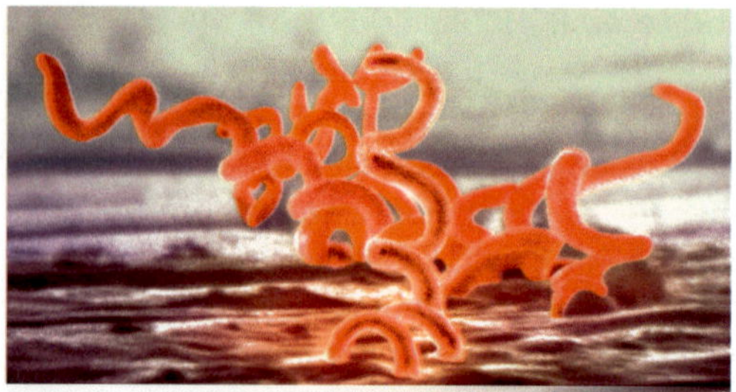

1 Erreger der Syphilis

Gonorrhö *Gonorrhö* (Tripper) ist eine weitere bakterielle STI. Wenige Tage nach der Infektion treten Symptome wie Juckreiz im Genitalbereich, Brennen beim Wasserlassen und eitriger Ausfluss auf. Durch eine frühe Behandlung mit Antibiotika ist die Krankheit heilbar. Unbehandelt befallen die Bakterien im weiteren Verlauf die inneren Geschlechtsorgane. Dies kann zu Unfruchtbarkeit führen.

HPV Als *HPV* (Humane Papillomviren) bezeichnet man eine Gruppe von Viren, die unterschiedliche Krankheitsbilder auslösen. Man unterscheidet Niedrig- und Hochrisikotypen. Zu den Niedrigrisikotypen gehören die Erreger von Feigwarzen. Das sind gutartige Hautveränderungen im Genitalbereich, die Warzen ähneln. Sie sind ansteckend, lassen sich aber durch Salben oder Operationen entfernen. Da der Virus im Körper bleibt, treten sie immer wieder auf.
Zu den Hochrisikotypen gehören die Erreger von Krebserkrankungen. Diese können am Penis, am Anus, an den Schamlippen oder am Mund auftreten. Bestimmte Typen des HPV gelten als häufigste Ursache für Gebärmutterhalskrebs, der zweithäufigsten Krebserkrankung bei Frauen. Bei fast jeder an Gebärmutterhalskrebs erkrankten Frau lassen sich diese Erreger nachweisen. Gegen HPV können Mädchen sich

impfen lassen. Diese Schutzimpfung muss vor dem ersten Kontakt mit dem HPV erfolgen, sonst ist sie wirkungslos. Die seit 2006 zugelassene Impfung war die erste Schutzimpfung, die einer Krebserkrankung vorbeugt.

Hepatitis B *Hepatitis B* wird von Viren ausgelöst und bezeichnet eine Leberentzündung. Das Hepatitis-B-Virus ist höchst infektiös und kann nicht nur beim ungeschützten Geschlechtsverkehr, sondern über alle Körperflüssigkeiten übertragen werden. Nur ein Drittel der Infizierten zeigt Monate nach der Infektion typische Symptome wie eine Gelbfärbung der Haut und der Augäpfel. Die Infektion heilt zwar meist aus, kann aber auch einen schweren Verlauf nehmen und zum Tod führen. Aktive und passive Immunisierung sind möglich. Hepatitis B gilt als eine der weltweit häufigsten Infektionskrankheiten.

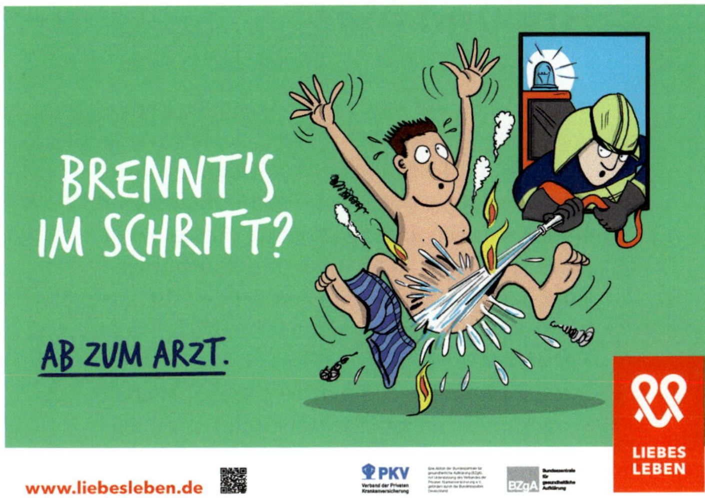

2 Kampagne der BZgA

1 Fasse in einer Tabelle Krankheiten, Übertragungswege, Symptome und Spätfolgen der genannten STIs zusammen.

2 Die Kampagne zu STIs der BZgA spielt auf die besondere Verantwortung des Einzelnen an ▶ Bild 2. Erkläre, worin diese Verantwortung besteht.

Material Methode Praxis

STIs im Wandel der Zeit

Medizinische Entdeckungen, gesellschaftliche Veränderungen im Umgang mit Sexualität und die Ausbreitung von Krankheiten stehen in enger Verbindung zueinander. Dabei lassen sich in Bezug auf die STIs Veränderungen in den Verhaltensweisen beobachten, die vor einer Infektion schützen können ▶ Bild 3.

3 **A** Beschreibe das Diagramm in ▶ Bild 3.
B Erkläre die Häufigkeit der gemeldeten Fälle mithilfe der eingezeichneten Informationen.

4 In den letzten Jahren lässt sich eine Zunahme der Syphilisinfektionen beobachten. Stelle Hypothesen auf, weshalb es einen Anstieg gibt.

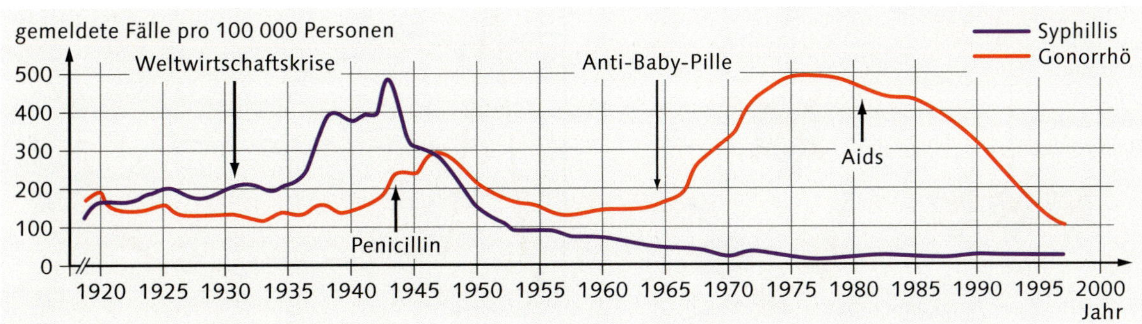

3 Gemeldete Fälle von Gonorrhö und Syphilis pro 100 000 Personen in den USA

HIV und Aids

Die HIV-Infektion wird durch das Human Immunodeficiency Virus, auch *HI-Virus* genannt, ausgelöst ▶ Bild 2. Die Infektion mit dem HI-Virus findet hauptsächlich beim Geschlechtsverkehr statt. Aber auch über den Kontakt mit dem Blut eines Infizierten oder über die Muttermilch kann das Virus weitergegeben werden. Ist das Virus bei einem Menschen nachweisbar, ist er *HIV-positiv*.

Nach der Infektion kann es zu grippeähnlichen Symptomen kommen. Danach fühlt sich der Betroffene zunächst gesund, ist aber für seine Mitmenschen bereits ansteckend. Erst wenn, oft Jahre später, HIV das Immunsystem so stark geschwächt hat, dass typische Folgeerkrankungen auftreten, spricht man von *Aids* oder vom erworbenen Immunschwächesyndrom (engl. *Acquired Immunodeficiency Syndrome*). HIV-Infizierte sterben meist an für andere Menschen harmlosen Folgeinfektionen.

Infektionsverlauf Die HI-Viren befallen neben Körperzellen und Fresszellen bevorzugt die T-Helferzellen des Immunsystems ▶ Bild 1. Der Körper reagiert zunächst mit einer spezifischen Immunantwort. Die Zahl der Immunzellen nimmt zu: Zum einen werden spezifische Antikörper gegen die HI-Viren hergestellt. Zum anderen werden Wirtszellen, die HIV-Antigene präsentieren, erkannt und zerstört. Es werden aber nie alle HI-Viren vernichtet. Die HI-Viren haben zudem die Eigenschaft, ihre Antigene ständig zu verändern. Daher reagiert das Immunsystem wie auf eine Neuinfektion. Es kann keine schnelle Immunantwort erfolgen, da die vorhandenen Gedächtniszellen nicht zum veränderten Erreger passen. Da das Immunsystem im Lauf der Zeit immer schwächer wird, wird eine Infektion mit einem anderen, sonst harmlosen Erreger lebensbedrohlich für den Erkrankten.

Behandlung Eine HIV-Infektion ist aktuell nicht heilbar. Heute gibt es Medikamente, die die Vermehrung der Viren hemmen, sodass die Krank-

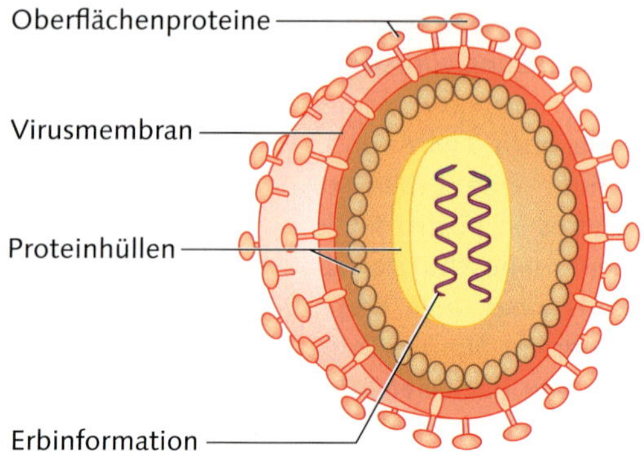

2 Bau des HI-Virus

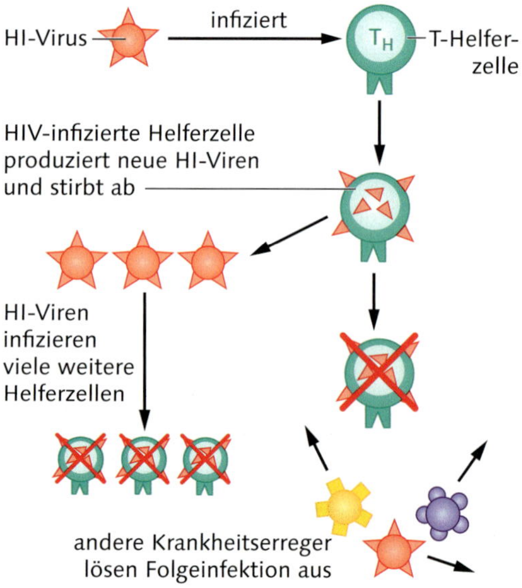

1 Folgen der HIV-Infektion

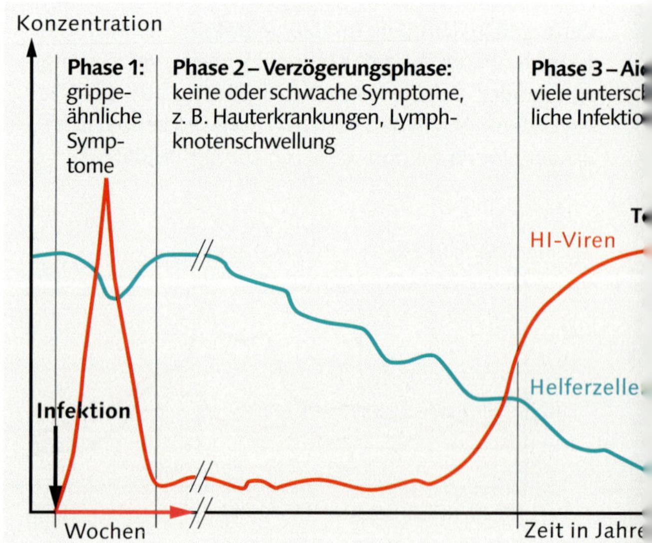

3 Verlauf einer HIV-Infektion

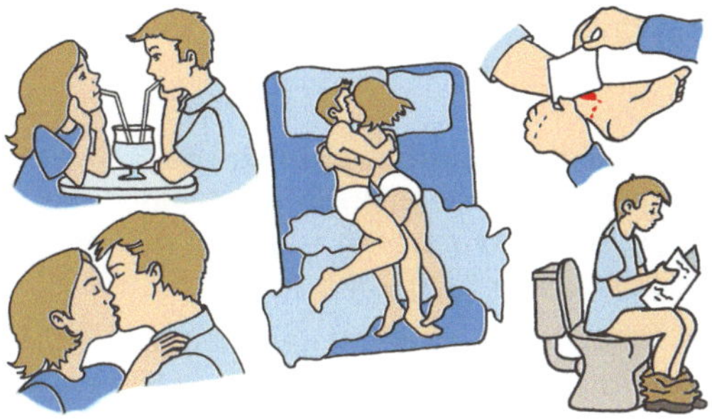

4 HIV-Infektionsrisiko?

heit Aids nicht ausbricht. Jedoch sind alle diese Medikamente sehr teuer und haben Nebenwirkungen. HIV-Infizierte müssen sich im Abstand von wenigen Monaten testen lassen, um festzustellen, ob die Medikamente noch wirken oder sich die Anzahl ihrer T-Helferzellen verändert hat ▶ Bild 3. Diese regelmäßige Prozedur ist vor allem psychisch sehr belastend, da Ungewissheit und Angst ständige Begleiterscheinungen sind. HIV-Infizierte haben auch unter massiver Diskriminierung zu leiden.

1 **A** Beurteile das Ansteckungsrisiko bei den in ▶ Bild 4 dargestellten Situationen.
B Vergleiche die Infektionswege des HI-Virus mit denen des Grippevirus.
C Erläutere die doppelte Schutzfunktion des Kondoms.

5 Kondom

2 Erläutere den Verlauf einer HIV-Infektion unter Verwendung von ▶ Bild 3 und stelle einen Zusammenhang zu ▶ Bild 1 her.

3 Begründe, warum eine HIV-Infektion so gefährlich ist ▶ Bilder 1 und 3.

4 „HIV ist doch behandelbar!" Nimm Stellung zu dieser Aussage.

Material Methode Praxis

Ausbreitung von HIV

Seit 1983 ist das HI-Virus bekannt. Im Jahr 2014 lebten 36,9 Millionen Infizierte weltweit mit dem HI-Virus. Seit Beginn der Epidemie starben schon fast genauso viele Personen an Aids. Viele Menschen wissen gar nicht, dass sie HIV-positiv sind, sodass die tatsächliche Anzahl an Infizierten unbekannt ist. Auf dem afrikanischen Kontinent gibt es die meisten Infizierten, aber auch in Deutschland ist das Virus trotz vieler Informationskampagnen auf dem Vormarsch.

5 **A** Betrachte das Diagramm ▶ Bild 6. Erkläre, warum es notwendig ist, zwischen Neuinfektionen und Aids-Neuerkrankungen zu unterscheiden.
B Beschreibe das Diagramm.
C Erkläre, warum die Anzahl der Menschen, die mit HIV leben, immer größer wird.

6 **A** Informiere dich über die aktuellen Zahlen der HIV-Erkrankungen auf anderen Kontinenten.
B Erläutere die Gründe für die unterschiedliche Verbreitung des HI-Virus weltweit.

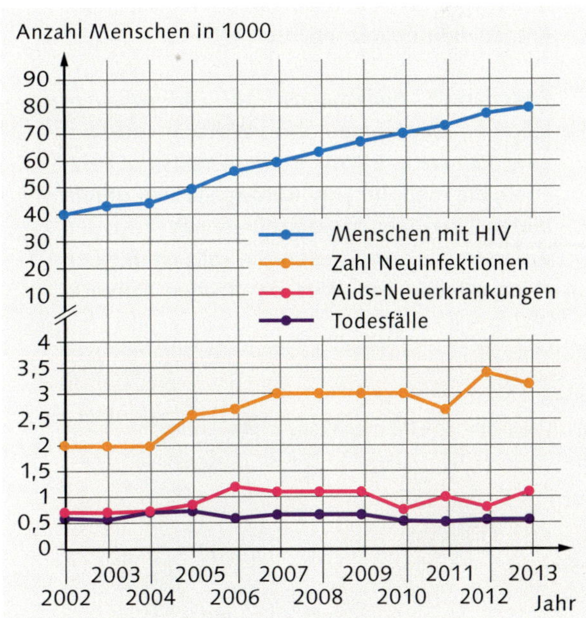

6 HIV und Aids in Deutschland 2002–2013

Parasiten als Krankheitsüberträger

Parasiten sind Lebewesen, die auf Kosten anderer Organismen leben. Tiere und Pflanzen, von denen Parasiten leben, nennt man *Wirte*. Ein Wirt kann Schaden von einem Parasitenbefall davontragen oder sogar daran sterben.

Ektoparasit Zecke *Ektoparasiten* sind Lebewesen, die vorübergehend oder dauerhaft auf ihrem Wirt leben. Fast alle Ektoparasiten sind Wirbellose. Sie ernähren sich von Geweben und Körperflüssigkeiten des Wirts, meist Blut. Das Blut dient ihnen als Proteinquelle, um sich und ihren Nachwuchs zu ernähren oder Eier zu bilden. Daher sind es oft nur die weiblichen Tiere, die den Wirt befallen. Ektoparasiten können schwerwiegende Krankheiten übertragen.
Zecken betäuben mit ihrem Speichel die Bissstelle und trinken so unbemerkt Blut ihres Wirts. Nach einigen Tagen löst sich die vollgesogene Zecke ab und es kommt zu lokalen Reaktionen der Haut mit Juckreiz. Der Holzbock, eine bei uns vorkommende Zeckenart (▶Bild 1), überträgt mit seinem Speichel das FSME-Virus. Es löst FSME, die *Frühsommer-Meningoenzephalitis* aus, eine gefährliche Hirnhautentzündung. Der Holzbock überträgt auch das Borreliosebakterium. Es gelangt aus dem Darm der Zecke in den Wirt und kann beim Menschen die Krankheit *Borreliose* auslösen ▶Bild 3.

Endoparasit Fuchsbandwurm *Endoparasiten* leben im Körperinnern ihres Wirts. Sie sind auf eine oder wenige Wirtsarten spezialisiert. Parasiten, die mehrere Entwicklungsstadien durchlaufen, benötigen oft verschiedene Wirte in den unterschiedlichen Stadien. Sie vollziehen einen *Wirtswechsel*. Den Wirt der frühen Entwicklungsformen, z.B. der Larven, nennt man *Zwischenwirt*, der Wirt des fortpflanzungsfähigen, adulten Tiers heißt *Endwirt*. Füchse, Wölfe, Hunde und Katzen können Endwirte für den Fuchsbandwurm sein. Er lebt in ihrem Dünndarm. Nach Selbstbefruchtung gibt der Wurm täglich bis zu 200 Eier ab, die mit dem Kot ausgeschieden werden ▶Bild 2. Der Zwischenwirt – ein Nagetier – nimmt die Eier mit der Nahrung auf. Aus dem Ei schlüpft eine Sechshakenlarve und gelangt aktiv in die Leber des Tiers, wo sie sich in eine Finne umwandelt. Diese kann sich vermehren und andere Organe befallen. In den Finnen bildet sich das letzte Larvenstadium. Durch den Parasitenbefall wird der Zwischenwirt geschwächt und leichte Beute für den Endwirt. In ihm schlüpfen die Larven, wandeln sich zum Fuchsbandwurm um und setzen sich im Dünndarm fest. Ein neuer Zyklus beginnt. Der Mensch kann bei beiden Wirtswechseln zum Fehlwirt für den Fuchsbandwurm werden. Zwar kann dieser den Entwicklungszyklus im Fehlwirt nicht vollenden, jedoch kann er Organe befallen und schwere Erkrankungen auslösen.

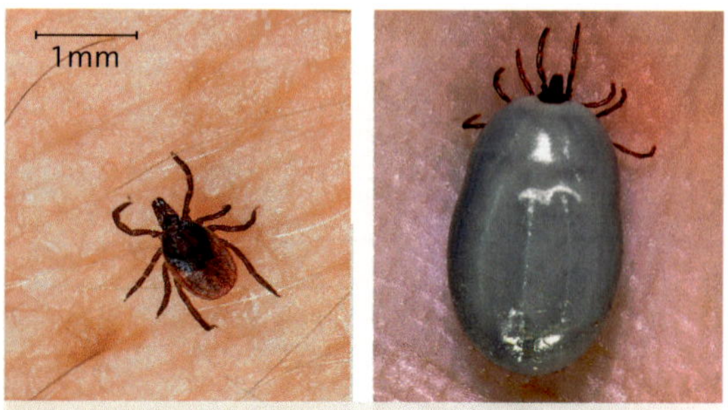

1 Weibliche Zecke, rechts: vollgesaugt

1 Erkläre folgende Begriffe: Ektoparasit, Endoparasit, Wirt, Wirtswechsel, Zwischenwirt, Endwirt, Fehlwirt.

2 **A** Beschreibe den Entwicklungszyklus in ▶Bild 2.
B Nenne Stellen im Entwicklungszyklus, wo der Mensch zum Fehlwirt werden kann.

3 Beschreibe Schutzmaßnahmen gegen eine Infektion mit dem Fuchsbandwurm.

4 Erkläre, warum man Haustiere regelmäßig einer Wurmkur unterziehen sollte.

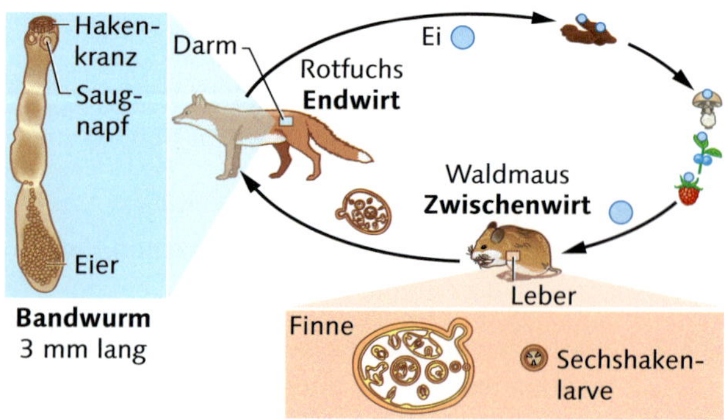

2 Lebenszyklus des Fuchsbandwurms

Borreliose und FSME

Immer wieder werden die Menschen aufgefordert, sich bei Aufenthalten in der Natur vor Zeckenbissen zu schützen. Weshalb und wo Zecken besonders gefährlich sind, kannst du mit der Tabelle und der Karte herausfinden.

	Borreliose	**FSME**
Erreger	Bakterien	Viren
Vorkommen des Erregers in der Zecke	Darm	Speichel
Zeitpunkt des Eindringens der Erreger in den Wirt	nach mehrstündigem Blutsaugen	sofort beim Eindringen des Stechapparats
Anzahl der Erkrankten pro Jahr in Deutschland	80 000–100 000 (geschätzt)	220
Anteil der infizierten Zecken in Deutschland (regionale Unterschiede)	10–35 %	0,1–5 %
Antikörper im Blut nachweisbar?	ja, auch viele Jahre nach einer Infektion ohne Krankheitsausbruch	ja, auch wenn die Krankheit nicht ausbricht
Mögliche Erstsymptome	sich ringförmig vergrößernde Rötung um die Einstichstelle (Wanderröte)	Schwindel, Fieber, Kopfschmerzen, Abgeschlagenheit
Mögliche Spätsymptome	Gelenkschmerzen, Hautveränderungen, Kopfschmerzen, Schädigung des Gehirns	Gehirn- und Hirnhautentzündung, Schädigung des Nervensystems
Behandlung	Antibiotika	nur Linderung der Symptome
Vorbeugung durch Schutzimpfung	nicht möglich	möglich

3 Vergleich der Krankheiten Borreliose und FSME

1. Erkläre, weshalb das rasche Entfernen einer Zecke wichtig ist.
2. Erkläre, warum eine eindeutige Diagnose bei beiden Krankheiten so schwierig ist.
3. Beschreibe die Behandlung der beiden dargestellten Krankheiten und begründe die jeweiligen Maßnahmen.
4. Beschreibe Schutzmaßnahmen bei einer Wanderung im Schwarzwald und in der Lüneburger Heide anhand der Karte ▶ Bild 4.

4 Deutschlandkarte mit Verbreitung von Borreliose und FSME

Allergien – Das Immunsystem spielt verrückt

Bei einer *Allergie* reagiert das körpereigene Abwehrsystem auf Stoffe aus der Umwelt, die eigentlich ungefährlich sind ▶ Bild 1. Allergien nehmen immer mehr zu, so hat jeder Dritte in Deutschland eine oder mehrere Allergien. Gerade bei Kindern und Jugendlichen ist die Zahl der Allergiker deutlich gewachsen.

Unverträglichkeiten wie die Laktoseintoleranz gehören nicht zu den Allergien, weil sie Ursachen im Stoffwechsel des Körpers haben.

Reaktionen auf körperfremde Stoffe *Histamin* ist ein wichtiger Signalstoff im Körper, der bei der Entzündungsreaktion das Anschwellen des umliegenden Gewebes anregt und die Magensäureproduktion sowie die Darmperistaltik steigert. Es führt zur Erweiterung von Kapillaren, erhöht den Herzschlag und kann Erbrechen auslösen. Dies sind alles Reaktionen, die dem Körper helfen, mit einer Gefahr im Körperinnern umzugehen.

Reaktionen auf Allergene Allergien werden von *Allergenen* ausgelöst. So nennt man bestimmte Oberflächenstrukturen von Pollen, aber auch chemische Substanzen an Tierhaaren oder in Lebensmitteln. Es sind einige Hundert Allergene bekannt. Sie können über die Nahrung aufgenommen, über die Luft eingeatmet werden oder bei Hautkontakt zu Reaktionen führen.

Bei einer allergischen Reaktion unterscheidet man zwei Phasen ▶ Bild 3. Bei der Sensibilisierung bilden die Plasmazellen der spezifischen Abwehr Antikörper gegen die Allergene. Diese lagern sich an die Mastzellen an. Bei einem erneuten Kontakt mit dem Allergen beginnt die zweite Phase. Die Allergene binden an die Antikörper der Mastzellen, woraufhin diese Histamin ausschütten.

2 Ambrosiapollen im Elektronenmikroskop

Bei der allergischen Reaktion wird aber zu viel Histamin auf einmal freigesetzt. Alle beschriebenen Körperreaktionen treten nun verstärkt auf: Es kommt zu Schwellungen des Gewebes bis hin zu stark juckenden Quaddeln am ganzen Körper. Oft schwellen dem Allergiker die Augen zu. Aber auch die Schleimhäute schwellen an, sodass das Atmen schwerfällt und es sogar zum Tod durch Ersticken kommen kann.

Eine ständige Reizung der Schleimhäute in den Atemwegen durch Allergiereaktionen kann zu

Allergieform	Allergene
Pollenallergie	Pollen von Windbestäubern wie Hasel, Birke, Ambrosia (▶ Bild 2) oder Gräsern. Da im Heu viele Gräserpollen vorhanden sind, spricht man auch von Heuschnupfen.
Tierallergie	Allergene auf Tierhaaren, z. B. Katzen-, Hunde- oder Pferdehaaren
Lebensmittelallergie	Allergene in Lebensmitteln; besonders häufig ist die Erdnussallergie
Kontaktallergie	Hautkontakt mit dem allergenen Stoff löst Allergie aus, z. B. Nickel in Schmuck.
Hausstauballergie	Allergene in den Ausscheidungen der mikroskopisch kleinen Hausstaubmilben, die vor allem in Textilien (Kleidung, Bettwäsche, Teppichen, Polstern) leben
Insektengiftallergie	Allergene in Insektengiften; viele Allergiker reagieren auf Bienen- oder Wespenstiche. Aber auch gegen Mücken- oder Bremsenstiche sind Allergien bekannt.
Medikamentenallergie	Allergie gegen bestimmte Medikamente, besonders häufig gegen Penicillin

1 Allergieformen

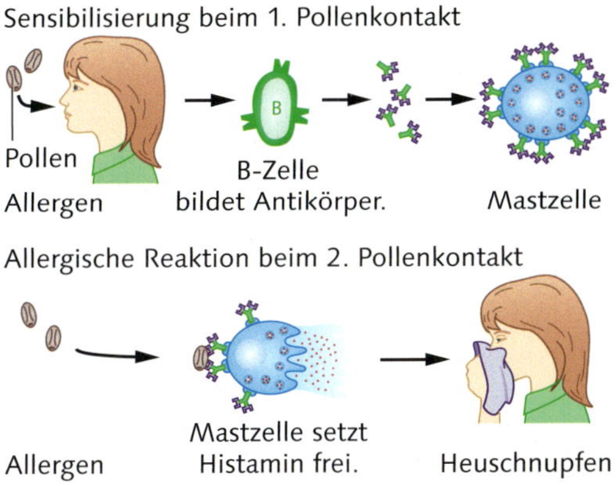

3 Allergische Reaktion bei Heuschnupfen

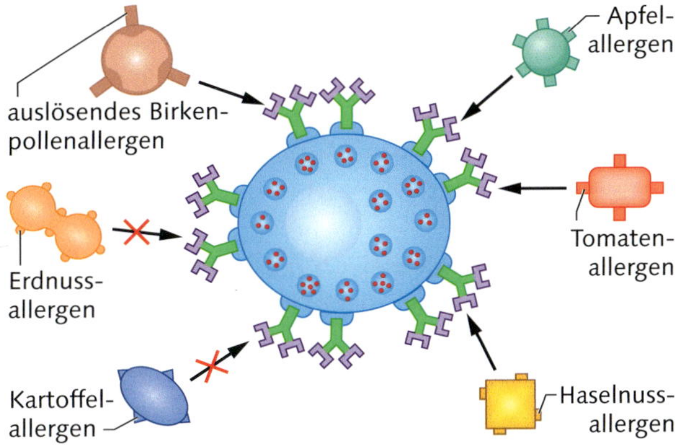

4 Kreuzallergie

einer chronischen Entzündung führen. Der Allergiker kann dadurch Asthma bronchiale entwickeln.

Kreuzallergien Oft ist ein Allergiker nicht nur gegen einen Stoff allergisch. Durch *Kreuzallergien* reagiert sein Immunsystem auf viele weitere Stoffe, die ähnliche Allergene tragen ▶ Bild 4. So kann ein Birkenpollenallergiker im Lauf der Jahre Lebensmittelallergien gegen Nüsse, Äpfel und andere Obstsorten entwickeln.

Nachweis und Behandlung Ärzte führen Allergietests durch. Beim Pricktest wird die Haut an verschiedenen Stellen mit einer Nadel angeritzt und es werden unterschiedliche Allergene aufgetragen ▶ Bild 5. Tritt nach etwa 30 min eine Rötung oder eine Schwellung auf, ist dies der Nachweis einer Allergie gegen das getestete Allergen. Auch über Blutproben kann im Labor eine Allergie nachgewiesen werden.
Allergiereaktionen verhindert man, indem man versucht, die auslösenden Allergene zu meiden und den Lebensstil entsprechend anpasst.
Medikamente können akute Symptome einer Allergie lindern oder unterbinden. Viele Allergiker tragen ein Notfallset mit Cortison- und Antihistaminsaft bei sich. Für Allergiereaktionen, die zu einer akuten Lebensgefahr führen, kann eine Adrenalinspritze mitgeführt werden.
Mit einer Hyposensibilisierung kann versucht werden, dem Immunsystem die Überreaktion auf ein Allergen abzutrainieren. Dabei werden über mehrere Monate oder Jahre langsam gesteigerte Mengen des Allergens verabreicht, damit sich der Körper daran gewöhnt und es nicht mehr als gefährlich einstuft. Das gelingt nicht immer, aber gerade bei Pollen- und Lebensmittelallergien zeigen Hyposensibilisierungen Erfolge.

1. Erläutere die Symptome des Allergikers beim Pricktest.
2. Vergleiche die allergische Reaktion mit der spezifischen Abwehr.
3. Erkläre mithilfe von ▶ Bild 4, was unter Kreuzallergien zu verstehen ist und was das für den Betroffenen bedeutet.
4. Beschreibe die Einschränkungen, mit denen ein Allergiker leben muss.
5. „Kann Spuren von Erdnüssen enthalten." Beurteile die Wichtigkeit solcher Angaben auf Lebensmittelverpackungen.
6. Erkläre, warum eine Tierhaarallergie meist erst nach der Anschaffung eines Haustiers bemerkt wird.

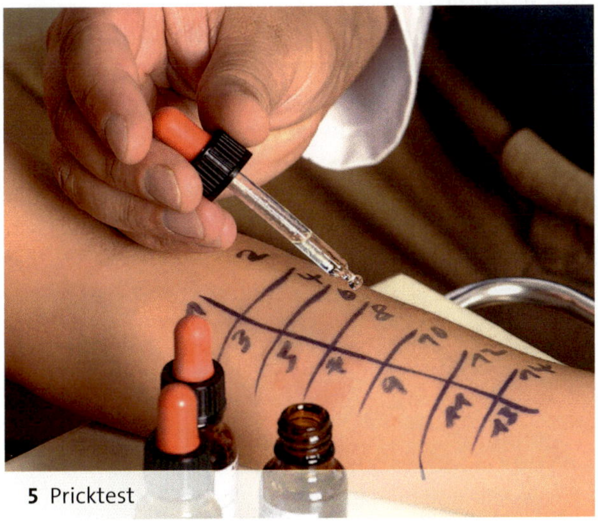

5 Pricktest

Zusammenfassung

Struktur und Funktion

Das Immunsystem kann aufgrund von Oberflächenstrukturen zwischen körperfremd und körpereigen unterscheiden. Oberflächenstrukturen, die vom menschlichen Körper als körperfremd eingestuft werden, nennt man Antigene. Die unspezifische und die spezifische Abwehr reagieren auf die Antigene und versuchen, sie unschädlich zu machen ▶ Bild 1. In der spezifischen Abwehr, aber auch bei Allergien werden spezifische Antikörper gebildet, die nach dem Schlüssel-Schloss-Prinzip zu den Antigenen passen und an sie binden ▶ Bild 2. Die Information über die Bildung von Antikörpern bleibt in Gedächtniszellen lange gespeichert und ermöglicht eine schnelle Immunantwort bei erneutem Kontakt mit demselben Erreger. Bei der aktiven Immunisierung nutzt man diese Fähigkeit des Körpers, um ihn vor Erkrankungen zu schützen. Bei der passiven Immunisierung werden die Antikörper von einem anderen Organismus hergestellt und dann dem Erkrankten als Immunserum verabreicht.
Diese Zusammenhänge beziehen sich auf das Basiskonzept *Struktur und Funktion*.

Variabilität und Angepasstheit

Die Antigene von Grippeviren können sich in kurzer Zeit stark verändern. Somit kann die spezifische Abwehr eines Menschen, der eine Grippeinfektion überstanden hat oder gegen Grippe geimpft ist, bei einer Neuinfektion nicht immer auf Gedächtniszellen zurückgreifen. Auch die Antigene der HI-Viren sind sehr variabel und erscheinen immer wieder wie neue Erreger.
Bakterien und Viren sind an ganz spezielle Wirtszellen angepasst und können nur diese infizieren. Antibiotika wirken nicht gegen Viren, sondern nur gegen Bakterien. Sie stören den Stoffwechsel von Bakterien oder greifen in den Aufbau der Zellwand ein. Durch beide Wirkungsweisen werden die Erreger abgetötet. Aufgrund ihrer großen Variabilität gibt es jedoch immer auch resistente Bakterien, die durch Antibiotika nicht abgetötet werden und sich weiter vermehren.
Parasiten befallen oft nur bestimmte Lebewesen. So muss der Fuchsbandwurm einen Fuchs, einen Hund oder eine Katze als Endwirte erreichen und ein Nagetier als Zwischenwirt. In einem Fehlwirt, z. B. dem Menschen, kann er zwar schwere Erkrankungen hervorrufen, seinen Entwicklungszyklus jedoch nicht vollenden.
Diese Zusammenhänge werden durch das Basiskonzept *Variabilität und Angepasstheit* beschrieben.

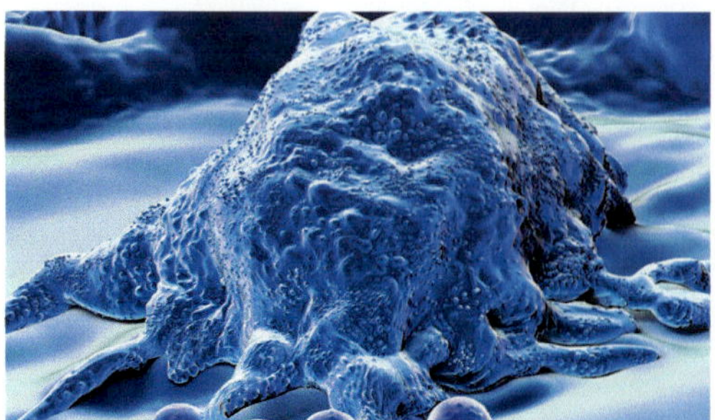

1 Fresszelle bekämpft Bakterien

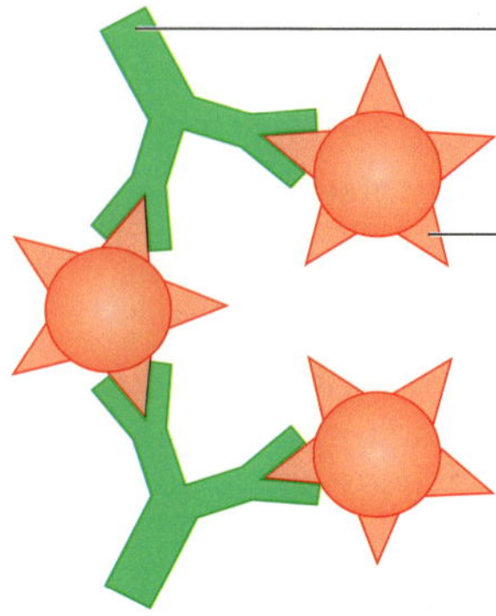

2 Antigen-Antikörper-Komplex

Reproduktion

Prokaryoten wie die Bakterien pflanzen sich ungeschlechtlich durch Zellverdopplung fort. Aus einem Bakterium können so in kurzer Zeit Millionen Bakterien entstehen. Viren können sich nicht selbstständig fortpflanzen und benötigen dafür Wirtszellen. Dies ist einer der Gründe, warum sie nicht zu den Lebewesen zählen.
Parasiten wie der Fuchsbandwurm durchlaufen einen Entwicklungszyklus mit mehreren Stadien, die sich teils geschlechtlich, teils ungeschlechtlich fortpflanzen. Viele von ihnen vollziehen einen Wirtswechsel.
Das Basiskonzept *Reproduktion* beschreibt solche Zusammenhänge.

Teste dich!

1 **A** Beschreibe, wie man sich vor einer Infektion mit Erregern schützen kann.
B Nenne die Schutzbarrieren der unspezifischen Abwehr des Körpers gegen Erreger.

2 In ▶ Bild 3 sind zwei qualitative Diagramme zur Vermehrung von Erregern dargestellt. Ordne begründet zu, welches Diagramm die Vermehrung von Bakterien und welches die Vermehrung von Viren zeigt.

3 **A** Erkläre, weshalb Antibiotika gegen Viren nicht wirksam sind.
B Erkläre, weshalb multiresistente Bakterien so gefährlich sind.
C Die WHO warnt immer wieder vor dem Auftreten eines Supervirus, das große Teile der Menschheit auslöschen könnte. Erkläre, warum diese Warnungen begründet sind.

4 **A** Erläutere die Bedeutung des Schlüssel-Schloss-Prinzips anhand eines selbst gewählten Beispiels aus der Immunbiologie.
B Auch Organe haben Oberflächenantigene. Bei Organtransplantationen erhalten die Patienten Medikamente, die die Immunantwort unterdrücken. Formuliere eine begründete Hypothese, warum als Organspender nahe Verwandte des Patienten bevorzugt werden.

5 Die aktive Immunisierung kann Menschenleben schützen.
A Beschreibe den Vorgang der aktiven Immunisierung.
B Beschreibe die Ausbreitung von Masern in den beiden Situationen in ▶ Bild 4.

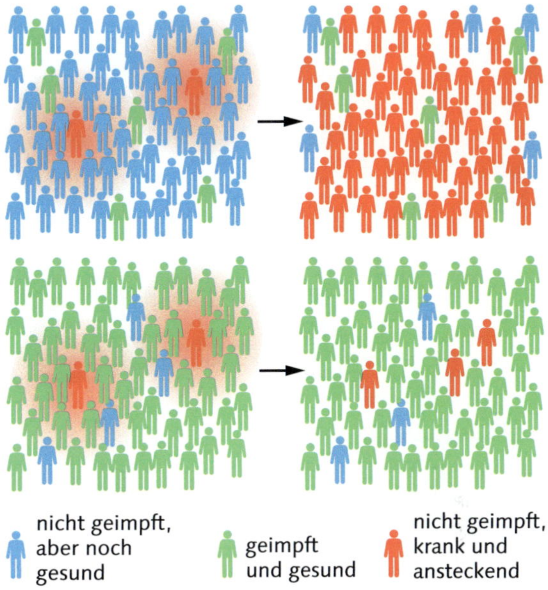

4 Ausbreitung der Masern

C „Geimpfte Personen schützen auch die nicht geimpften." Erkläre dieses Zitat.

6 Beschreibe den wissenschaftlichen Erkenntnisweg anhand der Entdeckung der passiven Immunisierung durch EMIL VON BEHRING.

7 In den 1980er Jahren war die Tollwut unter Füchsen weit verbreitet. Ein Impfprogramm mit ausgelegten Ködern hat diese Infektionskrankheit weitgehend ausgerottet. Stelle Hypothesen darüber auf, wie sich seitdem die Häufigkeit des Fuchsbandwurms verändert hat.

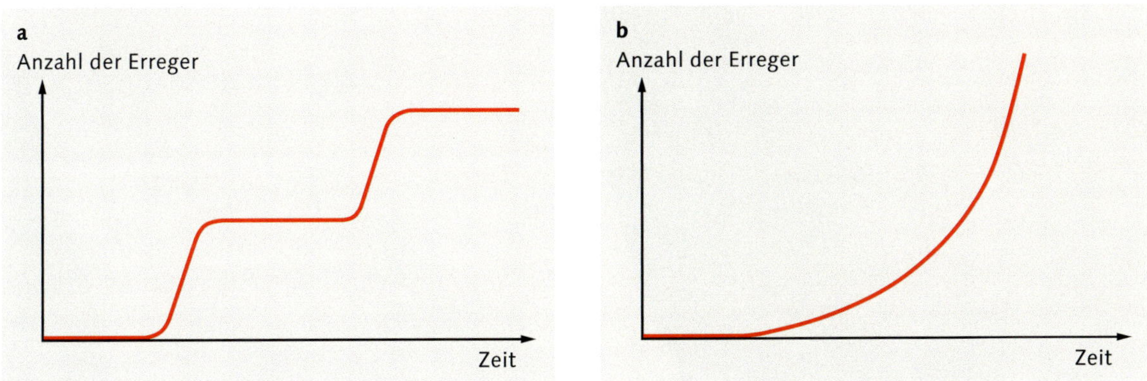

3 Qualitative Diagramme zur Erregervermehrung

▶ Die Lösungen zu den Aufgaben findest du im Anhang.

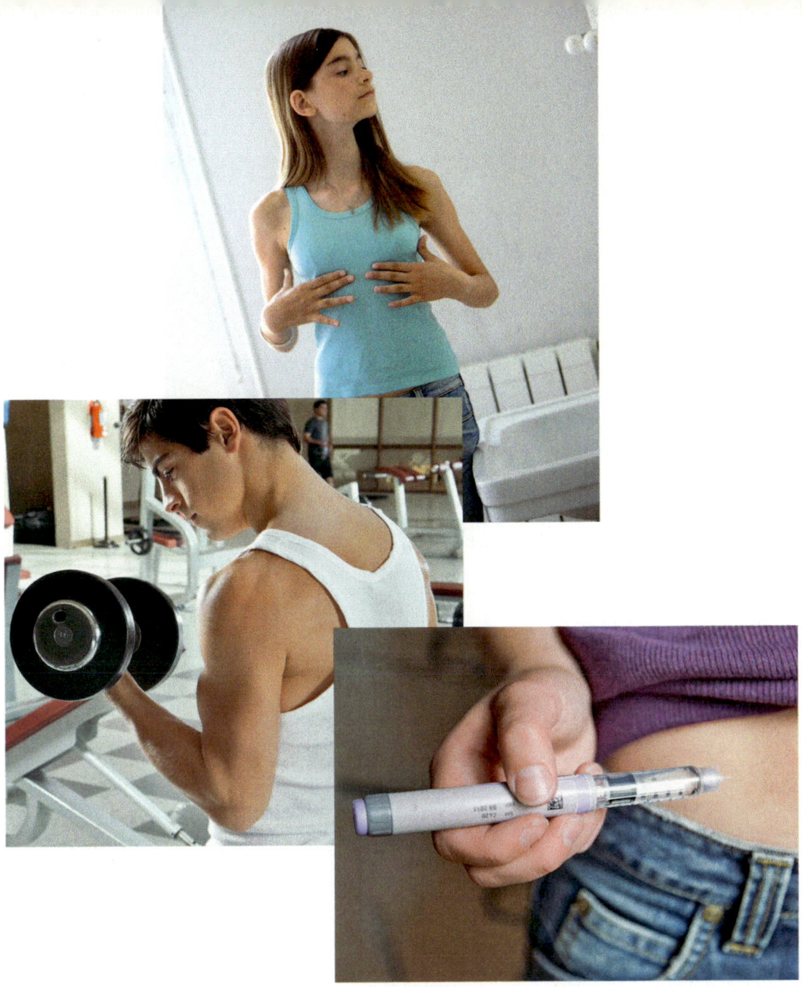

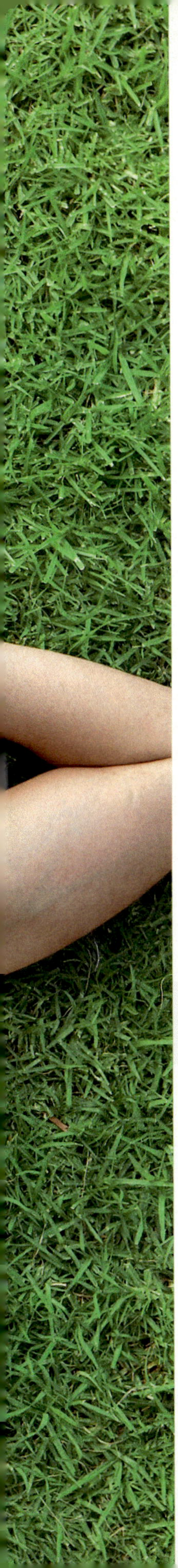

Hormone

Hormone übertragen im Körper Informationen. Sie sind beispielsweise verantwortlich für das Wachstum und die Veränderungen des Körpers in der Pubertät sowie für die Regulation des Blutzuckerspiegels. Alle Hormone werden in speziellen Drüsenzellen gebildet und benötigen Zielzellen mit Rezeptoren, um eine spezifische Wirkung auszulösen.

Im Vergleich zum Nervensystem, der zweiten Form der Informationsübermittlung im menschlichen Körper, ist die Übertragung durch Hormone langsamer, doch kann ihre Wirkung lange andauern. Hormonsystem und Nervensystem arbeiten eng zusammen.

Das Hormonsystem des Menschen

Botenstoffe Der menschliche Körper besitzt mehrere Hormondrüsen ▶ Bild 1. Diese befinden sich an verschiedenen Stellen des Körpers und produzieren spezielle Botenstoffe, die *Hormone*. Die meisten Hormondrüsen geben die gebildeten Hormone in das Transportsystem Blut ab. Auf diesem Weg werden die Hormone im gesamten Körper verteilt und erreichen jede einzelne Zelle. Im Vergleich zum Nervensystem ist das Hormonsystem ein eher langsames Informationssystem. Beide arbeiten zusammen.

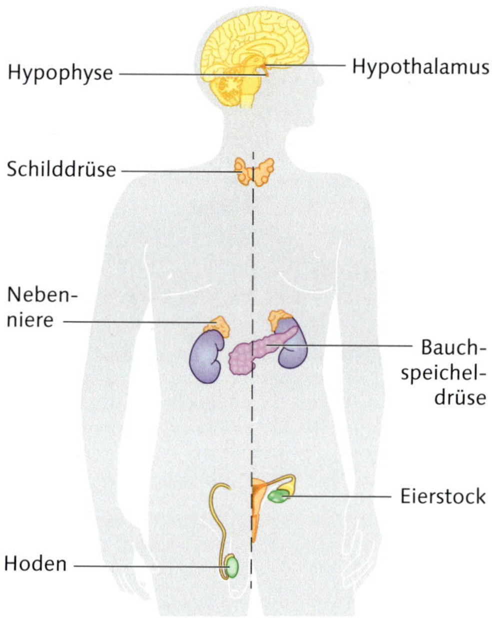

1 Hormondrüsen des Menschen

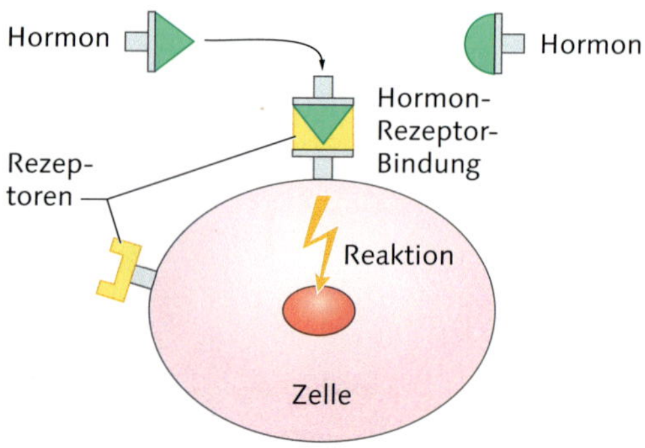

2 Spezifische Hormonbindung an einen Rezeptor auf einer Zielzelle

Hormone wirken spezifisch Hormone sind bereits in sehr geringen Konzentrationen wirksam. Jedes Hormon weist eine eigene räumliche Struktur auf. Es löst nur bei bestimmten Zellen und Geweben seine Wirkung aus. Die jeweiligen Zellen werden als *Zielzellen* bezeichnet ▶ Bild 3. Diese Zellen besitzen auf ihrer Oberfläche *Rezeptoren*. Das sind Bindungsstellen, die aufgrund ihrer Struktur spezifisch für ein bestimmtes Hormon sind. Hormon und Rezeptor passen zusammen wie Schlüssel und Schloss. Diese Passgenauigkeit auf einen spezifischen Rezeptor ist ein Beispiel für das *Schlüssel-Schloss-Prinzip*. Nur wenn ein Hormon zu einem Rezeptor passt und bindet, kommt es zu der jeweiligen Wirkung in der Zelle. Fehlt ein passender Rezeptor, so findet keine Bindung statt und in der Zelle wird keine Wirkung ausgelöst. Eine Zelle kann Rezeptoren für mehrere Hormone besitzen ▶ Bild 2. Ein Hormon kann bei verschiedenen Zellen unterschiedliche Wirkungen haben. Das Schilddrüsenhormon Thyroxin bewirkt in den Zielzellen eine Erhöhung des Stoffwechsels, was eine Steigerung der Leistungsfähigkeit des entsprechenden Gewebes oder des Körpers zur Folge hat. Eine weitere wichtige Rolle spielt Thyroxin beim Wachstum von Jugendlichen.

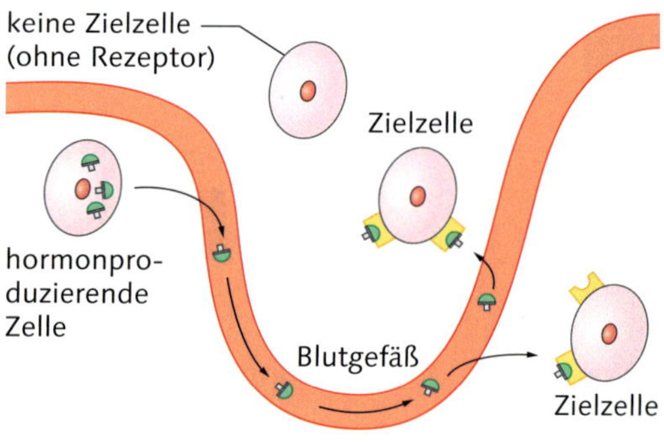

3 Hormontransport über das Blut zu einer Zielzelle

1 **A** Beschreibe den Weg eines in der Schilddrüse gebildeten Hormons zu einer Muskelzelle im Oberschenkel.
B Erkläre, wie in der Zielzelle eine Wirkung ausgelöst wird ▶ Bilder 2 und 3.

2 Vergleiche das Schlüssel-Schloss-Prinzip bei Hormonen mit dem der Antigen-Antikörper-Reaktion.

Der Blutzuckerspiegel

4 Jugendlicher beim Sport

Blutzucker und Energie Unser Energiebedarf erhöht sich bei körperlicher Aktivität, z. B. beim Sport. Die Muskelzellen brauchen dann vermehrt Glucose. Darum ist es bei Ausdauersportarten wichtig, während des Wettkampfs Nahrung zu sich zu nehmen. Neben den Muskeln benötigt auch das Gehirn viel Energie. Durch kohlenhydratreiche Nahrung gelangt bei der Verdauung Glucose in unser Blut. Das Blut transportiert die Glucose durch den gesamten Körper. Die Konzentration von Glucose, die im Blut enthalten ist, wird als *Blutzuckerspiegel* bezeichnet. Er liegt bei gesunden Menschen zwischen 80 und 100 mg/100 ml Blut. Der Blutzuckerspiegel schwankt im Verlauf des Tages. Seine Höhe hängt stark von der Zusammensetzung und Menge der aufgenommenen Nahrung sowie von der körperlichen Aktivität ab.

Bedeutung des Blutzuckerspiegels Wenn der Blutzuckerspiegel unter einen bestimmten Wert sinkt, zeigen sich Konzentrationsstörungen, Schwindel und körperliche Schwäche. Der Körper gesunder Menschen ist normalerweise in der Lage, den Blutzuckerspiegel zu regulieren und damit relativ konstant zu halten. Dazu bestimmen Messfühler im Körper fortlaufend die Blutzuckerkonzentration. Veränderungen werden so wahrgenommen und der Körper kann darauf reagieren.

1 Ein erwachsener Mensch hat ein Blutvolumen von etwa 5 bis 6 Litern. Berechne bei einem Blutzuckerspiegel von ca. 100 mg/100 ml die insgesamt gelöste Menge an Glucose im Blut.

2 **A** Beschreibe den Verlauf des Blutzuckerspiegels in ▶ Bild 5.

B Stelle Hypothesen zu den Schwankungen des Blutzuckerspiegels im Diagramm auf.

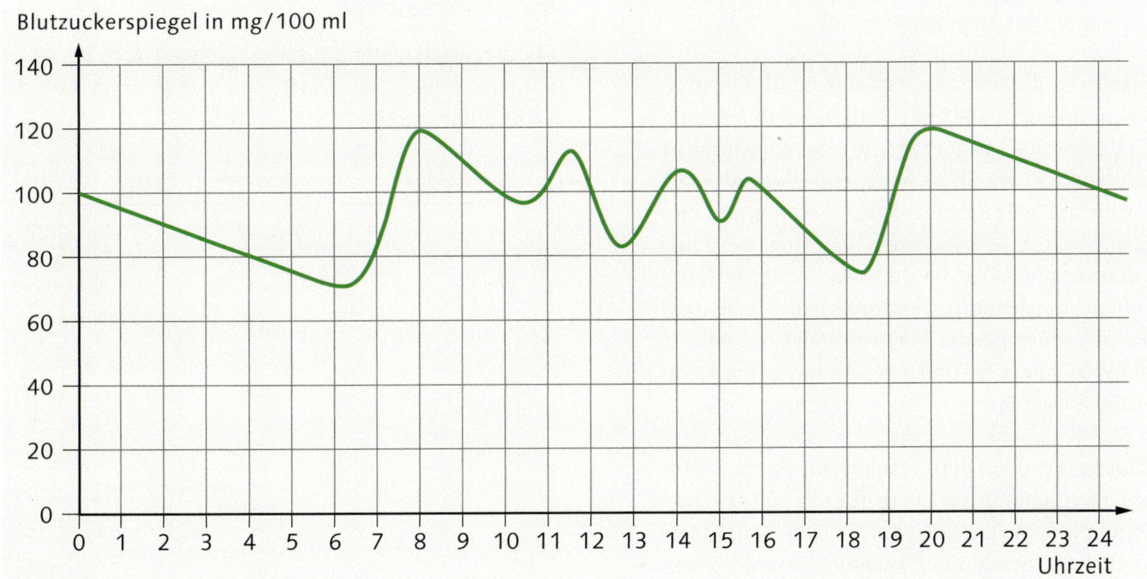

5 Blutzuckerspiegel im Tagesverlauf (Beispiel)

Regulation des Blutzuckerspiegels

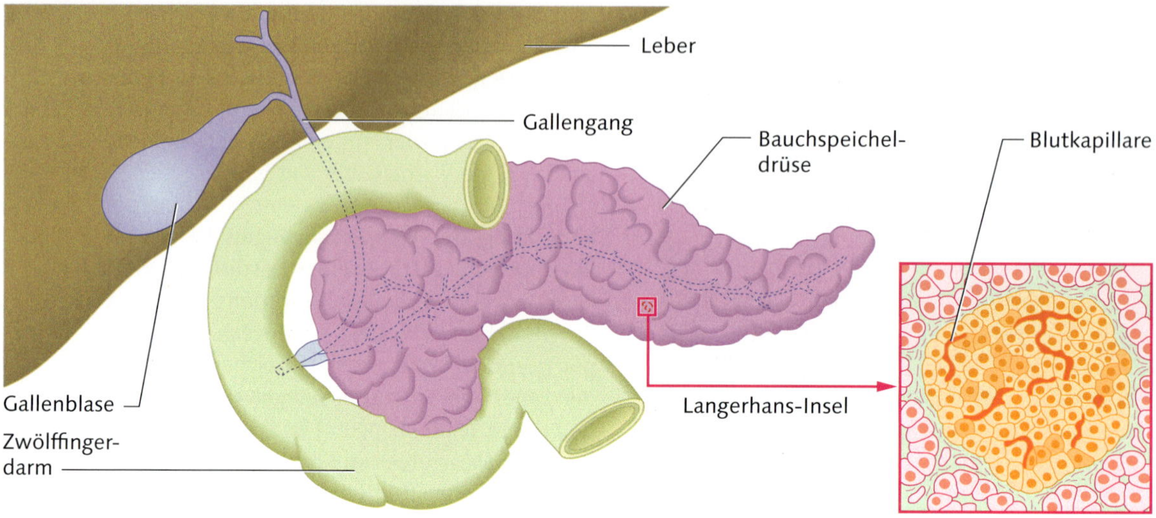

1 Bau der Bauchspeicheldrüse

Bauchspeicheldrüse Das Gehirn erhält ständig Informationen über den Blutzuckerwert und vergleicht sie mit dem Sollwert. Stimmen diese beiden Werte nicht überein, so sendet das Gehirn Signale an die *Bauchspeicheldrüse*. Diese Hormondrüse liegt in der Nähe des Magens und ist etwa 15 cm lang ▶ Bild 1. Sie produziert einen Großteil der Verdauungsenzyme, die in den Zwölffingerdarm abgegeben werden, sowie wichtige Hormone zur Blutzuckerregulation, die in das Blut abgebeben werden.

Insulin Ist der Blutzuckerspiegel im Blut erhöht, so produzieren spezielle Zellen der Bauchspeicheldrüse, die Langerhans-Inselzellen, vermehrt das Hormon *Insulin*. Es funktioniert wie eine Art „Türöffner“ der Körperzellen. Es ermöglicht diesen, Glucose aufzunehmen, wodurch der Blutzuckerspiegel sinkt. In den Leber- oder Muskelzellen kann die aufgenommene Glucose in Form von *Glykogen* gespeichert werden. Glykogen ist ein Vielfachzucker und aus vielen Glucosemolekülen aufgebaut.

Glucagon Neben dem Insulin gibt es ein weiteres Hormon, das wichtig für die Blutzuckerregulation ist. Das ebenfalls in der Bauchspeicheldrüse gebildete *Glucagon* bewirkt, dass Glykogen abgebaut und dadurch Glucose freigesetzt wird. Der Blutzuckerspiegel steigt. Die Produktion von Glucagon wird erhöht, sobald der Blutzuckerwert den Sollwert unterschreitet. Glucagon und Insulin wirken als Gegenspieler. Das Zusammenspiel von Insulin und Glucagon kann mit einem Modell erklärt werden ▶ Bild 2.

1 Beschreibe die wesentlichen Funktionen der Hormone Insulin und Glucagon.

2 Erläutere das in ▶ Bild 2 dargestellte Modell zur Blutzuckerregulation.

3 Erkläre, weshalb der Blutzuckerspiegel auch bei längerer sportlicher Belastung einen gewissen Wert nicht unterschreitet.

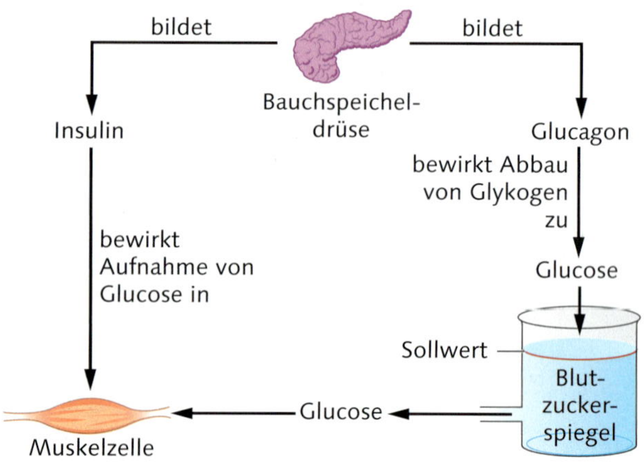

2 Modell zur Blutzuckerregulation

Dynamische Prozesse darstellen

Stoffwechselprozesse im Körper werden reguliert. Ein gutes Beispiel ist die Regulation des Blutzuckerspiegels. Bestimmte Abläufe im Körper bewirken, dass der Blutzuckerspiegel innerhalb bestimmter Grenzen konstant bleibt. Damit ist die Regulation ein dynamischer Prozess. Mit der hier vorgestellten Methode kannst du komplexe Vorgänge modellhaft darstellen und so besser verstehen.

Schritt 1 Strukturen bestimmen

Überlege zuerst, welche Strukturen in dem Prozess eine Rolle spielen. Diese sollten möglichst aussagekräftig sein. Symbole können auf Kärtchen gemalt und beschriftet werden ▶ Bild 3.

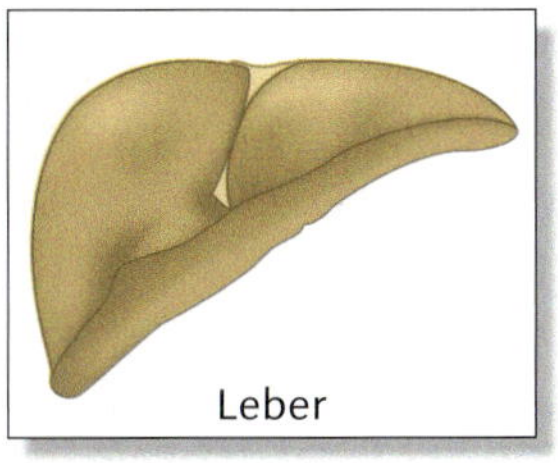

3

Schritt 2 Zusammenhänge herausstellen

Für ein besseres Verständnis ist es sinnvoll, die wesentlichen Zusammenhänge möglichst präzise zu erklären. Pfeile mit Beschriftungen geben Aufschluss darüber, wie verschiedene Prozesse miteinander in Verbindung stehen. Diese werden dementsprechend verbunden. Schreibe die Begriffe und Pfeile zunächst auf Kärtchen (▶ Bild 4), dann kannst du sie verschieben.

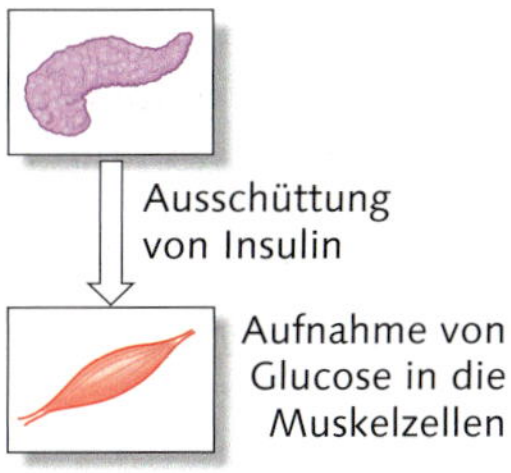

4

Schritt 3 Räumliche Anordnung

Ordne die Kärtchen übersichtlich an. Sie sollen nach Möglichkeit so zusammenliegen, dass sich später Pfeile oder Beschriftungen nicht überschneiden.

Schritt 4 Optimierung der Darstellung

Es gibt mehrere Möglichkeiten, Prozesse darzustellen. Letztlich ist es wichtig, eine übersichtliche und gut einprägsame Darstellung zu wählen. Unter Umständen ist es sinnvoll, Symbole noch einmal zu verschieben, damit die Abbildung verständlicher wird.

1 Stelle die Regulation des Blutzuckerspiegels in geeigneter Weise dar. Nimm die Informationen aus dem Grundwissen zu Hilfe.

2 Erkläre anhand deines Modells den Einfluss eines 5000-m-Laufs auf den Blutzuckerspiegel und kennzeichne die beteiligten Prozesse.

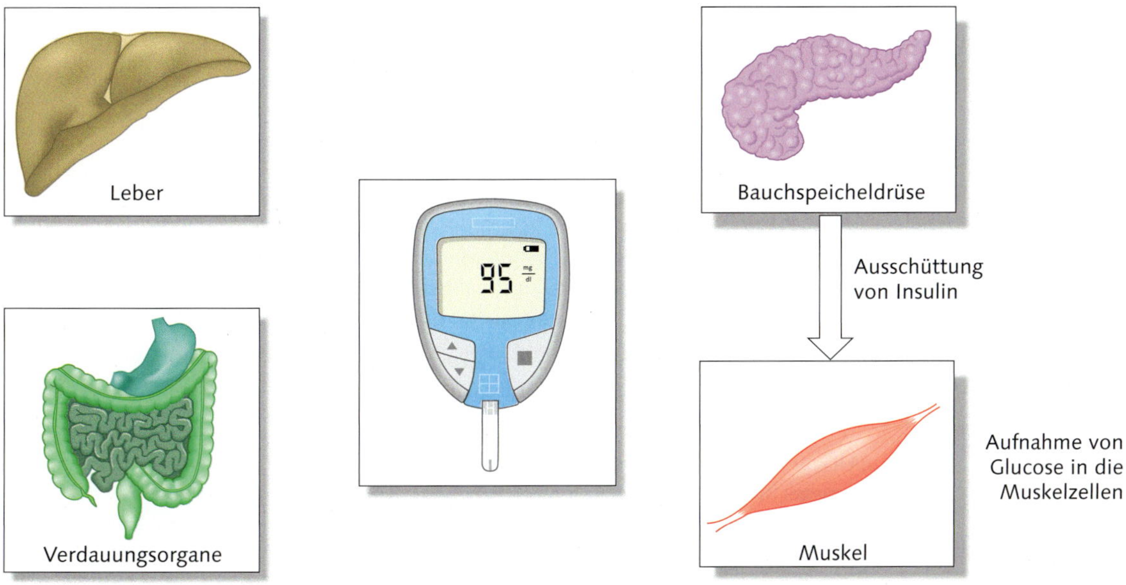

5 Bei der Regulation des Blutzuckerspiegels wirken mehrere Prozesse zusammen.

Diabetes mellitus – Zuckerkrankheit

Erhöhter Blutzuckerspiegel Im Jahr 2014 waren 246 Millionen Menschen weltweit an Diabetes erkrankt. In Deutschland waren es ca. 7 Millionen, womit etwa jede 11. Person betroffen war ▶ Bild 2. Männer und Frauen sind in etwa gleich häufig erkrankt. Man geht davon aus, dass die Zahl der Diabetespatienten in den nächsten Jahren weiter ansteigen wird.
Hinter dem Namen *Diabetes mellitus* verbergen sich mehrere Stoffwechselkrankheiten, deren Gemeinsamkeit ein zu hoher Blutzuckerspiegel ist. Der Name Diabetes kommt aus dem Griechischen und bedeutet „honigsüßer Durchfluss". Gemeint ist der bei Diabetikern erhöhte Zuckergehalt im Urin. Darum wurde früher auch von der Zuckerkrankheit gesprochen.
Von Diabetes spricht man bei einem Blutzuckerspiegel von über 126 mg/100 ml im nüchternen Zustand, also ohne zuvor gegessen zu haben. Die Symptome sind vielfältig und reichen von häufigem Harndrang über starken Durst, Müdigkeit bis hin zu Übelkeit und Erbrechen.

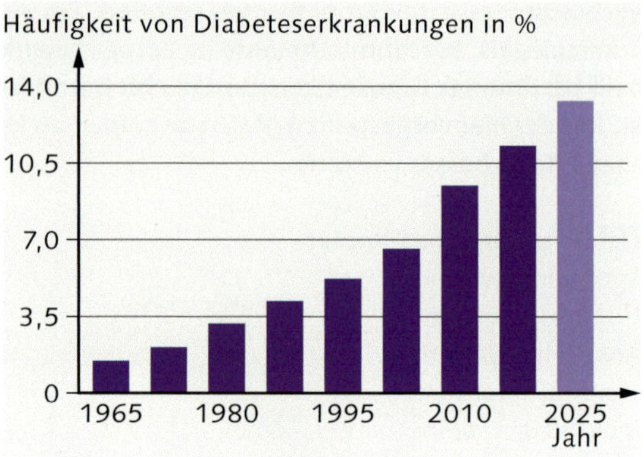

2 Prozentuale Häufigkeit von Diabeteserkrankungen in Deutschland

Diabetes Typ I Etwa 400 000 Deutsche leiden unter dem Diabetes Typ I. Das eigene Immunsystem bekämpft bei den Betroffenen die Insulin produzierenden Zellen der Bauchspeicheldrüse. Da sich das Immunsystem gegen ein eigenes Organ wendet, spricht man von einer *Autoimmunerkrankung* (lat. *auto:* selbst). Die Insulin produzierenden Zellen werden nach und nach zerstört. Die Insulinproduktion nimmt ab. Die Körperzellen können die Glucose aus dem Blut nicht mehr aufnehmen und der Blutzuckerspiegel ist dauerhaft erhöht. Personen mit dem Diabetes Typ I erkranken meistens bereits als Kinder oder Jugendliche. Die Krankheit ist nicht heilbar. Daher müssen die Betroffenen ihr gesamtes Leben lang Insulin spritzen.
Die genauen Ursachen für den Diabetes Typ I sind noch nicht geklärt.

Diabetes Typ II Über 90 % der Diabetiker in Deutschland zählen zu den Diabetikern vom Typ II. Im Gegensatz zum Diabetes Typ I mangelt es den Betroffenen zunächst nicht an Insulin. Die Zielzellen zeigen jedoch eine steigende Unempfindlichkeit gegenüber dem Hormon Insulin. Dies führt zu einer verminderten Aufnahme von Glucose in die Körperzellen.

Laura8

Ich habe, seit ich mich erinnern kann, Diabetes vom Typ I. Für Fremde hört sich das immer schlimm an, aber ich finde das mittlerweile ganz normal. Morgens nach dem Aufwachen messe ich meinen Blutzuckerwert und spritze mir vor dem Frühstück eine bestimmte Menge Insulin. Im Lauf des Tages messe ich regelmäßig alle 3–4 Stunden und spritze je nach Bedarf erneut Insulin.

Mia123

Hallo Laura!
Danke für deine Nachricht, ich habe von Freunden gehört, die total Schwierigkeiten mit ihrem Blutzucker haben.

Laura8

Hi, natürlich gibt es auch Tage, da klappt das nicht so gut. Schwierigkeiten mit dem Blutzuckerspiegel habe ich z. B. beim Sportunterricht oder wenn wir Arbeiten schreiben. Aber auch da gibt es kleine „Tricks", wie man sich helfen kann. So habe ich z. B. gelernt, bei Klassenarbeiten immer ein Packung Traubenzucker mitzunehmen.

1 Diabetes-Chatforum

Obwohl genug Insulin gebildet wird, bleibt Glucose im Blut und der Blutzuckerspiegel ist dauerhaft erhöht. Im weiteren Verlauf fährt der Körper die Insulinproduktion immer weiter zurück und Insulin muss gespritzt werden.

Übergewicht, falsche Ernährung und Bewegungsmangel sind vermutlich die Hauptursachen für Diabetes Typ II ▶ Bild 3. Der häufige Konsum von stark zuckerhaltigen Lebensmitteln bewirkt einen starken Anstieg des Blutzuckerspiegels und damit eine hohe Insulinausschüttung. Dauerhaft führt diese hohe Insulinbelastung zu einer Resistenz der Zielzellen gegenüber dem Hormon. Dies bezeichnet man als *Insulinresistenz*.

Früher wurde Diabetes Typ II auch als Alterszucker oder Altersdiabetes bezeichnet, da die Erkrankung erst bei älteren Menschen auftrat. Inzwischen steigt die Anzahl junger Menschen, sogar von Kindern und Jugendlichen, die an dieser Form des Diabetes erkranken. Es handelt sich um eine schleichende Erkrankung, was auch die hohe Zahl noch nicht erkannter Diabetes-II-Fälle erklärt. Man schätzt, dass allein in Deutschland bei 4 Millionen Personen Diabetes Typ II noch unentdeckt ist.

Diabetes Typ II lässt sich recht gut behandeln. Meist reicht es, die Ernährung umzustellen und sich viel zu bewegen. Zusätzlich werden Tabletten verordnet, die günstig auf den Kohlenhydratstoffwechsel einwirken. So kann die Insulintherapie hinausgezögert werden.

Folgekrankheiten und Therapie Bei beiden Diabetestypen fördern die dauerhaft erhöhten Blutzuckerwerte die Entstehung von Arteriosklerose. Dabei bilden sich Ablagerungen in den Blutgefäßen. Diese verengen sich und der Blutfluss ist verringert. Folgen hiervon können Herzinfarkt, Schlaganfall, Nierenschäden und unterschiedliche Formen von Nervenschäden sein. Ein häufiges Symptom von unbehandeltem Diabetes ist der diabetische Fuß. Zunächst lässt die Schmerzwahrnehmung nach und die Durchblutung verschlechtert sich. Im schlimmsten Fall muss eine Amputation des Fußes erfolgen.

Insulin ist ein Protein und kann nicht in Form von Tabletten oder Säften eingenommen werden, da die Magensäure es zerstören würde. Insulin wird daher mithilfe einer Spritze oder einem Injektionspen in der zuvor berechneten Menge gespritzt.

Früher wurde das Insulin aus der Bauchspeicheldrüse von Rindern oder Schweinen gewonnen. Das war sehr teuer und zudem war das tierische Insulin für manche Menschen unverträglich. Heute wird Insulin mithilfe spezieller Bakterien im Labor hergestellt.

1. Vergleiche die beiden Typen des Diabetes.
2. Erläutere den Einfluss der Ernährung auf den Blutzuckerspiegel und unterscheide dabei zwischen Diabetikern und Nichtdiabetikern.
3. Erkläre, weshalb Diabetiker mehrmals am Tag den Blutzuckerwert bestimmen müssen ▶ Bild 4.
4. Diabetiker können heute ein weitgehend normales Leben führen. Begründe anhand des Forumeintrags in ▶ Bild 1.

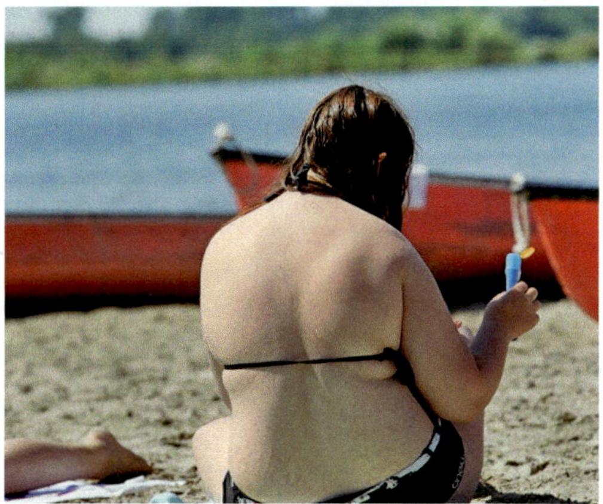

3 Übergewicht und Bewegungsmangel sind auslösende Faktoren für Diabetes Typ II.

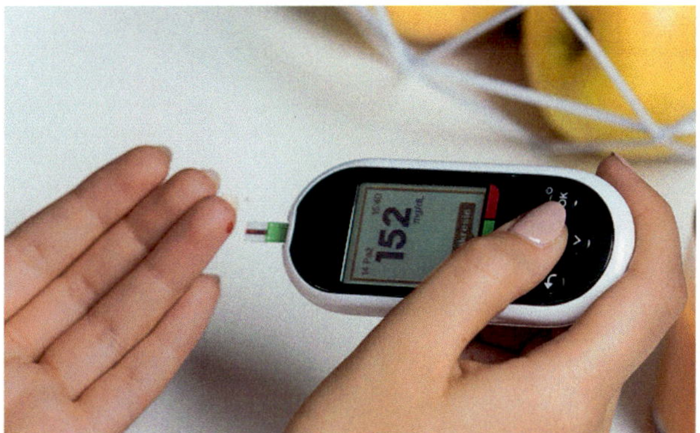

4 Blutzuckermessung: Für die Messung genügt ein kleiner Blutstropfen, der mithilfe eines Teststreifens in ein Messgerät eingeführt wird. Dieses bestimmt dann automatisch den Blutzuckerwert.

Diagramme auswerten

Diagramme stellen zahlenmäßige Zusammenhänge übersichtlich dar. Es ist jedoch wichtig, dass du bei der Auswertung sorgfältig vorgehst, da du sonst eventuell falsche Rückschlüsse ziehen oder aber Sachverhalte übersehen kannst.

Schritt 1 Allgemeine Angaben zum Diagramm

Nenne den Titel, den Diagrammtyp und die Achsenbeschriftung und beschreibe die wesentlichen Zusammenhänge.

Beispiel: Das Säulendiagramm mit dem Titel „Häufigkeit von Diabetes bei Männern und Frauen" (▶ Bild 1) stellt die Häufigkeit von Diabetes bei Personen verschiedener Altersgruppen dar. Es wird zwischen Männern und Frauen unterschieden. Die Ergebnisse stammen aus dem Jahr 2009.

Schritt 2 Beschreibung des Diagramms

Beschreibe die Entwicklung der im Diagramm dargestellten Daten und nenne Auffälligkeiten.

In den ersten drei Altersgruppen von 18 bis 49 Jahren ist die Häufigkeit von Diabetes vergleichsweise gering und liegt bei unter 5 %. Ab einem Alter von 50 Jahren steigt die Diabeteshäufigkeit stark an und liegt bei den 60- bis 69-Jährigen mit fast 15 % bereits dreimal höher als bei den Altersgruppen unter 50 Jahren. Bei der Altersgruppe über 70 Jahre liegt die Häufigkeit bei über 22 %. Weiterhin fällt auf, dass Frauen der ersten beiden Altersgruppen häufiger an Diabetes erkrankt sind als Männer. In den Altersgruppen zwischen 40 und 70 Jahren sind dagegen mehr Männer betroffen. Diese Unterschiede sind bei Personen ab 70 Jahren nicht mehr zu erkennen.

Schritt 3 Erklärungsansätze finden und prüfen

Ziehe Schlussfolgerungen aus dem Diagramm, die als Erklärung geeignet sind.

Die deutliche Zunahme der Diabeteshäufigkeit liegt vermutlich daran, dass mit steigendem Alter die Wahrscheinlichkeit für Diabetes Typ II zunimmt. Die körpereigene Insulinproduktion wird geringer und kann nach einigen Jahren sogar ganz versiegen. Bei den Frauen in den ersten beiden Altersgruppen kann die erhöhte Diabeteshäufigkeit mit dem Schwangerschaftsdiabetes erklärt werden.

1 **A** Werte das Diagramm in ▶ Bild 2 aus. Beachte dabei auch die veränderte Ernährungsweise und das Freizeitverhalten, das bei vielen Jugendlichen beobachtet wird.

B Stelle Hypothesen über die Entwicklung der Diabeteshäufigkeit ab dem Jahr 2045 auf.

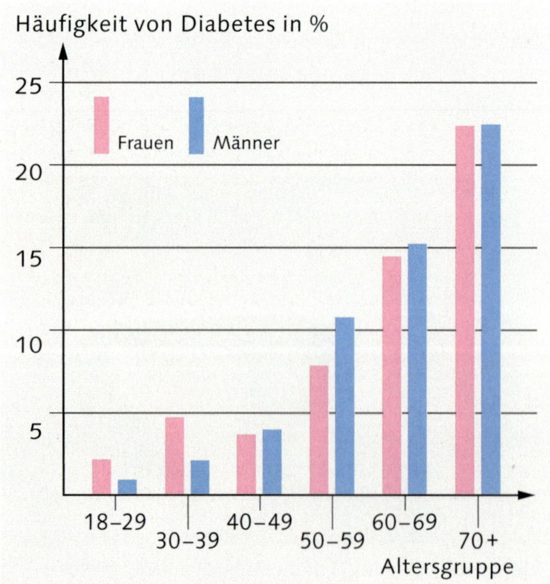

1 Häufigkeit von Diabetes bei Männern und Frauen in verschiedenen Altersgruppen (Angaben aus 2009)

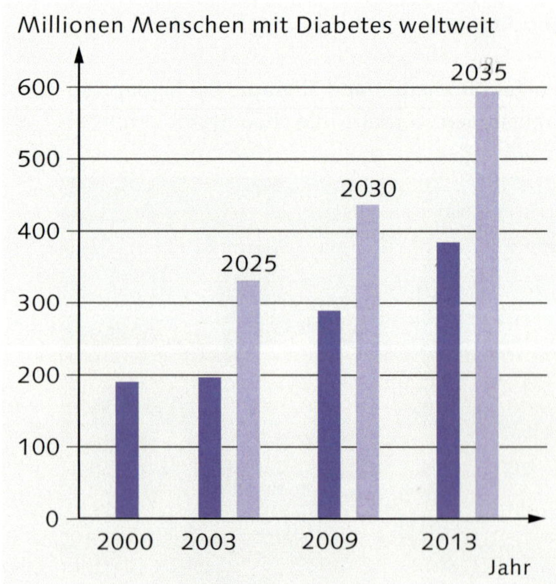

2 Entwicklung von Diabeteserkrankungen weltweit (2003–2013 sowie Prognose)

Hierarchien des Hormonsystems

Regelzentren des Körpers Die Produktion von Hormonen in den Hormondrüsen des menschlichen Körpers wird reguliert und hängt von mehreren Faktoren ab. Der etwa fünfcentstückgroße *Hypothalamus* (▶ Bild 3) im Zwischenhirn ist das wichtigste Regelzentrum des Körpers. Er stellt die Schnittstelle zwischen Nervensystem und Hormonsystem dar und steuert über die Hormondrüsen zahlreiche wichtige Körperfunktionen wie Körpertemperatur, Wasserhaushalt und Blutkreislauf. Am Hypothalamus hängt tropfenförmig die kirschkerngroße *Hypophyse*. Beide Strukturen arbeiten bei der Steuerung der Körperfunktionen eng zusammen.

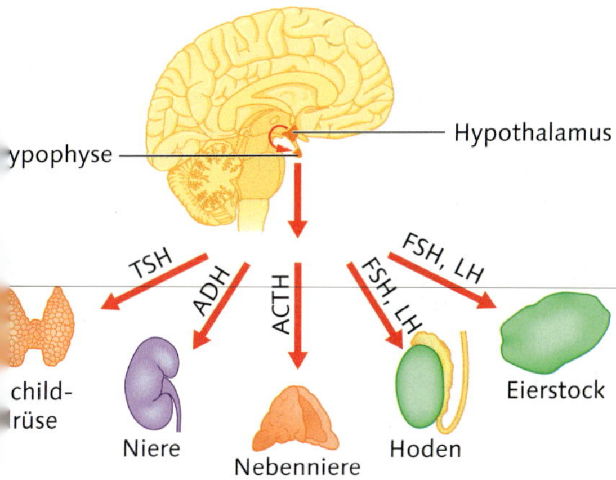

3 Regulation der Hormondrüsen

Regulation der Hormondrüsen Signale aus dem Körper und der Umwelt, z. B. eine Temperaturveränderung, werden im Gehirn ausgewertet. Auf ein solches Signal hin schüttet der Hypothalamus Freisetzungshormone (*Releasing Hormones:* RH) oder hemmende Hormone (*Inhibiting Hormones:* IH) aus. RH oder IH beeinflussen als Regulationshormone in der Hypophyse die Ausschüttung anderer Hormone. Diese werden in das Blut abgegeben und so im Körper verteilt. Bis auf wenige Ausnahmen wirken die von der Hypophyse gebildeten Hormone auf untergeordnete Hormondrüsen. Diese bilden wiederum Hormone, die auf ein Zielgewebe einwirken. Mit den Regulationshormonen wird sichergestellt, dass nicht zu viel oder zu wenig Hormon von den einzelnen Hormondrüsen produziert wird.

Beispiel Regulation der Schilddrüse Faktoren wie Stress oder Kälte sind Signale für den Hypothalamus, das Hormon TRH *(Thyreotropin-releasing Hormone)* auszuschütten. Dieses Freisetzungshormon stimuliert die Hypophyse, das Hormon TSH *(Thyroid-stimulating Hormone)* auszuschütten. TSH wiederum veranlasst die Schilddrüse zur Ausschüttung von Thyroxin. Die Schilddrüse steht also unter dem Einfluss übergeordneter Hormondrüsen, man bezeichnet diesen Zusammenhang als Hierarchie der Hormondrüsen. Das von der Schilddrüse gebildete Thyroxin wird in das Blut abgegeben und gelangt so in den gesamten Körper und somit auch wieder in das Gehirn. Neben seinen Auswirkungen auf den Stoffwechsel beeinflusst es auch die Aktivität des Hypothalamus und der Hypophyse, indem sie diese verringert. Ist die Konzentration des Thyroxins im Blut sehr hoch, so findet eine zunehmende Hemmung der Hormonausschüttung durch diese übergeordneten Hormondrüsen statt. Diesen Vorgang der Regulation bezeichnet man als *negative Rückkopplung* ▶ Bild 4.

1 **A** Beschreibe die Prozesse, die ablaufen müssen, damit die Schilddrüse das Hormon Thyroxin bildet.
B Erkläre, wie durch die negative Rückkopplung eine Überproduktion von Thyroxin verhindert wird ▶ Bild 4.

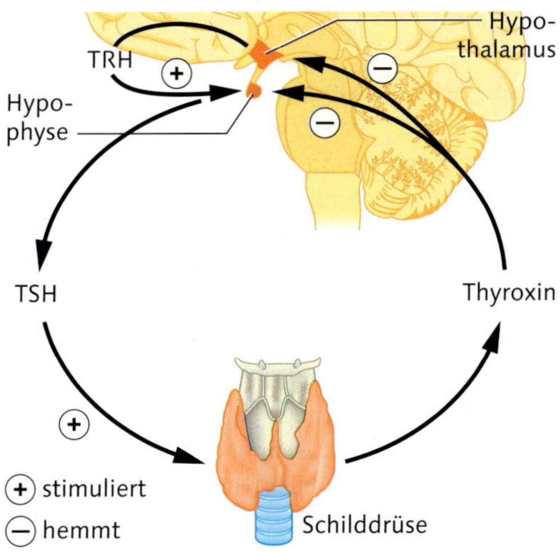

4 Durch negative Rückkopplung wird die TSH-Bildung reguliert.

Die Hormone der Schilddrüse

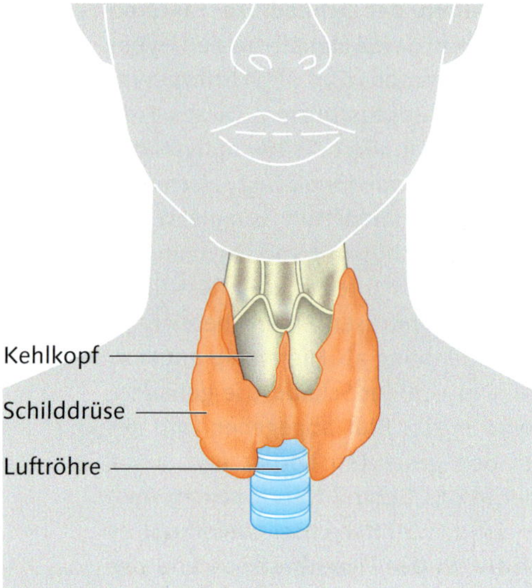

1 Lage und Form der Schilddrüse

Schilddrüse Die Schilddrüse liegt direkt unterhalb des Kehlkopfs ▶ Bild 1. Sie hat die Form eines Schmetterlings und bildet das Hormon Thyroxin (T4). Eine wesentliche Funktion dieser Hormondrüse ist die Regulation des Energiestoffwechsels. So hat die Schilddrüse Einfluss auf die Körpertemperatur, den Grundumsatz und die Herzfrequenz eines Menschen. Etwa ein Drittel des Thyroxins wird im Blut zu Triiodthyronin (T3) umgewandelt. T3 ist das biologisch wirksame Schilddrüsenhormon. Thyroxin selbst ist fast unwirksam.

Störungen der Schilddrüsenfunktion Grundsätzlich unterscheidet man zwischen einer Über- und einer Unterfunktion der Schilddrüse. Bei einer Schilddrüsenunterfunktion kommt es in der Schilddrüse zu einer Verringerung der Thyroxinproduktion. Symptome dieser Fehlfunktion können Müdigkeit, Konzentrationsschwäche, ein auffällig niedriger Puls und Frieren sein. Ursache einer solchen Unterfunktion kann Iodmangel sein. Bei der Thyroxinproduktion wird Iod benötigt, das über die Nahrung aufgenommen werden muss. Häufig wird Speisesalz mit Iodid versetzt, um einem Iodmangel vorzubeugen. Einen besonders hohen natürlichen Iodgehalt findet man bei Meeresfisch.

Im Gegensatz dazu wird bei der Schilddrüsenüberfunktion zu viel Thyroxin gebildet. Symptome sind hierbei meist Unruhe, Reizbarkeit, schneller Puls und Schwitzen. Ursachen für eine Fehlfunktion der Schilddrüse sind vielfältig und nicht immer leicht zu erkennen.

Morbus Basedow Die Krankheit wurde in Deutschland erstmals 1840 beschrieben. Sie tritt bei Frauen etwa sechsmal häufiger auf als bei Männern. Die meisten Betroffenen erkranken im Alter zwischen 20 und 40 Jahren. Morbus Basedow ist eine Autoimmunerkrankung. Als Ursache gilt die Bildung von Antikörpern gegen TSH-Rezeptoren auf den Schilddrüsenzellen. Die Antikörper wirken ähnlich wie das Hypophysenhormon TSH *(Thyroid-stimulating Hormone)* und regen die Schilddrüse dauerhaft zur Hormonproduktion an. Die Folge ist eine Schilddrüsenüberfunktion. Als Symptome treten unter anderem Nervosität, Schwitzen, Schlaflosigkeit und Haarausfall auf. Bei etwa einem Drittel der Betroffenen kommt es zu einer auffälligen Vorwölbung der Augen ▶ Bild 2. Das Ziel der Therapie bei Morbus Basedow ist die Verringerung der übermäßigen Produktion von Schilddrüsenhormonen.

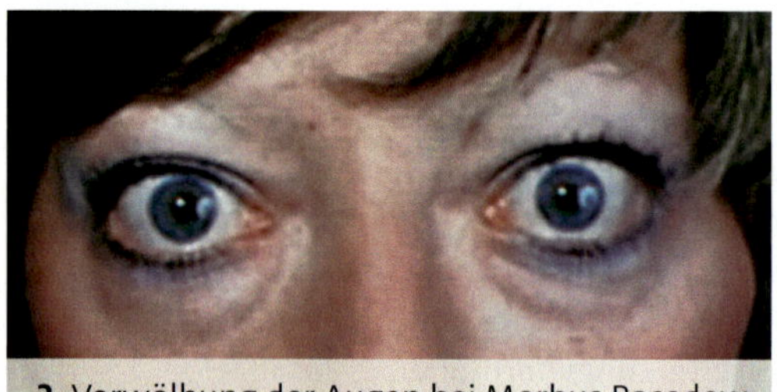

2 Vorwölbung der Augen bei Morbus Basedow

1 Erkläre, weshalb eine geringfügige Störung der Schilddrüsenaktivität nicht immer leicht zu erkennen ist.

2 **A** Bei Morbus Basedow können Medikamente eingenommen werden, die die Aufnahme von Iod durch die Schilddrüse vermindern. Erkläre die Wirkungsweise dieser Medikamente.

B Auch mit einer operativen Entfernung der Schilddrüse kann man Morbus Basedow therapieren. Erläutere mögliche Folgen einer solchen Operation.

Regulation der Schilddrüsenaktivität

Übergeordnete Hormondrüsen steuern die Aktivität der Schilddrüse und damit deren Hormonproduktion. Diese folgt einem komplizierten Stoffwechselweg, der von mehreren Prozessen abhängt. Die Schilddrüsenhormone regulieren diese Prozesse auf dem Weg der negativen Rückkopplung.

Übertrage das Schema in dein Heft ▶ Bild 3.
Bearbeite dabei die Aufgaben 1–6.

Umweltsignal als Auslöser

1 Nenne auslösende Faktoren für die Bildung von TRH.

Hypothalamus

Der Hypothalamus bildet das Releasing-Hormon TRH.

Blut

2 Beschreibe die Funktion des Bluts in Bezug auf die Hypothalamushormone.

Hypophyse

Nach Bindung des THR an einen spezifischen Rezeptor einer Hypophysenzelle bildet die Hypophyse TSH, das ins Blut abgegeben wird.

3 Fertige eine beschriftete Skizze für die Bindung von TRH an einen spezifischen Rezeptor einer Hypophysenzelle an.

Blut

4 Beschreibe die Funktion des Bluts in Bezug auf die Hypophysenhormone.

Schilddrüse

Zur Bildung des Schilddrüsenhormons T4 wird Iod benötigt, denn das Molekül enthält Iodatome.

5 Erkläre, wie die Schilddrüse zur Bildung von T4 stimuliert wird.

Blut

Ein Drittel des Thyroxins T4 wird zu T3 umgewandelt, das auf Zielzellen einwirkt. Mit dem Blut werden die Hormone T3 und T4 im gesamten Körper verteilt.

Zielzelle

Bindet ein T3-Hormon an den passenden Rezeptor, so wird die spezifische Reaktion in der Zielzelle ausgelöst.

6 Fertige eine passende Skizze für die Bindung des spezifischen Hormons an die Zielzelle an.

3 Schema für die Abläufe bei der Regulation der Schilddrüsenaktivität

7 **A** Zeichne die negative Rückkopplung in dein Schema ein.
B Erkläre die negative Rückkopplung anhand dieses Beispiels.
C Erläutere an diesem Beispiel das Basiskonzept „Steuerung und Regelung".

Sexualhormone – Auslöser der Pubertät

Sexualhormone Ausgelöst wird die Pubertät durch *Sexualhormone*. Das sind Hormone, die in den weiblichen und männlichen Geschlechtsdrüsen gebildet werden ▶ Bild 1. Die Hormonproduktion wird vom Gehirn gesteuert. In einem ersten Schritt werden von der Hypophyse das *follikelstimulierende Hormon* (FSH) und das *luteinisierende Hormon* (LH) ausgeschüttet. Bei der Frau bewirken FSH und LH die Bildung der Sexualhormone, hier Östrogene und Gestagene, in den Eierstöcken. Das wichtigste Gestagen ist das Progesteron.
Beim Mann dagegen bewirkt LH die Bildung des Sexualhormons Testosteron in den Hoden. Kleine Mengen Testosteron werden auch bei Frauen ausgeschüttet, ebenso geringe Mengen von Östrogenen und Gestagenen bei Männern. Östrogene sind bei beiden Geschlechtern am Knochenaufbau beteiligt. Testosteron fördert den Eiweißstoffwechsel und damit den Muskelaufbau, außerdem führt es bei Jugendlichen zu verstärktem Körperwachstum. Die Sexualhormone gelangen mit dem Blut zu den Zielzellen.

Pubertät Meist beginnt die Pubertät mit einem Wachstumsschub. Neben der Reifung der von Geburt an vorhandenen primären Geschlechtsmerkmale wie den Schamlippen bei Mädchen und dem Penis bei Jungen werden nun auch die *sekundären Geschlechtsmerkmale* ausgebildet. So bezeichnet man die Geschlechtsmerkmale, die nicht direkt an der Fortpflanzung beteiligt sind. Dazu gehören die äußerlich sichtbare Achsel- und Schambehaarung sowie bei Jungen zusätzlich Barthaare. Bei ihnen verändert sich, ausgelöst durch das Wachstum des Kehlkopfs, die Stimmlage deutlich. Bei Mädchen wird das Becken breiter, dies erleichtert den Durchtritt eines Kindes bei einer Geburt. Auch die weiblichen Brüste beginnen zu wachsen.
Neue Forschungen zeigen, dass Sexualhormone auch Veränderungen im Gehirn auslösen. Das wirkt sich auf das Verhalten einiger Jugendlicher untereinander oder ihren Eltern gegenüber aus. In der Pubertät können sich die Beziehungen zu Eltern und Freunden verändern, was nicht immer einfach für die Beteiligten ist.

Hygiene und Pickel Mit Beginn der Pubertät arbeiten die Schweißdrüsen verstärkt und regelmäßige Körperpflege ist wichtig, viele Jugendliche fangen an, ein Deo zu benutzen. Ebenso werden die Talgdrüsen, die Haut und Haare fetten, durch Testosteron stärker angeregt. Verstopfen und entzünden sich die Talgdrüsen, können sich schmerzhafte Pickel bilden. Trotz regelmäßiger Körperpflege können Pickel nicht immer verhindert werden.

1. Nenne körperliche Veränderungen, die während der Pubertät durch Sexualhormone ausgelöst werden.
2. Beschreibe typische Verhaltensweisen, die mit der Pubertät in Verbindung gebracht werden.

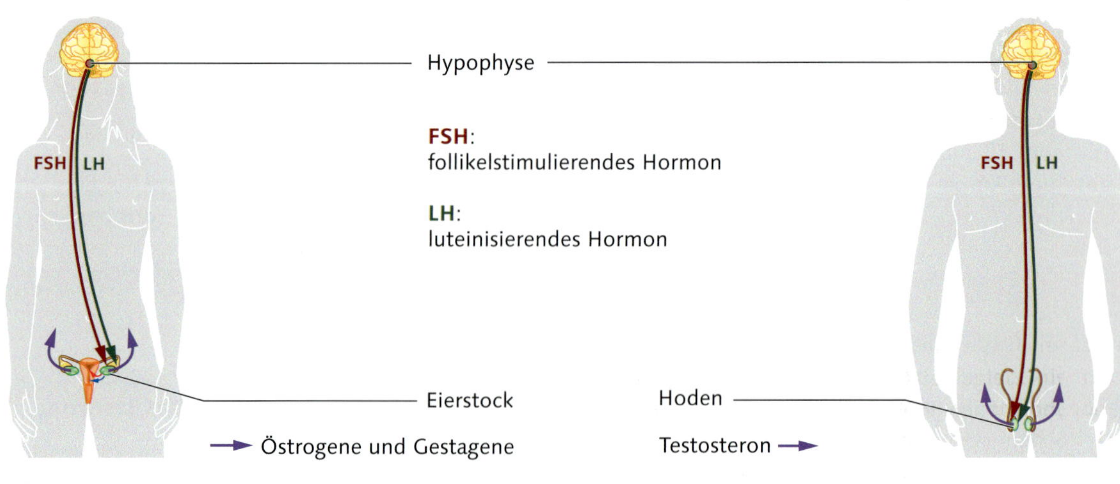

1 Hormone bewirken die Veränderungen des Körpers in der Pubertät.

Testosteron als Dopingmittel

Das Sexualhormon Testosteron fördert bei Frauen und Männern gleichermaßen den Muskelaufbau und die Muskelkraft. Testosteron und ähnliche chemische Stoffe werden allgemein als Anabolika bezeichnet und im Sport als Dopingmittel eingesetzt. Dabei hat sich gezeigt, dass eine Überdosierung starke Nebenwirkungen auf den Körper hat.

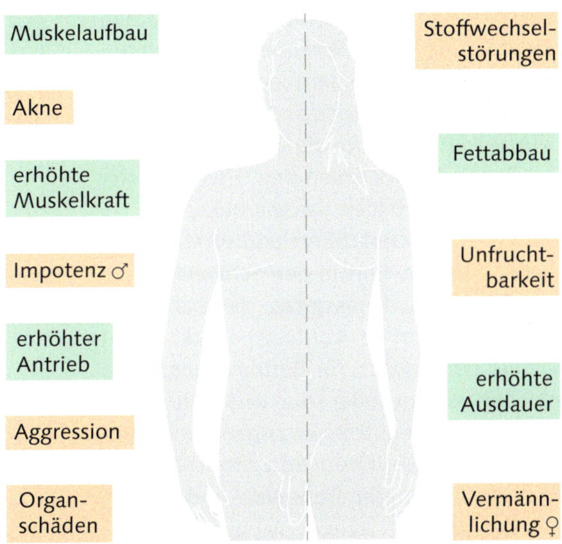

2 Einige Wirkungen von Testosteron bzw. Anabolika

1 **A** Erkläre mithilfe von ▶ Bild 2, weshalb Testosteron als Dopingmittel im Sport eingesetzt wird.
B Begründe, weshalb auch im Frauensport die Einnahme von Testosteron weit verbreitet ist.

2 **A** Nenne die Gründe, weshalb Michael das Fitnessstudio besucht ▶ Bild 3.
B Beurteile, ob die Bedenken von Michael hinsichtlich der Nebenwirkungen der Anabolika begründet sind.

3 **A** Erkläre die Spätfolgen der Anabolikaeinnahme bei DDR-Sportlerinnen ▶ Bild 4.
B Auch heute wird noch mit Anabolika gedopt. Bewerte dies vor dem Hintergrund der beschriebenen Dopingprogramme in der DDR.

Ich achte auf meinen Körper, Fitness und sportliches Aussehen sind für mich wichtig. Das muss jeder selber wissen, aber ich fühle mich eben gut, wenn ich mich im Spiegel ansehe und feststelle, dass meine Muskeln im Bereich des Oberkörpers gut zu sehen sind. Einen „Sixpack" findet jeder cool! Natürlich ist es auch nett, wenn dir die Leute im Schwimmbad hinterhersehen.
Im Studio trainiere ich seit zwei Jahren. Aber in zwei Jahren bekommt man niemals so eine Figur, wie ich jetzt habe. Als ich das erste Mal gefragt wurde, ob ich ein paar Hilfsmittel ausprobieren wolle, war ich skeptisch, weil ich Angst vor möglichen Nebenwirkungen hatte. Ich wollte nicht illegal dopen. Da aber die Einnahme von Anabolika nicht grundsätzlich verboten ist und ich keinen Wettkampfsport mache, fand ich das okay und habe es ausprobiert. Mit dem Aussehen meines Körpers bin ich mittlerweile zufrieden. Jedoch habe ich in letzter Zeit verstärkt Probleme mit Pickeln. Ich frage mich, ob dies eine Nebenwirkung des Anabolikapräparats sein könnte und ob es noch weitere Nebenwirkungen gibt.

3 Bericht von Michael, Fitnessstudiobesucher

Medaillen durch Anabolika

In der DDR gab es umfangreiche Dopingprogramme, bei denen Sportlern und Sportlerinnen Dopingmittel verabreicht wurden. In einigen Sportarten wurden auch Minderjährige gedopt, ohne dass die beteiligten Athleten es wussten. Besonders stark waren die Schwimmerinnen betroffen. Es gibt Beweise, dass alle Schwimmerinnen der DDR-Nationalmannschaft ab dem 14. Lebensjahr gedopt wurden. Den Sportlerinnen wurden die Pillen als Vitamintabletten beschrieben, die sie unter Aufsicht zu sich nehmen mussten. In erster Linie wurden Anabolika eingesetzt, die unter anderem zu einem verstärkten Muskelaufbau führten. Unter den starken Folgen des Dopings leiden zahlreiche frühere Leistungssportler und -sportlerinnen noch heute. Dazu gehören verstärkte Körperbehaarung, Störung der Fruchtbarkeit, Stimmvertiefung, verschiedene Stoffwechselstörungen sowie Herz- und Leberschäden. Mittlerweile wurden über 200 DDR-Doping-Opfer von der Bundesrepublik offiziell anerkannt. Die Dunkelziffer soll deutlich höher sein.

4 Dopingpraktiken in der DDR

Männliche Geschlechtsorgane – Bau und Funktion

Primäre Geschlechtsmerkmale Vor der Pubertät lassen sich Jungen und Mädchen eindeutig nur an den *primären Geschlechtsmerkmalen* unterscheiden. Primäre Geschlechtsmerkmale sind die Geschlechtsorgane, die direkt der Fortpflanzung dienen. Bei Jungen bilden der *Penis* und der *Hodensack* die äußerlich sichtbaren primären Geschlechtsmerkmale ▶ Bild 1.

Spermienreifung Die Sexualhormone, die ab dem Beginn der Pubertät ausgeschüttet werden, bewirken das Wachstum und die Reifung der Geschlechtsorgane, die ihre Funktionsfähigkeit aufnehmen. Für die Spermienreifung ist im Wesentlichen das Hormon Testosteron verantwortlich. Es wird in den *Hoden*, den männlichen Geschlechtsdrüsen, produziert. In den Hoden, die vom Hodensack umschlossen sind, entstehen die männlichen Geschlechtszellen, die *Spermien*. Ein Hoden besteht aus vielen Hodenläppchen, die von Hodenkanälchen durchzogen sind. Aus den Spermienvorläuferzellen reifen dort die Spermienzellen heran ▶ Bild 2. Die Spermienreifung dauert ca. 70 Tage.
Ein Spermium besteht aus drei Teilen: dem Kopfstück mit der Erbinformation, dem energieliefernden Mittelstück und dem Schwanzstück, das die Fortbewegung ermöglicht. Jeden Tag beenden in den Hoden eines Mannes etwa 200 Millionen Spermien ihren Reifeprozess. Diese etwa 0,006 mm langen Spermienzellen werden in den Nebenhoden gespeichert.

Erektion und Spermienerguss Ein Teil der Spermien wird bei einem Spermienerguss aus den Nebenhoden über den Spermienleiter und anschließend in die Harnspermienröhre gedrückt ▶ Bild 1. Die Bläschendrüse und die Prostata geben Flüssigkeiten ab, die die Beweglichkeit der Spermien erhöht. Spermien und Drüsenflüssigkeiten zusammen bilden das *Sperma*.
Bei einer Erektion vergrößert und versteift sich der Penis, weil das Blut in den Schwellkörpern gestaut wird. Die Penisspitze, die *Eichel*, die normalerweise von der *Vorhaut* bedeckt ist, ist besonders empfindlich für Berührungen. Beim Geschlechtsverkehr oder durch Berührungen vom Jungen selbst entstehen angenehme Empfindungen. Das Berühren und Streicheln des Penis sowie das rhythmische Vor- und Zurückziehen der Vorhaut ist eine Möglichkeit, sich selbst sexuell zu erregen und lustvolle Gefühle hervorzurufen. Diese *Selbstbefriedigung* ist normal und hat keine negativen Folgen. Beim Höhepunkt der Erregung, dem *Orgasmus*, wird das Sperma durch Muskelkontraktionen aus dem Penis herausgeschleudert. Dies nennt man *Ejakulation*.

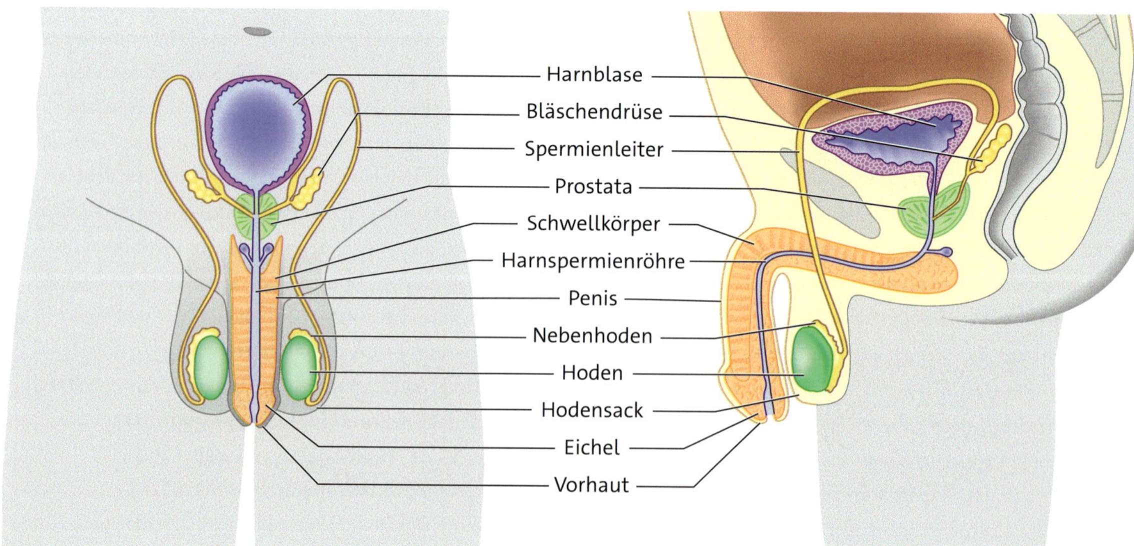

1 Männlichen Geschlechtsorgane (in Vorder- und Seitenansicht)

Ein Mann ist sein ganzes Leben lang zeugungsfähig. Die Spermienentwicklung kann jedoch durch äußere Einflüsse gestört werden. Die Temperatur innerhalb der Hoden liegt 2 bis 3 °C unterhalb der Körpertemperatur, da sich der Hodensack außerhalb des Körpers befindet.

1 Nenne die Funktionen der einzelnen Strukturen in ▶ Bild 1.

2 **A** Beschreibe die Spermienreifung.
B Diskutiere, inwiefern sich das Tragen von engen Hosen, langes Sitzen mit übergeschlagenen Beinen oder das Arbeiten mit dem Laptop auf die Spermienentwicklung auswirken könnte.

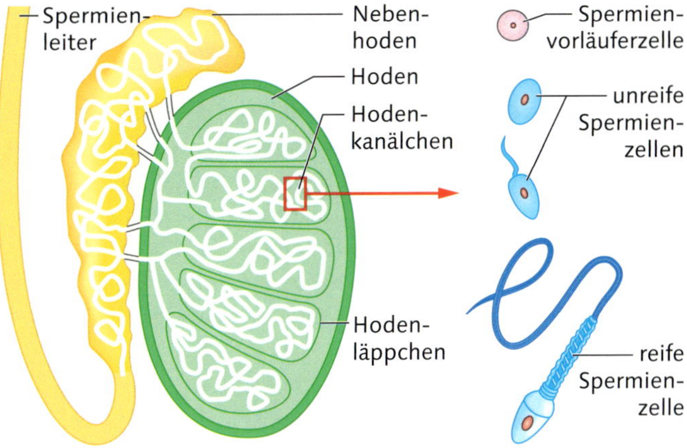

2 Prozess der Spermienreifung in den Hoden

Die männliche Erektion

Im Penis befinden sich drei Schwellkörper, die aus Venen, Arterien und Muskelfasern bestehen. Ist der Penis entspannt, sind die Muskelfasern angespannt. Dies bewirkt, dass nur wenig Blut in die Schwellkörper gelangt. Durch einen Reiz, z. B. eine Berührung, eine Begegnung oder eine Fantasie, kann sich dieser Zustand verändern. Das Gehirn sendet dann elektrische Signale über das Rückenmark zum Penis. In der Folge werden Signalstoffe produziert, die die Muskelfasern im Penis veranlassen, sich zu entspannen. Das Blut strömt daraufhin stärker in die Schwellkörper ein. Der Penis wird steif und richtet sich auf. Die Schwellkörper drücken die Venen ab, über die das Blut aus dem Penis in den Körper zurückströmen könnte. Es kommt zu einem reduzierten Blutrückfluss und die Schwellkörper können jetzt 3- bis 4-mal so groß werden wie im erschlafften Zustand.
Nach einem Orgasmus oder wenn die sexuelle Erregung abklingt, werden keine Signalstoffe mehr produziert. Die vorhandenen Signalstoffe werden durch Enzyme gespalten und damit abgebaut. Daraufhin spannen sich die Muskelfasern im Penis wieder an. Damit fließt weniger Blut in die Schwellkörper und der Penis wird wieder weich.

3 Erläutere mithilfe von ▶ Bild 3, wie sich folgende Situationen auf die Erektion des Penis auswirken:
A Verengung der Arterien durch Verkalkung
B Bandscheibenvorfall: Die Funktion des Rückenmarks ist beeinträchtigt.
C Einnahme des Medikaments Viagra: Es enthält einen Wirkstoff, der die Signalstoff spaltenden Enzyme zerstört.
D Alkoholkonsum: Die Arterien und Venen werden erweitert.
E Gift der brasilianischen Wanderspinne: Es regt die Produktion des Signalstoffs an.

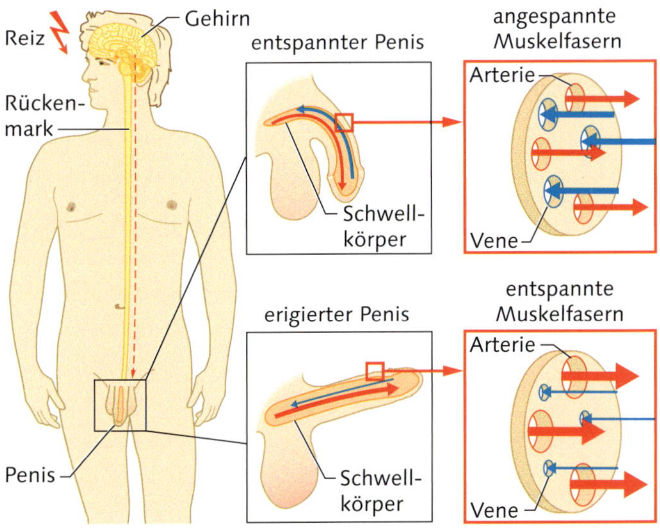

3 Prozesse im Penis während einer Erektion

Weibliche Geschlechtsorgane – Bau und Funktion

Primäre Geschlechtsmerkmale Bei den Mädchen bilden die von außen sichtbaren großen und kleinen Schamlippen, der Schamhügel und die Klitoris die primären Geschlechtsmerkmale. Dazu gehören auch die im Innern des Körpers liegenden Organe: die Scheide, die beiden Eierstöcke mit den beiden Eileitern sowie die Gebärmutter ▶ Bild 1.

Die *Scheide* oder Vagina ist ein etwa 10 cm langer, schlauchförmiger Hohlmuskel, der innen mit einer Schleimhaut ausgekleidet ist. Die Bakterien der Schleimhaut produzieren Milchsäure. Dadurch herrscht in der Scheide ein saurer pH-Wert, wodurch eingedrungene Krankheitserreger an der Vermehrung gehindert werden. Außen wird die Scheide von den großen und kleinen *Schamlippen* umschlossen. Am oberen Ende der Schamlippen befindet sich die *Klitoris*, auch Kitzler genannt. Der Scheideneingang ist von Geburt an durch das Jungfernhäutchen verschlossen. Dieses sehr dünne Häutchen schützt das Innere der Scheide vor Krankheitserregern. Beim ersten Geschlechtsverkehr reißt es. Dies kann auch bei intensivem Sport geschehen. Der Übergang zwischen Scheide und Gebärmutter wird Gebärmuttermund genannt. Die *Gebärmutter* ist ebenfalls ein Hohlmuskel, der innen von der gut durchbluteten Gebärmutterschleimhaut bedeckt ist.

Die *Eierstöcke*, die weiblichen Geschlechtsdrüsen, sind mit Bindegewebsbändern an der Bauchdecke befestigt. Die *Eileiter*, zwei ca. 10–15 cm lange Schläuche, verbinden die Gebärmutter mit den beiden Eierstöcken.

Sowohl die Schamlippen als auch die Klitoris sind sehr empfindlich. Das Berühren und Streicheln dieser Organe ist eine Möglichkeit, die sexuellen Erregungen des eigenen Körpers kennenzulernen und bei sich selbst lustvolle und angenehme Gefühle hervorzurufen. Diese *Selbstbefriedigung* ist normal und hat keine negativen Folgen. Das intensive Reiben der Klitoris oder das Auf- und Abbewegen des Unterleibs kann dazu führen, dass die Erregung so stark wird, dass das Mädchen oder die Frau einen Orgasmus bekommt.

Reifung der Eizellen und Befruchtung Die Eierstöcke enthalten bereits bei der Geburt eines Mädchens zahlreiche Vorläuferzellen, die sich

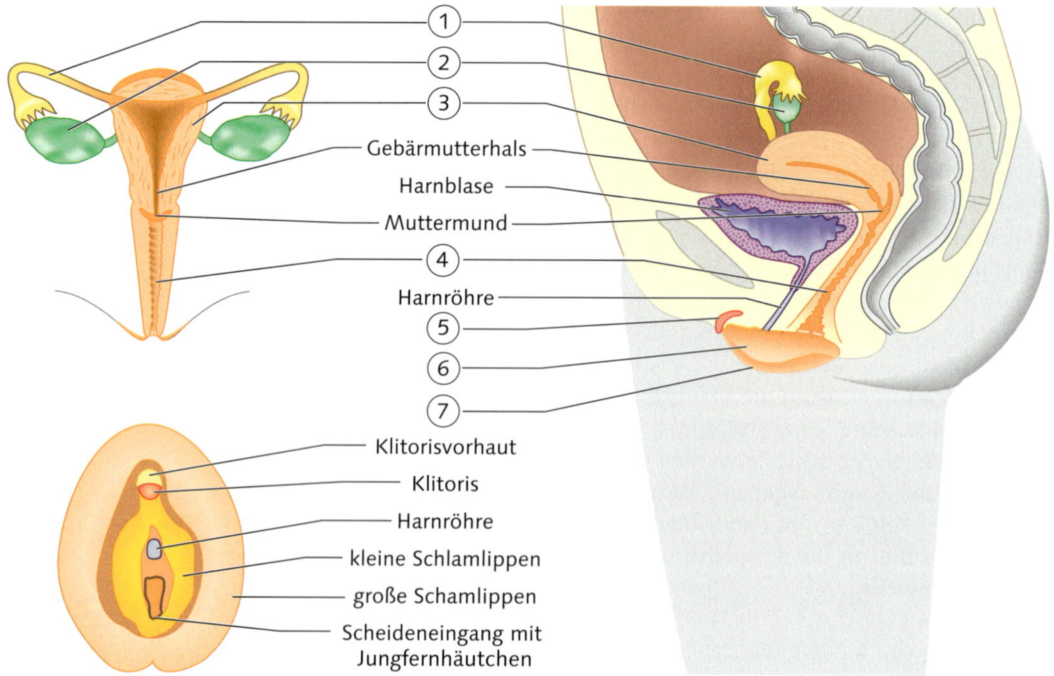

1 Weibliche Geschlechtsorgane (in Vorderansicht, Seitenansicht und Aufsicht)

durch den Einfluss von Sexualhormonen zu Eizellen weiterentwickeln. So reift jeden Monat etwa eine Eizelle innerhalb eines mit Flüssigkeit gefüllten Bläschens, dem *Follikel*, heran ▶ Bild 2. Der Follikel wandert an den Rand des Eierstocks. Nun stülpt sich das trichterförmige Ende des Eileiters über den Eierstock und die Eizelle gelangt in den Eileiter. Diesen Vorgang bezeichnet man als *Eisprung*. Der im Eierstock zurückbleibende Rest des Follikels wandelt sich in den Gelbkörper um. Der *Gelbkörper* produziert unter anderem das Sexualhormon Progesteron. Die Flimmerhärchen, die den Eileiter innen auskleiden, befördern die reife Eizelle in Richtung Gebärmutter. Unterstützt wird dies durch Muskelkontraktionen im Eileiter. Die Eizelle ist in den nächsten 4–6 Stunden befruchtungsfähig.
Damit es zur Befruchtung kommt, müssen die Spermien die Eizelle im Eileiter erreichen. Eine befruchtete Eizelle teilt sich bereits im Eileiter und nistet sich anschließend in der Gebärmutterschleimhaut ein. Die Gebärmutter ist an der Bildung der Plazenta beteiligt und spielt daher eine wichtige Rolle bei der Versorgung des Embryos.

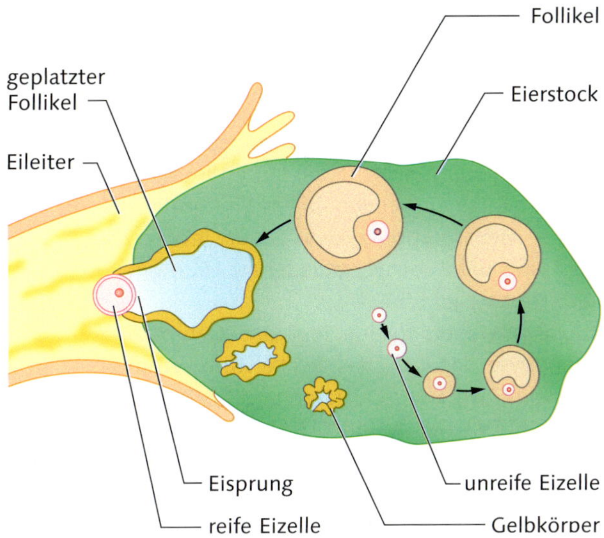

2 Reifung einer Eizelle im Eierstock

1 **A** Ordne den Strukturen in ▶ Bild 1 die richtigen Fachbegriffe zu.
B Nenne die Funktionen der Geschlechtsorgane.

2 Beschreibe die Vorgänge innerhalb des Eierstocks.

Selbstbefriedigung

Es ist schon seltsam, dass es den meisten peinlich ist, über Selbstbefriedigung zu reden. Alle meine Freundinnen weichen dann immer aus, wenn ich das Thema anschneide. Bei Sex ist das dagegen anders, das wird viel offener behandelt. Vielleicht liegt das daran, dass Sex präsenter im Fernsehen und in der Musik ist. Irgendwann will ich vielleicht auch mit einem Jungen schlafen, aber jetzt noch nicht. Ich habe schon vor einiger Zeit gemerkt, dass meine Brustwarzen besonders empfindsam sind und dass es sich toll anfühlt, wenn ich sie streichle. Manchmal stelle ich mir dabei vor, wie mich Tom küsst. Dann merke ich, wie mein ganzer Körper sich anspannt. Letzte Woche bin ich abends zum ersten Mal weitergegangen. Meine Eltern sind ausgegangen und ich war allein zu Hause. Ich habe zuerst wieder meine Brustwarzen gestreichelt und anschließend vorsichtig meinen Kitzler gerieben. Dabei merkte ich, wie ich immer erregter wurde. Nun berührte ich abwechselnd die Schamlippen und den Bereich um den Kitzler. Mein ganzer Körper stand unter Strom. Ganz automatisch habe ich die Berührungen verstärkt und auf einmal spannten sich die Muskeln in meiner Scheide an. Es war, als strömte eine Welle durch meinen Körper. Anschließend fühlte ich mich total entspannt und fröhlich. Bis das Handy surrte: Eine Nachricht von Lisa: „Kommst du mit ins Kino ...?“

3 Auszug aus dem Tagebuch von Helene (15 Jahre)

3 Diskutiere, warum es Helene peinlich ist, über das Thema Selbstbefriedigung zu sprechen.

Menstruationszyklus

Weiblicher Zyklus Die Prozesse der Eizellreifung, des Wachstums der Gebärmutterschleimhaut sowie der Menstruation laufen im Körper der Frau in einem regelmäßigen Rhythmus ab. Dieser Menstruationszyklus dauert etwa 28 Tage und wird von verschiedenen Hormonen gesteuert ▶ Bild 1.

Zu Beginn eines Zyklus regt das Gehirn die Hypophyse dazu an, das follikelstimulierende Hormon (FSH) zu produzieren und ins Blut abzugeben. Das FSH bewirkt, dass die Follikel im Eierstock stärker wachsen. Dies dauert etwa 14 Tage. Die Zellen des sich entwickelnden Follikelbläschens produzieren das zur Hormongruppe der Östrogene gehörende Sexualhormon *Östradiol*, das in der Gebärmutter das Wachstum der Gebärmutterschleimhaut bewirkt. Die Östradiolkonzentration nimmt in den ersten Tagen des Zyklus zu.

Die Hypophyse beginnt zudem mit der Produktion des luteinisierenden Hormons (LH). Das Östradiol hemmt die FSH- und LH-Ausschüttung, sodass etwa in der Mitte des Zyklus, bei niedriger Konzentration von Östradiol und einem bestimmten Verhältnis von LH und FSH, der Eisprung erfolgt. Anschließend beginnt die Umwandlung des Follikels in den Gelbkörper. Der Gelbkörper bildet das Sexualhormon *Progesteron*. Das Progesteron bewirkt, dass die Gebärmutterschleimhaut weiterwächst und mit feinen Blutgefäßen durchzogen wird, um eine Plazentabildung zu ermöglichen. Außerdem wird der Gebärmuttermund mit einem Schleimpfropf nach außen hin verschlossen.

Durch den Anstieg der Progesteronkonzentration nimmt in der zweiten Hälfte des Zyklus die Konzentration von FSH und LH ab. Damit wird verhindert, dass ein neuer Follikel heranreift. Findet nach dem Eisprung keine Befruchtung der Eizelle statt, bildet sich der Gelbkörper zum Ende des Zyklus zurück. Die Progesteronbildung sinkt und die Gebärmutterschleimhaut baut sich ab. Die Menstruation setzt ein. Durch die fehlende Progesteronausschüttung wird die Ausschüttung von FSH und LH nicht mehr gehemmt und der Zyklus beginnt erneut.

1. Beschreibe die Funktion der am weiblichen Zyklus beteiligten Hormone.
2. Erläutere, warum die Hormone des Menstruationszyklus einem Regelkreis unterliegen.
3. Der Menstruationskalender einer Frau weist folgende Daten auf: 8. März, 4. April und 2. Mai. Nenne das Datum, an dem sie bei einem regelmäßigen Zyklus erneut mit der Monatsblutung rechnen muss.

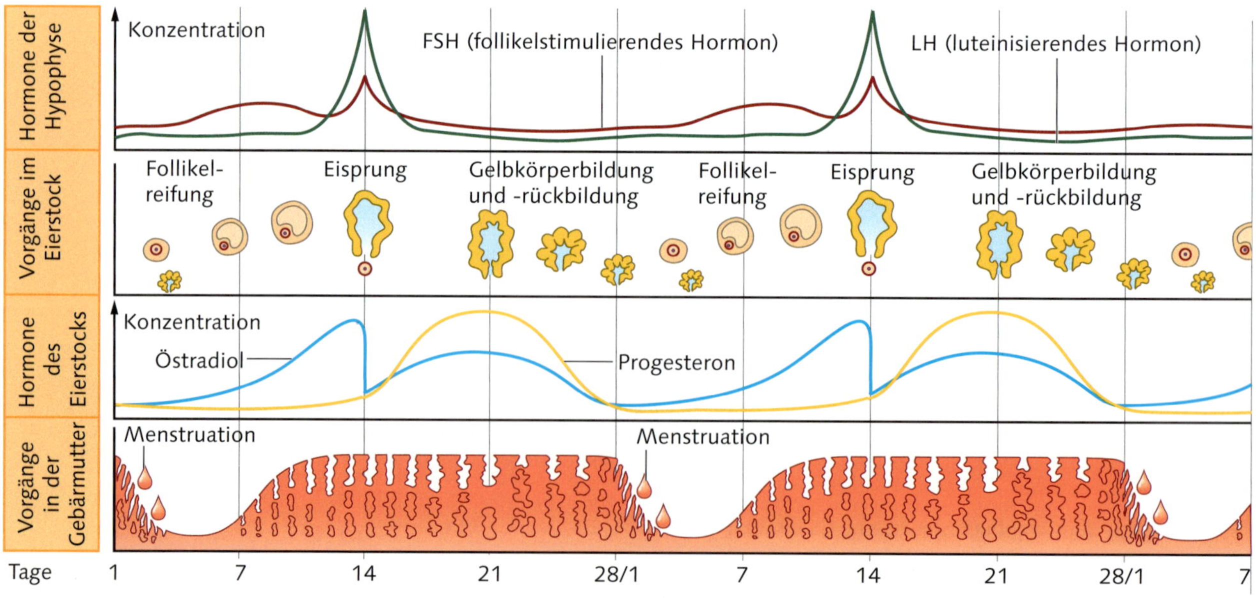

1 Menstruationszyklus

Erforschung des weiblichen Zyklus

Bis die Wirkung der weiblichen Sexualhormone komplett verstanden wurde, war es ein langer Weg. Viele Experimente waren nötig, um das Zusammenwirken von Hypophysenhormonen und Sexualhormonen nachzuvollziehen. Mit den dargestellten Experimenten kannst du deine Kenntnisse der Hormonwirkung überprüfen.

Die Forschungen zur Wirkung dieser Hormone begannen gegen Ende des 19. Jahrhunderts und mündeten in der Entwicklung von Hormonpräparaten wie der Anti-Baby-Pille. Folgende Experimente wurden an Säugetieren durchgeführt ▶ Bild 3.

1 **A** Ordne die Befunde (▶ Bild 3, A–D) den passenden Experimenten 1–4 zu.
B Erläutere die Befunde. Nimm die Informationen der Grundwissensseite zu Hilfe.

2 **A** Ordne den Ziffern in ▶ Bild 2 die Hormone des weiblichen Zyklus zu.
B Beschreibe das Regelkreisschema, das die Steuerung und Regelung des weiblichen Zyklus darstellt.
C Prüfe, welche der Hormone sich als Verhütungsmittel einsetzen ließen.

3 Stelle Hypothesen auf, wo man eingreifen könnte, um ein hormonelles Verhütungsmittel zu entwickeln.

Experiment	
1	Entfernung der Hypophyse
2	Entfernung der Hypophyse und nachträgliche Injektion von FSH
3	Entfernung der Hypophyse und nachträgliche Injektion von LH
4	Entfernung der Hypophyse; danach zuerst die Injektion von FSH und später LH
Befund	
A	Follikelwachstum, Eisprung, Gelbkörperbildung, Östradiol und Progesteron im Blut nachweisbar
B	keine Follikelbildung und kein Östradiol im Blut nachweisbar
C	Follikelbildung, Östradiol im Blut nachweisbar, jedoch kein Eisprung
D	keine Follikelbildung, keine Menstruation und keine Geschlechtshormone im Blut nachweisbar

3 Experimente 1–4 sowie Befunde A–D

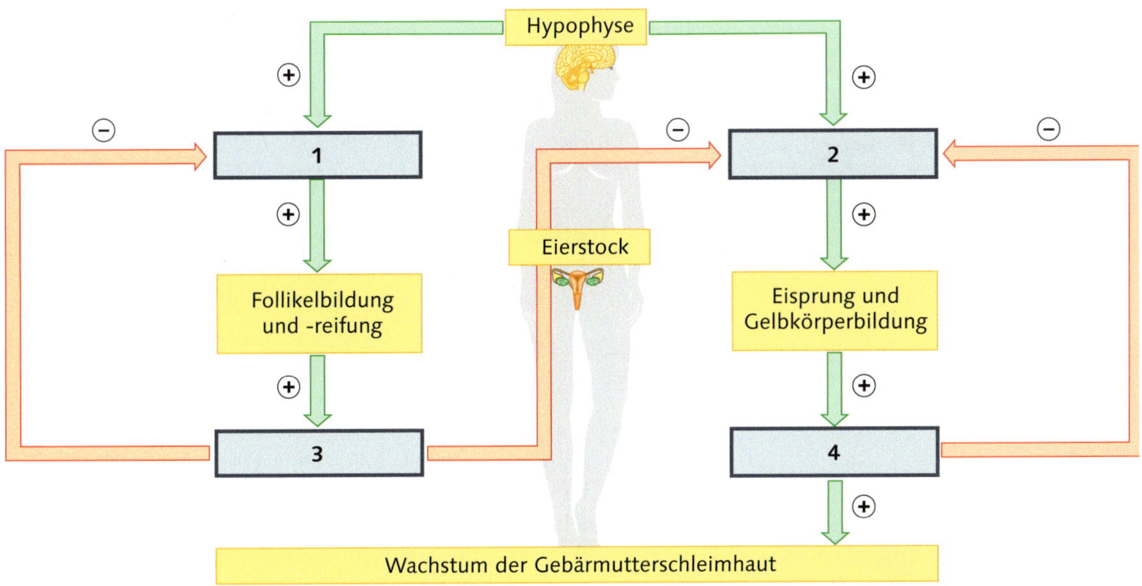

2 Steuerung und Regelung des weiblichen Zyklus

Zusammenfassung

Steuerung und Regelung

Hormone wirken bei der Regulation von Stoffwechselprozessen mit. Die Hormonproduktion in den Hormondrüsen des Körpers wird vom Gehirn gesteuert. Sie erfolgt als Reaktion auf Signale aus dem Körper und der Umwelt. An der Regulation des Blutzuckerspiegels sind die Hormone Insulin und Glucagon beteiligt, die beide in der Bauchspeicheldrüse gebildet werden. Der Körper ist so in der Lage, auf eine Veränderung des Blutzuckerspiegels z. B. bei sportlicher Aktivität (Senkung) oder nach Mahlzeiten (Anstieg) zu reagieren. Wird das Hormon Insulin ausgeschüttet, so wird der Blutzuckerspiegel gesenkt, durch das Hormon Glucagon dagegen erhöht. Im Gehirn wird die Hormonmenge gesteuert, die in der Bauchspeicheldrüse gebildet wird. Dieser Regulationsprozess kann durch einen Regelkreis beschrieben werden. Wirkt ein Hormon hemmend auf übergeordnete Hormondrüsen, wie das Schilddrüsenhormon Thyroxin, so spricht man von negativer Rückkopplung ▶ Bild 1.

Hormone sind auch die Auslöser der Pubertät. Sexualhormone wie Testosteron und Östrogene bewirken die Ausbildung der sekundären Geschlechtsmerkmale wie den Bartwuchs bei Jungen oder das Wachstum der Brüste bei Mädchen.

Auf solche Vorgänge bezieht sich das Basiskonzept *Steuerung und Regelung*.

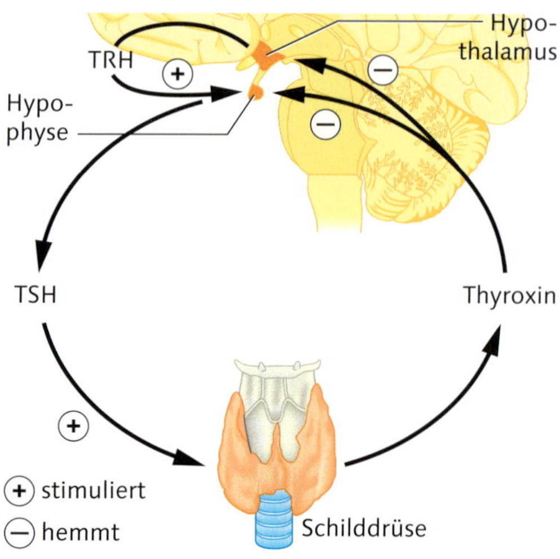

1 Negative Rückkopplung bei der Schilddrüse

Information und Kommunikation

Hormone werden auch als chemische Nachrichtenüberträger bezeichnet. Sie sind Moleküle, die in Drüsenzellen gebildet und mit dem Blut im Körper verteilt werden. Es handelt sich, im Gegensatz zum Nervensystem, in dem Informationen auf elektrischem Weg übertragen werden, also um eine chemische Informationsübermittlung. Die Informationsleitung durch Hormone ist vergleichsweise langsam, doch kann die Wirkung länger anhalten. Da die verschiedenen Hormone nur an ihren jeweiligen Zielzellen wirken, erfolgt die Informationsübertragung sehr gezielt. So kann der Stoffwechsel entsprechend angepasst werden.

Das Basiskonzept *Information und Kommunikation* beschreibt diese Zusammenhänge.

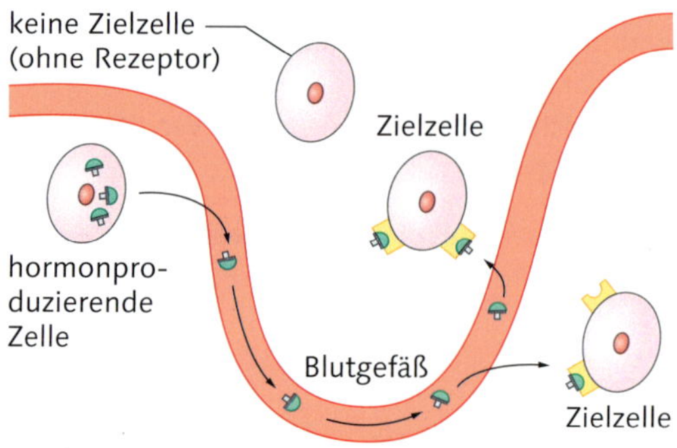

2 Hormontransport über das Blut

Struktur und Funktion

Hormone sind Eiweißmoleküle. Verschiedene Hormone unterscheiden sich in ihrer Molekülstruktur. Sie werden in verschiedenen Hormondrüsen gebildet und haben jeweils spezifische Funktionen. An Körperzellen mit passendem Rezeptor, den Zielzellen, kann ein Hormon binden, woraufhin es eine spezifische Wirkung auslöst. Die genaue Passform zweier Strukturen zueinander, wie hier das Hormon zum Rezeptor, wird mit dem Schlüssel-Schloss-Prinzip verdeutlicht. Da Hormone so nur mit ganz bestimmten Zellen eine Bindung eingehen, sind sie in sehr geringen Konzentrationen wirksam.

Das beschriebene Schlüssel-Schloss-Prinzip ist ein Unterkonzept des Basiskonzepts *Struktur und Funktion*.

Teste dich!

1 Benenne die mit Ziffern beschrifteten Hormondrüsen in ▶ Bild 4 und die von ihnen gebildeten Hormone.

2 Beschreibe das Basiskonzept Struktur und Funktion anhand der Informationsübertragung durch Hormone.

3 Erläutere die hormonelle Regulation des Blutzuckerspiegels während einer Trainingseinheit beim Sport.

4 Bei einem Verdacht auf Diabetes wird als Diagnoseverfahren ein Glucosetoleranztest durchgeführt. Der Patient, der zuvor nichts gegessen hat, trinkt eine hoch konzentrierte Glucoselösung. Davor und danach wird im 30-min-Rhythmus der Blutzuckerspiegel bestimmt ▶ Bild 3.

A Vergleiche die Testergebnisse der Personen A und B.

B Werte das Testergebnis für beide Personen aus.

C Formuliere Hypothesen für die Konzentrationen von Insulin bzw. Glucagon für die Personen A und B nach 1 Stunde bzw. 4 Stunden nach der Glucoseaufnahme.

5 Diabetiker haben manchmal Traubenzucker dabei. Erkläre diesen scheinbaren Widerspruch.

6 **A** Erkläre, weshalb Müdigkeit und das Gefühl von Kraftlosigkeit mit einer Fehlfunktion der Schilddrüse in Zusammenhang gebracht werden.

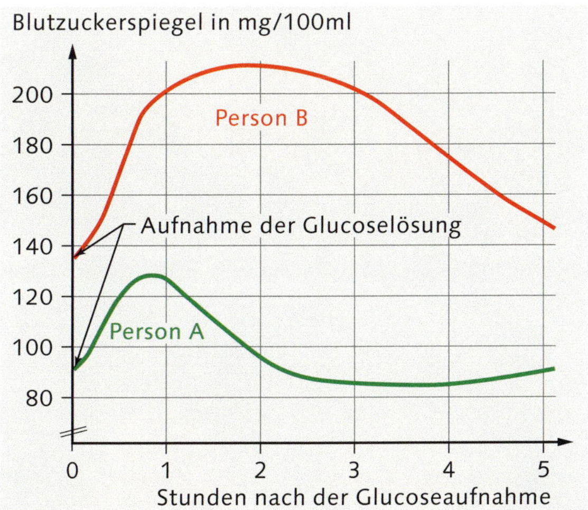

3 Glucosetoleranztest

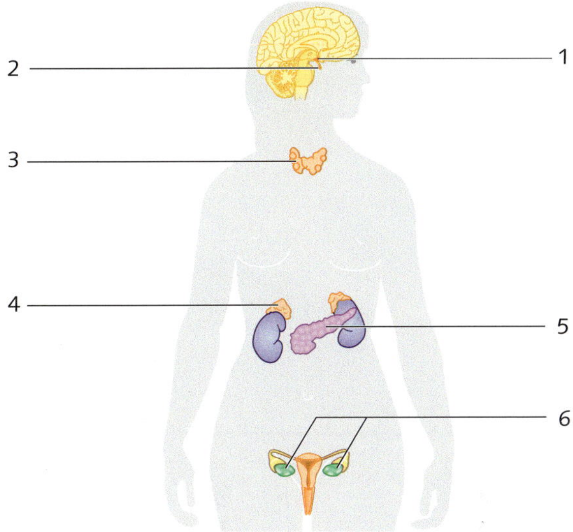

4 Hormondrüsen der Frau

B Erläutere den Begriff der negativen Rückkopplung anhand der Schilddrüsenhormone. Nimm ▶ Bild 1 zu Hilfe.

7 Begründe, weshalb Östrogene und Testosteron zu den Sexualhormonen gezählt werden, nicht aber das follikelstimulierende Hormon (FSH) und das luteinisierende Hormon (LH).

8 **A** Beschreibe die in ▶ Bild 5 dargestellten Vorgänge im Eierstock der Frau.

B Begründe, zu welchem Zeitpunkt eine Befruchtung stattfinden kann.

C Vergleiche den Weg, den eine befruchtete Eizelle zurücklegt, mit dem einer unbefruchteten.

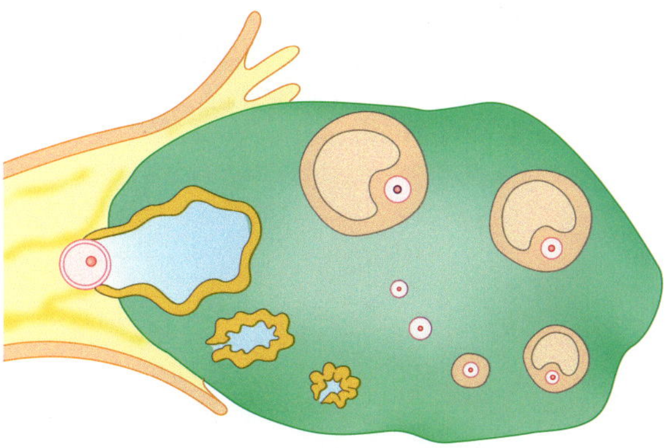

5 Vorgänge im Eierstock der Frau

▶ Die Lösungen zu den Aufgaben findest du im Anhang.

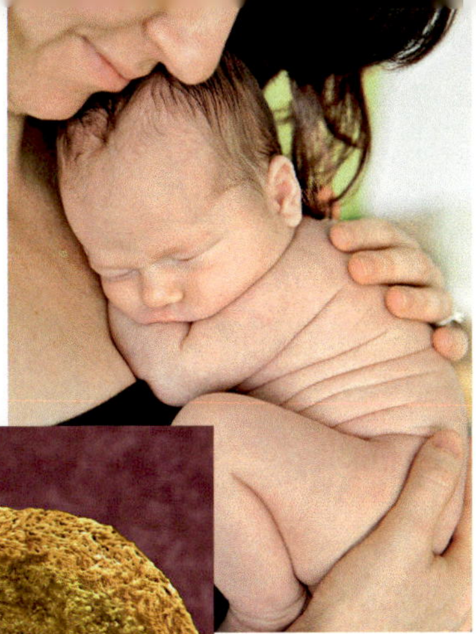

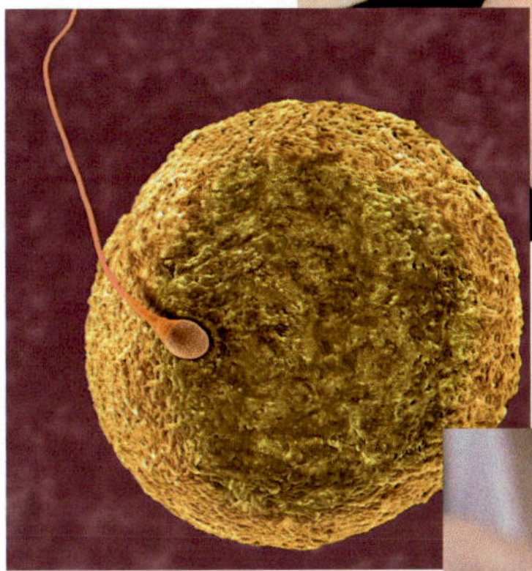

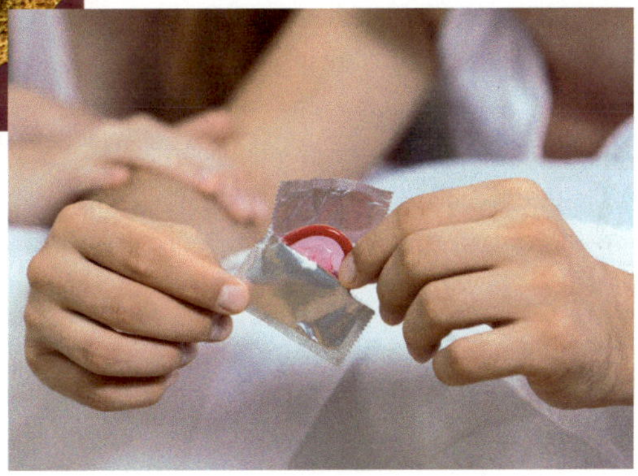

Sexualität und Verantwortung

In der Pubertät verändert sich der Körper von Mädchen und Jungen durch den Einfluss von Hormonen. Viele Jugendliche erfahren zum ersten Mal das Gefühl der Verliebtheit und fühlen sich zu einem anderen Menschen körperlich hingezogen. Vor dem ersten Geschlechtsverkehr müssen die Partner über Verhütung reden.
Im Erwachsenenalter wächst bei festen Partnern oft der Wunsch, Verantwortung für ein Kind zu übernehmen. Aus einer durch ein Spermium befruchteten Eizelle kann sich im Körper der Frau ein neuer Mensch entwickeln.

Liebe und Sexualität

1 ... liebt mich ... liebt mich nicht ...

Sich verlieben Seit Hanna in die Nachbarschaft gezogen ist, muss Jonas ständig an sie denken. Wenn er sie sieht, bekommt er Herzklopfen und im Bauch kribbelt es. Er wäre am liebsten ständig mit ihr zusammen und doch traut er sich nicht, sie anzusprechen. Jonas hat sich in Hanna verliebt.

Liebe, das Gefühl von starker Zuneigung, Wertschätzung und Vertrauen, erfährt man schon als Kind innerhalb der Familie. Was in der Pubertät neu hinzukommt, ist, dass die Liebe etwas mit dem Geschlecht zu tun hat. Jonas träumt davon, mit Hanna allein zu sein, ihren Körper zu spüren, sie zu berühren und Zärtlichkeiten auszutauschen. Verliebtsein fühlt sich toll und aufregend an und ist gleichzeitig auch mit Unsicherheit verbunden.

Sich kennenlernen Ist jemand verliebt, werden im Gehirn Hormone freigesetzt, die einerseits glücklich, andererseits aber auch anfällig machen für Enttäuschungen und Verletzungen. Sowohl Jungen als auch Mädchen fällt es deshalb oft schwer, den „Schwarm" anzusprechen. Sie haben Angst davor, abgelehnt zu werden. Trotzdem darf man ruhig mutig sein, den ersten Schritt tun und zu seinen Gefühlen stehen. Werden die Gefühle nicht erwidert, kann das sehr wehtun. Man hat Liebeskummer. Fühlt der Mensch, in den man verliebt ist, aber genauso, ist das ein wunderbares Gefühl.

Man „ist zusammen" und verbringt Zeit gemeinsam. Allerdings gibt es sehr unterschiedliche Erwartungen an die Beziehung.

2 Sich kennenlernen

Beziehungswünsche Was Verliebte im Einzelnen miteinander verbindet, ist sicher jeweils verschieden, beruht aber immer darauf, sich zu mögen, gemeinsame Interessen zu finden und vor allem sich vom anderen verstanden zu fühlen. Voraussetzung hierfür ist aber, sich selbst und auch seine eigenen Wünsche und Bedürfnisse zu kennen.

Liebe und Partnerschaft Verliebte möchten viel Zeit miteinander verbringen, sich seelisch und körperlich nahe sein. Sie lernen sich im Lauf der Zeit in ihren Eigenarten und Wünschen gegenseitig kennen. Wenn die Partner sich vertrauen und respektieren, kann aus dem Verliebtsein Liebe und eine dauerhafte Partnerschaft entstehen. Beide sollten darin gleichwertige und gleichberechtigte Partner sein und wichtige Entscheidungen gemeinsam treffen. Dies ist nicht immer einfach. Deshalb ist es wichtig, offen über seine Wünsche und Vorstellungen zu sprechen und die Sichtweise des Partners zu akzeptieren. Dabei sollten beide aufeinander zugehen und Kompromisse schließen. Sie geben und nehmen und teilen gute wie traurige Erlebnisse.

Sexualität Eine feste Bindung wird durch Zärtlichkeiten und Sexualität gestärkt. Die menschliche Sexualität dient nicht nur der Fortpflanzung, sondern auch der Bindung zwischen den Partnern über das Erleben von Zärtlichkeit und Lust. Wann die Partner für den ersten Kuss bereit sind oder dazu, zum ersten Mal miteinander zu schlafen, ist aber ganz unterschiedlich. Jeder hat das Recht, selbst über den Zeitpunkt zu bestimmen. Man sollte deshalb offen darüber sprechen können, was man mag und was nicht, Grenzen klar formulieren und die Grenzen des anderen akzeptieren.
Haben beide Partner den Wunsch, miteinander zu schlafen, müssen sie vorher unbedingt über Verhütung sprechen.

Kommunikation und Respekt Seine Gefühle deutlich zu spüren und seine Wünsche zu äußern ist nicht immer einfach. Je älter wir werden, umso bewusster können wir damit umgehen. Ein klares Ja oder Nein klärt die Situation und gibt dem anderen die Chance, die Bedürfnisse des Partners zu erkennen und auf ihn einzugehen.

Verantwortung übernehmen Wenn sich die Partnerschaft bewährt, beschließen viele Paare dies nach außen z. B. durch eine Heirat sichtbar zu machen. Egal aber, in welcher Partnerschaftsform man lebt, es ist immer wichtig, Sorge füreinander zu tragen und Verantwortung für sich und den anderen zu übernehmen. Erweitert sich die Partnerschaft um ein Kind, wird die gemeinsam zu tragende Verantwortung größer.

1 Erkläre, was die beiden Personen in ▶ Bild 2 jeweils davon abhalten könnte, sich gegenseitig anzusprechen.

2 Beschreibe, was für dich die Begriffe Verliebtsein, Liebe und Partnerschaft bedeuten.

3 Erkläre den Begriff Sexualität.

4 Beschreibe Situationen, in denen Partner füreinander Verantwortung übernehmen.

5 **A** Beschreibe ▶ Bild 3 von Bild zu Bild.
B Begründe, ob die Sprechblasen einem Geschlecht zuzuordnen sind.
C Nenne Gründe, die der eine Partner haben könnte, Nein zu sagen.
D Entwickle einen möglichen Fortgang der Situation.

6 „Liebende verstehen sich ohne Worte." Beurteile diese Aussage.

7 Leider werden in Partnerschaften nicht immer die Grenzen des anderen respektiert. Diskutiere.

8 **A** Nenne Regeln, die für eine gut funktionierende gleichberechtigte Partnerschaft wichtig sind.
B Tauscht euch in Gruppen aus.

3 Nein sagen

Traumpartner

Die meisten von uns haben sich schon einmal den Traumprinzen oder die Traumprinzessin in der Fantasie ausgemalt. Dabei werden wir unbewusst auch von Meinungen und Vorstellungen anderer beeinflusst, wie Mädchen und Frauen oder Jungs und Männer zu sein oder auszusehen haben. So können Unsicherheiten entstehen, ob man selbst diesem Bild genügt. Mit der Wirklichkeit haben diese Bilder allerdings oft wenig zu tun.

1 Mädchen träumt von Traumprinzessin.

1 **A** Nenne Idealvorstellungen zum Bild Mädchen und Frau bzw. Junge und Mann.
B Nenne Beispiele aus Musik, Film und Fernsehen, die diesem Klischee entsprechen.
C Nenne Gefahren, die diese idealisierten Bilder in sich bergen.
D Erkläre, was für dich der Unterschied zwischen „schön“ und „liebenswert“ ist.

2 **A** Nenne die in den Kontaktanzeigen genannten Eigenschaften ▶ Bild 2.
B Beschreibe die Assoziationen, die diese Anzeigen jeweils wecken.
C Diskutiere, welche Art der Kontaktanzeige erfolgversprechender ist.
D Erstelle selbst eine Suchanzeige, in der du dich und deinen Wunschpartner beschreibst.

3 Es gibt eine Dating-App, die unkomplizierte, schnelle Flirts verspricht. Zunächst werden nur Vorname, Alter und Bild einer Person angezeigt. Durch Auswählen von Kreuz = „nope“ oder Herz = „like“ akzeptiert man diese Person oder lehnt sie ab. Erst wenn beide Personen sich gegenseitig attraktiv finden, werden weitere Informationen angezeigt.
A Vergleiche die Vorgehensweise mit der bei Partnersuchportalen, bei denen nach der Suchanfrage mehrere Profile von verschiedenen Personen mit ausführlichen Informationen angezeigt werden.
B Beurteile die Vorgehensweisen der Dating-App und eines herkömmlichen Partnersuchportals.

Cooler Typ sucht hübsches Mäuschen ...

... mit toller Figur, schönem Gesicht, langen Haaren und sexy Klamotten.
Ich sehe gut aus, mache Kampfsport und stehe auf coole Sportwagen.
Du willst mich kennenlernen?
Dann melde dich bei mir.

Ich suche dich!

Ich – fröhlich, humorvoll und offen – suche jemanden für eine ehrliche und liebevolle Beziehung. Geht es dir genauso? Dann freue ich mich, dich kennenzulernen.
Ich bin reiselustig und mag Kino, Bücher und Musik. In meiner Freizeit bin ich gerne in der Natur und treibe viel Sport.

2 Kontaktanzeigen

Sexualität ist vielseitig

Heterosexualität Frauen, die sich von Männern, und Männer, die sich von Frauen angezogen fühlen, schließen eine Partnerschaft mit dem jeweils anderen Geschlecht. Sie sind *heterosexuell* (griech. *heteros:* verschieden).

Homosexualität Männer, die sich zu Männern, und Frauen, die sich zu Frauen hingezogen fühlen, nennt man *homosexuell* (griech. *homos:* gleich). Homosexuelle Frauen werden auch als lesbisch, homosexuelle Männer als schwul bezeichnet. Ist jemand von beiden Geschlechtern angezogen, spricht man von *Bisexualität* (lat. *bi:* zwei). Homosexuelle kennen die gleichen Glücksgefühle und Ängste des Verliebens und der Sexualität. Sie führen Beziehungen wie Heterosexuelle. Dennoch sind Schwule und Lesben häufig Diskriminierungen ausgesetzt. Obwohl in den letzten Jahren viel für die Gleichstellung erreicht wurde, gibt es noch Menschen, die diese sexuelle Orientierung verurteilen. Sich das erste Mal öffentlich zur Homosexualität zu bekennen, das *Coming-out,* fällt daher vielen schwer. Wenn man vermutet, homosexuell zu sein, sich aber unsicher ist, wie man damit umgehen soll, kann man Hilfe in Anspruch nehmen. Es gibt Organisationen, die unterstützend tätig sind.

Transsexualität Das Erleben des eigenen Geschlechts nennt man *Geschlechtsidentität.* Manche Menschen haben das Gefühl, im falschen Körper geboren zu sein. Biologisches Geschlecht und Geschlechtsidentität stimmen dann nicht überein. Diese Menschen sind *transsexuell.* Oft leiden sie darunter und wünschen sich, das gefühlte Geschlecht auch nach außen sichtbar anzunehmen. Manche unterziehen sich Operationen und Hormonbehandlungen, um das Geschlecht körperlich anzugleichen.

Intersexualität Transsexualität ist klar abzugrenzen von Intersexualität. Bei *intersexuellen* Menschen ist das biologische Geschlecht nicht eindeutig ausgeprägt. Die Geschlechtsorgane sind meist unzureichend entwickelt und oft nicht funktionsfähig. Dies kann genetische oder hormonelle Ursachen haben und ist von der sexuellen Orientierung unabhängig.

3 Verschiedene Paare

Respekt und Einvernehmen Die Sexualität des Menschen ist vielfältig. Ganz gleich aber, welche Formen der Sexualität Menschen ausleben – die Partner sollten verantwortungsbewusst miteinander umgehen. Beziehungen und Sexualität müssen immer einvernehmlich und rücksichtsvoll gestaltet sein. Solange dies der Fall ist, gibt es keinen Grund, andere wegen ihrer sexuellen Orientierung zu verurteilen.

1. Stelle dir vor, ein guter Freund oder eine gute Freundin vertraut dir an, dass er oder sie homosexuell ist. Wie gehst du damit um?
2. Erläutere die Begriffe Geschlechtsidentität und biologisches Geschlecht.
3. Beschreibe die Unterschiede zwischen Homosexualität, Transsexualität und Intersexualität.

Befruchtung und Embryonalentwicklung

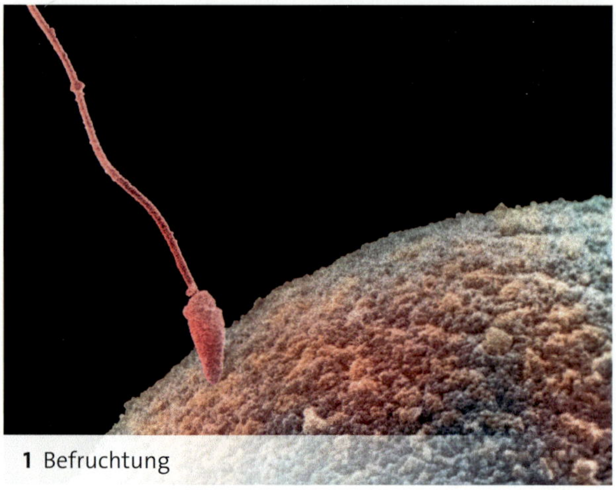

1 Befruchtung

Befruchtung und Einnistung Trifft eine Spermienzelle im Eileiter auf eine Eizelle, so kann diese befruchtet werden. Der Spermienkopf einer Spermienzelle dringt in die Eizelle ein. Dabei verändert sich die Struktur der Zellmembran der Eizelle so, dass der Weg für weitere Spermienzellen versperrt ist. Die Zellkerne von Ei- und Spermienzelle verschmelzen. Diesen Vorgang nennt man *Befruchtung* ▶ Bild 1. Die befruchtete Eizelle wird *Zygote* genannt.

24 Stunden nach der Befruchtung beginnt sich die Zygote zu teilen. Während des Transports durch den Eileiter verdoppelt sich mit jeder Teilung die Anzahl ihrer Zellen. Etwa 6 Tage nach der Befruchtung hat sich eine mit Flüssigkeit gefüllte Hohlkugel gebildet, der Blasenkeim. Der *Embryo* – so nennt man den kindlichen Organismus zu Beginn – entwickelt sich aus den inneren Zellen des Blasenkeims. Ein Teil der übrigen Zellen bildet später die mit Fruchtwasser gefüllte *Fruchtblase,* in der sich der Embryo geschützt entwickelt. Die äußeren Zellen des Blasenkeims bilden wurzelähnliche Ausstülpungen aus, die Chorionzotten. Diese wachsen in die Gebärmutterschleimhaut ein. Mit dieser *Einnistung* beginnt die Schwangerschaft. Dort, wo die Chorionzotten auf mütterliche Blutgefäße treffen, lösen sie diese auf. Es bilden sich blutgefüllte Räume, die Lakunen. Hier werden die Chorionzotten vom mütterlichen Blut umspült. Über die Chorionzotten erfolgt der Stoffaustausch und somit die Ernährung des Embryos. Später bilden die Zotten zusammen mit der Gebärmutterschleimhaut den Mutterkuchen, die *Plazenta*. Sie ist über die Nabelschnur mit dem Embryo verbunden.

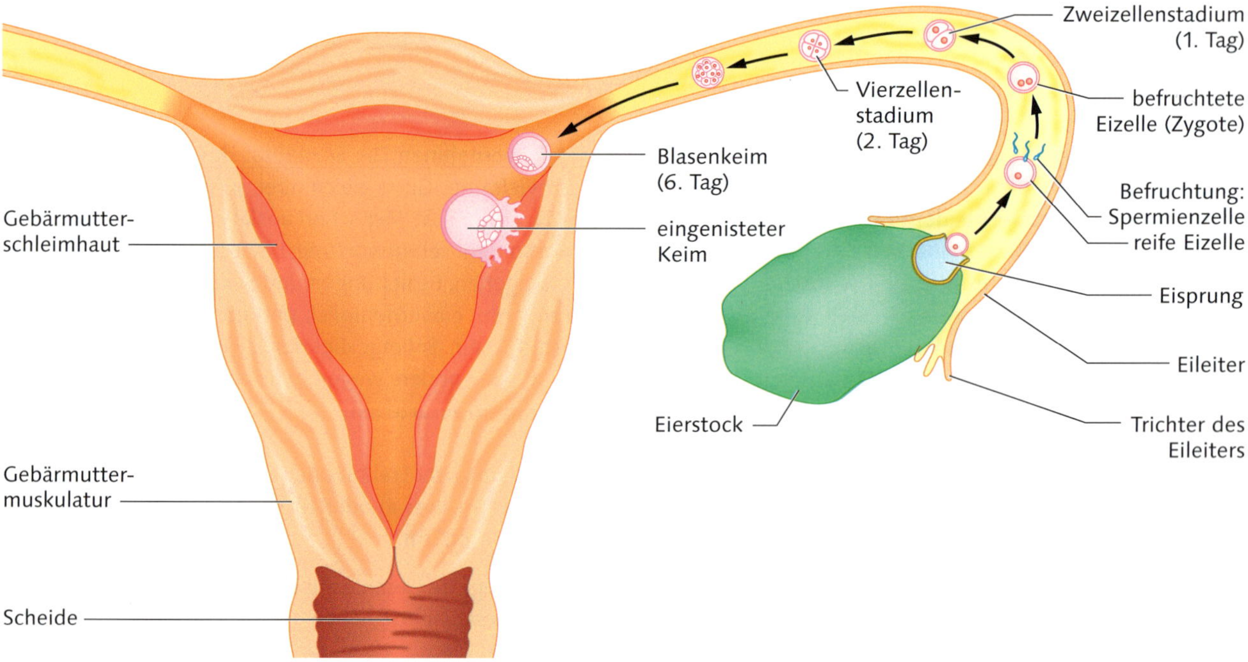

2 Von der Befruchtung der Eizelle bis zur Einnistung

Entwicklung von Embryo und Fetus Die Dauer der Entwicklung vom Zeitpunkt der letzten Monatsblutung bis zur Geburt beträgt 40 Wochen. Im ersten Drittel der Schwangerschaft werden alle Organe angelegt ▶ Bild 4. Bereits in der 6. Schwangerschaftswoche schlägt das Herz des Embryos. Gegen Ende der 10. Schwangerschaftswoche sind die Gliedmaßen deutlich erkennbar und die Leber, die Lunge, der Darm sowie Anlagen für die Sinnesorgane bilden sich. Am Ende des ersten Schwangerschaftsdrittels ist der Embryo etwa 9 cm lang und wiegt ungefähr 45 g. Der Embryo wird als *Fetus* bezeichnet, wenn alle Organe angelegt sind.

Der Fetus nimmt im zweiten Drittel der Schwangerschaft schnell an Gewicht und Größe zu. Die Gliedmaßen verlängern sich, Zehen, Finger und Gesichtszüge bilden sich deutlich aus ▶ Bild 5. Augenbrauen und Fingernägel wachsen und das Nervensystem entwickelt sich. Der Fetus ist jetzt sehr aktiv. Die Schwangere kann ungefähr von der 20. Schwangerschaftswoche an die Bewegungen des Kindes spüren. Am Ende der 26. Schwangerschaftswoche ist der Fetus etwa 800 g schwer und 30 cm lang.

Im letzten Drittel der Schwangerschaft wächst der Fetus weiter. Alle Organe reifen heran und werden funktionstüchtig. Das Verdauungssystem beginnt zu arbeiten, die Nieren produzieren Urin. Der Fetus reagiert mit Bewegungen auf Reize von außen, z. B. auf Musik. Schlafphasen und aktive Phasen wechseln sich ab.

Gegen Ende der Schwangerschaft ist der Fetus etwa 50 cm groß und wiegt 3000 bis 3500 g. Er ist jetzt weniger aktiv, weil er die Fruchtblase fast vollständig ausfüllt.

Die Organe in der Bauchhöhle der Schwangeren werden stark zusammengepresst und verlagert. So können sich bei ihr Atembeschwerden einstellen, weil sich ihre Lungen nicht mehr voll ausdehnen können. Außerdem verspürt die Schwangere einen starken Druck auf die Harnblase. Es kann auch zu Verstopfungen und Verspannungen der Rückenmuskulatur kommen.

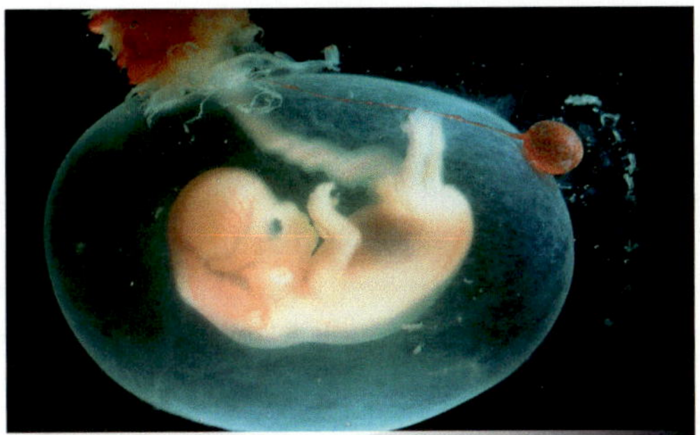

4 Embryo, 7. Schwangerschaftswoche

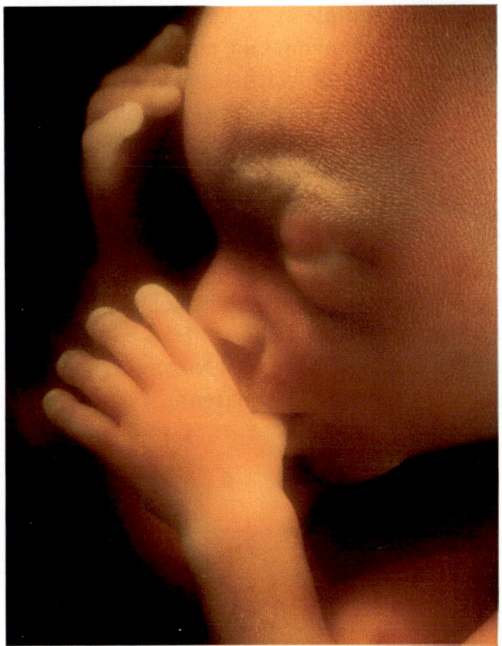

5 Fetus, 19. Schwangerschaftswoche

1 Beschreibe den Weg und die Entwicklung einer Eizelle von der Befruchtung bis zur Einnistung anhand von ▶ Bild 2.

2 Erkläre die Begriffe Einnistung, Blasenkeim, Embryo und Fetus.

3 **A** Stelle die Gewichtszunahme eines Embryos und Fetus in einem Diagramm dar. Verwende dazu die Informationen aus ▶ Bild 3.
B Beschreibe das Diagramm.

Schwangerschaftswoche	4	8	12	16	20	24	28	32	36	40
Größe in cm	0,3	3	9	10	20	28	34	40	45	50
Masse in g	< 1	3	45	80	300	530	1100	1800	2750	3500

3 Durchschnittliche Gewichts- und Größenzunahme von Embryo und Fetus

Gefahren in der Schwangerschaft

Gefahren für Embryo und Fetus Besonders in der frühen Entwicklungsphase ist das ungeborene Kind sehr empfindlich. Medikamente, Drogen sowie legale Suchtmittel wie Alkohol und Nikotin gelangen über die Plazenta zum Kind. Sie können die normale Entwicklung des Kindes gefährden und sollten daher gemieden werden. Bakterien, Viren, aber auch psychische Belastungen der Schwangeren können das Ungeborene negativ beeinflussen.

Der Konsum von Alkohol hemmt die embryonale Zellteilung sowie das Zellwachstum. Folgen können unter anderem Fehlfunktionen der Augen, der Ohren, des Herzens, aber auch Fehler in der Gehirnentwicklung des Kindes sein.

Auch aktives und passives Rauchen beeinflussen die Embryonalentwicklung. Die Sauerstoffversorgung von Embryo und Fetus ist eingeschränkt, weil das im Zigarettenrauch enthaltene Kohlenstoffmonooxid anstelle von Sauerstoff an die roten Blutzellen bindet. Zudem führt Nikotin zu einer Mangeldurchblutung der Plazenta. Dies verstärkt den Sauerstoffmangel für das ungeborene Kind. Folgen des Zigarettenkonsums in der Schwangerschaft können ein geringeres Geburtsgewicht, aber auch ein erhöhtes Risiko für eine Frühgeburt sein. Bei Kindern von Raucherinnen zeigen sich Langzeitfolgen wie Allergien oder Asthma, aber auch Herz-Kreislauf-Erkrankungen oder Diabetes Typ II häufiger als bei Kindern von Nichtraucherinnen.

Wie gefährlich sich Medikamente auf die Embryonalentwicklung auswirken können, zeigte sich zwischen 1958 und 1963. In dieser Zeit wurden viele Kinder mit Missbildungen an Armen und Beinen geboren. Später stellte man fest, dass die Frauen im ersten Drittel der Schwangerschaft das Schlafmittel Contergan eingenommen hatten.

1 Begründe unter Bezug auf ▶ Bild 1, warum eine Schwangere während der gesamten Schwangerschaft auf den Konsum von Alkohol und Zigaretten verzichten sollte.

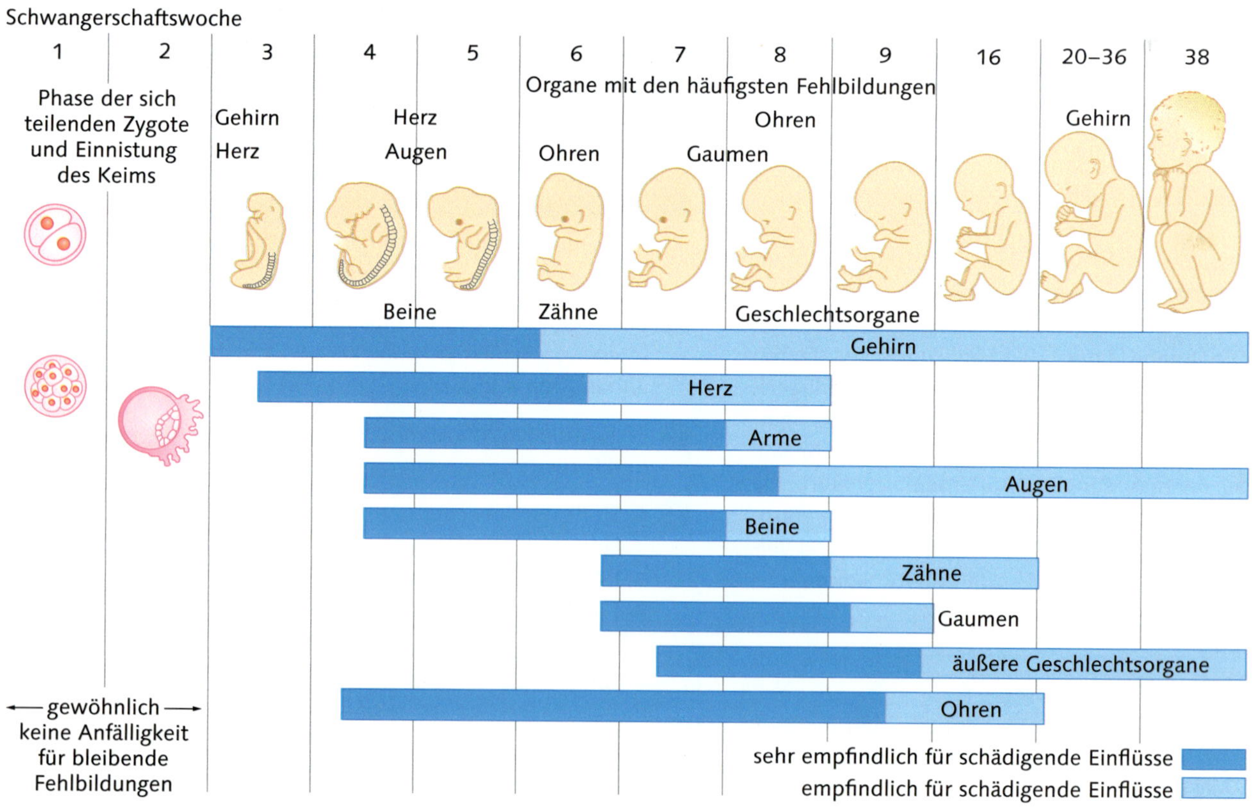

1 Auswirkungen schädigender Einflüsse auf die Entwicklung von Embryo und Fetus

Die Plazenta

Beim Stoffaustausch in der Plazenta spielt das Prinzip der Oberflächenvergrößerung eine große Rolle.

In der Schwangerschaft übernimmt die Plazenta für den Embryo bzw. den Fetus die Aufgaben der Atmung, der Ernährung und der Ausscheidung. Aus dem mütterlichen Blut gelangen Sauerstoff, Wasser, Nährstoffe, Vitamine, Hormone und manche Antikörper in das kindliche Blut. Umgekehrt werden Stoffwechselendprodukte wie Harnstoff und Kohlenstoffdioxid in das mütterliche Blut abgegeben.
Die Membran der Chorionzotten bezeichnet man als Planzentaschranke (▶ Bild 2). Sie ermöglicht den Stoffaustausch zwischen fetalem und mütterlichem Blutkreislauf, ohne dass das Blut von Mutter und ungeborenem Kind direkt miteinander in Kontakt treten ▶ Bild 3. Manche Stoffe können die Plazentaschranke überwinden, andere werden zurückgehalten.
Am Ende der Schwangerschaft ist die Plazenta etwa 22 cm lang, 2–2,5 cm dick und 500 g schwer. Sie hat eine Oberfläche von 15 m^2.

1 Beschreibe unter Bezug auf ▶ Bild 3 den Austausch von Sauerstoff und Kohlenstoffdioxid zwischen Mutter und Kind.

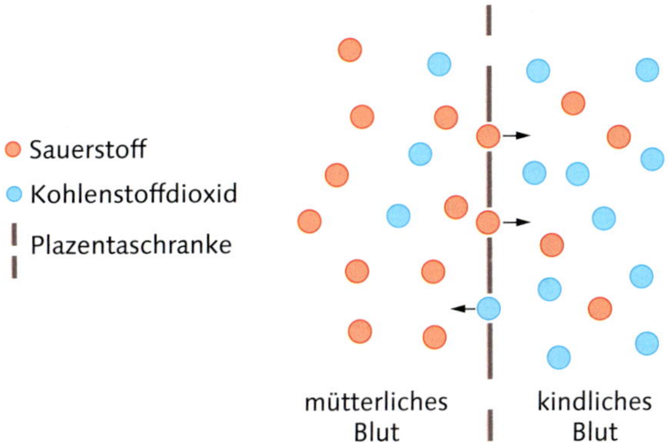

3 Stoffaustausch über die Plazentaschranke

2 Erläutere am Beispiel der Plazenta das Prinzip der Oberflächenvergrößerung.

3 Das Blut von Mutter und Kind durchmischt sich nicht.
A Begründe anhand von ▶ Bild 2.
B Begründe, warum es wichtig ist, dass das Blut von Mutter und Kind nicht in direkten Kontakt tritt.

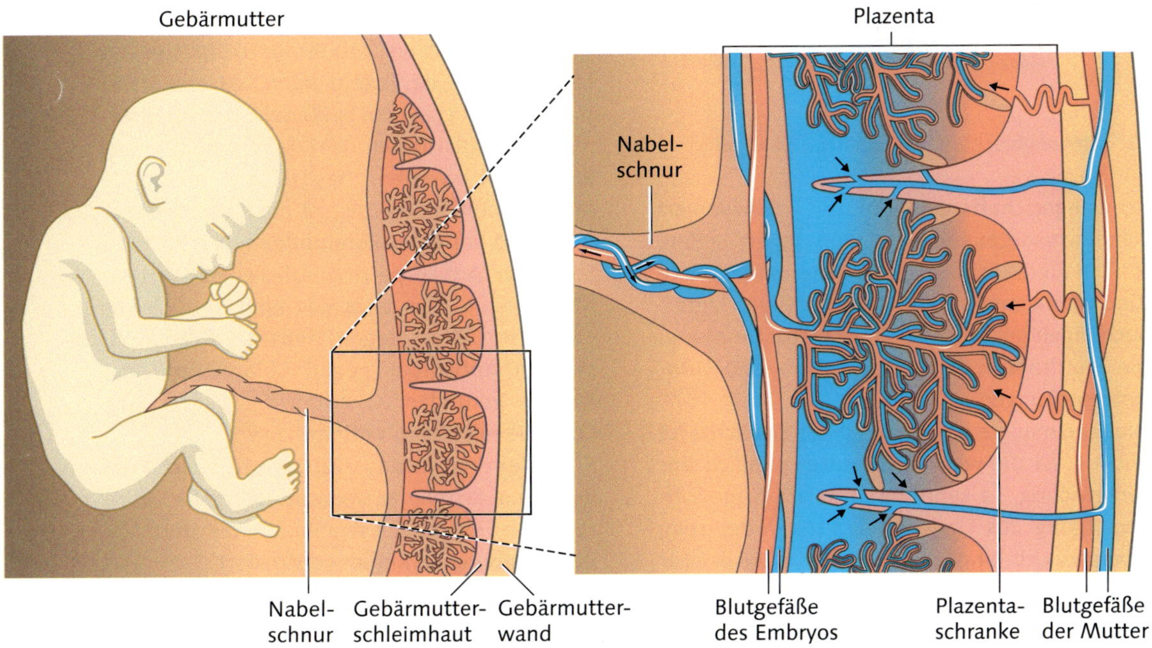

2 Versorgung des ungeborenen Kindes über die Plazenta

Vorsorgeuntersuchungen

Schwanger oder nicht? Wenn ein Paar ungeschützten Geschlechtsverkehr hatte, kann es bei der Frau zu einer Schwangerschaft kommen. Dabei können ein Spannungsgefühl in der Brust, Müdigkeit, Übelkeit und das Ausbleiben der Monatsblutung erste Anzeichen einer Schwangerschaft sein. Diese Symptome werden durch das *Schwangerschaftshormon* hCG (humanes Choriongonadotropin) ausgelöst. Die Plazenta gibt hCG ab. Es bewirkt die Bildung von Östrogenen und Gestagenen, die die Schwangerschaft aufrechterhalten. 10–12 Tage nach dem Eisprung kann hCG im Blut und 14 Tage nach dem Eisprung durch einen Schwangerschaftstest im Urin nachgewiesen werden ▶ Bild 1.

Wenn die Frauenärztin oder der Frauenarzt die Schwangerschaft bestätigt hat, erhält die Schwangere einen Mutterpass. In diesem Dokument werden alle im Rahmen der Schwangerschaftsvorsorge durchgeführten Untersuchungen dokumentiert ▶ Bild 2.

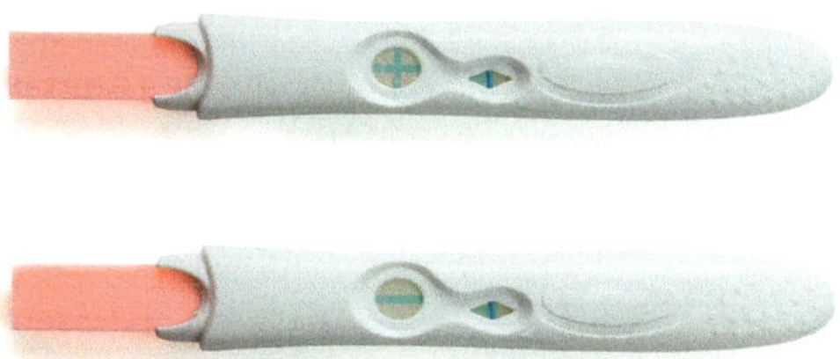

1 Schwangerschaftstest (positiv und negativ)

Schwangerschaftsvorsorge Die Schwangerschaftsvorsorgeuntersuchungen sollen helfen, Risiken für die Schwangere und das ungeborene Kind zu erkennen. Zu den regelmäßigen Untersuchungen gehören die Gewichtsbestimmung, die Blutdruckmessung sowie Blut- und Urinuntersuchungen.

Die regelmäßige Bestimmung des Gewichts ist wichtig. Ist die werdende Mutter nämlich untergewichtig, so kann die optimale Nährstoffversorgung des Ungeborenen gefährdet sein. Übergewicht hingegen erhöht das Risiko für Schwangerschaftsdiabetes.

Der Arzt führt außerdem regelmäßige Urinuntersuchungen durch. So können bakterielle Infektionen, Stoffwechselerkrankungen wie

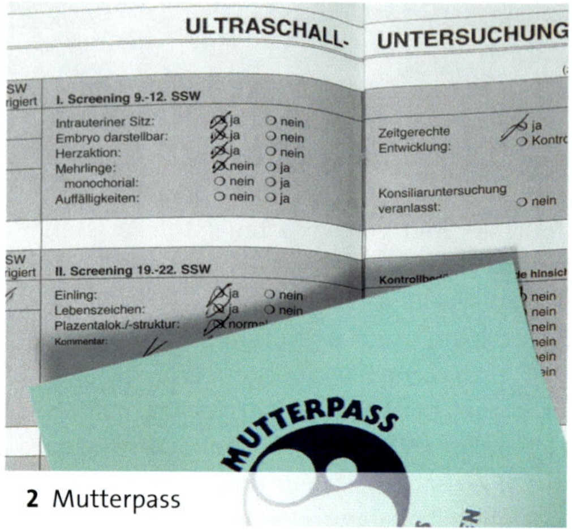

2 Mutterpass

Diabetes mellitus oder Nierenschädigungen ausgeschlossen werden.

Zu Beginn der Schwangerschaft werden die Blutgruppe und der Rhesusfaktor der Schwangeren festgestellt. Der Hämoglobingehalt des Blutes der werdenden Mutter wird regelmäßig bestimmt. So wird eine ausreichende Sauerstoffversorgung des ungeborenen Kindes sichergestellt.

Außerdem wird das Blut der Schwangeren auf Antikörper gegen verschiedene Krankheitserreger untersucht. Durch einen Antikörpersuchtest können im Blut der Mutter Antikörper gegen Toxoplasmose, das Röteln- oder das Hepatitis-B-Virus, aber auch gegen bakterielle Krankheitserreger wie Chlamydien oder den Syphiliserreger festgestellt werden. Besitzt die werdende Mutter Rötelnantikörper, ist auch das ungeborene Kind vor einer Rötelninfektion geschützt. Sollte der Antikörpertest auf das Hepatitis-B-Virus positiv sein, wird das Kind unmittelbar nach der Geburt gegen Hepatitis B geimpft. Werden Antikörper gegen Chlamydien oder Syphilis gefunden, so erhält die Mutter eine Therapie mit einem Antibiotikum.

Außerdem wird das Gebärmutterwachstum durch das Tasten der Gebärmuttergröße untersucht und es werden regelmäßig die Herztöne des ungeborenen Kindes kontrolliert.

Ultraschalluntersuchungen Während der Schwangerschaft sind drei Ultraschalluntersuchungen im 3., 6. und 8. Schwangerschafts-

monat vorgesehen. Diese Untersuchungen gehören zu den nicht invasiven Methoden, weil nicht in den Körper der werdenden Mutter eingegriffen wird ▶ Bild 3.
Die erste Ultraschalluntersuchung findet zwischen der 9. und 12. Schwangerschaftswoche statt. Es wird festgestellt, ob sich der Embryo richtig in die Gebärmutter eingenistet hat. Neben der Herzaktion wird auch die Länge des Embryos gemessen. Zu diesem Zeitpunkt kann außerdem bereits bestimmt werden, ob es sich um eine Einlings- oder Mehrlingsschwangerschaft handelt.
Als zusätzliche Untersuchung wird die Nackentransparenzmessung angeboten, die zwischen der 11. und 14. Schwangerschaftswoche durchgeführt werden kann. Das Ergebnis liefert keine endgültigen Erkenntnisse über eine Erkrankung. Aufgrund der Untersuchungsergebnisse kann nur eine Wahrscheinlichkeit für das Vorhandensein einer Krankheit ermittelt werden. Zeigt sich im Ultraschallbild eine zu große Flüssigkeitsansammlung unter der Haut des kindlichen Nackens, so gilt dies als Hinweis für das Risiko einer Chromosomenveränderung oder Organfehlbildung beim ungeborenen Kind.
Die zweite Ultraschalluntersuchung findet zwischen der 19. und 22. Schwangerschaftswoche statt. Durch Vermessungen des Kopfs, Rumpfs und Oberschenkelknochens des ungeborenen Kindes kann die zeitgerechte Entwicklung beurteilt werden. Bei einer erweiterten Untersuchung lässt sich auch feststellen, ob innere Organe normal entwickelt sind. Außerdem untersucht der Arzt die Lage und Größe der Plazenta und die Menge des Fruchtwassers. Auch das Geschlecht des Kindes ist im Ultraschallbild erkennbar.

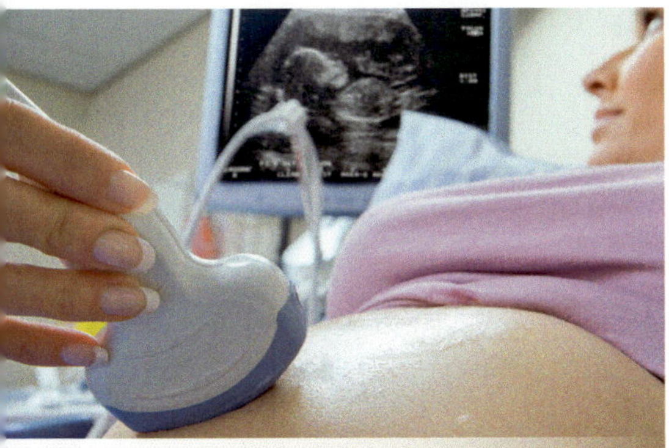

Ultraschalluntersuchung

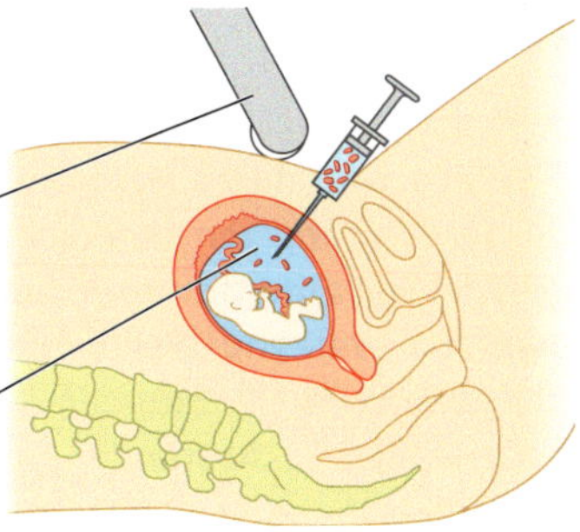

4 Amniozentese

Die dritte Ultraschalluntersuchung findet zwischen der 29. und 32. Schwangerschaftswoche statt. Jetzt werden noch einmal Größe, Lage und Herzschlag sowie die Entwicklung der inneren Organe des Fetus überprüft.

Fruchtwasseruntersuchung Werden bei den Vorsorgeuntersuchungen Auffälligkeiten beobachtet, kann der Arzt zu einer Fruchtwasseruntersuchung, einer Amniozentese, raten ▶ Bild 4. Hierbei handelt es sich um eine invasive Methode. Der Schwangeren werden in der 14.–18. Schwangerschaftswoche ca. 20 ml Fruchtwasser entnommen. Dazu wird eine dünne Hohlnadel durch die Bauchdecke und die Gebärmutter in die Fruchtblase gestochen. Dies erfolgt unter Ultraschallkontrolle, um das Verletzungsrisiko für den Fetus zu verringern. Im Fruchtwasser befinden sich Zellen des Ungeborenen. Diese werden isoliert, vermehrt und dann untersucht. Es wird ein Karyogramm erstellt. Damit wird die Anzahl der Chromosomen des ungeborenen Kindes festgestellt, um eine Genommutation, eine Veränderung des Chromosomensatzes, auszuschließen. Auch kann die DNA des Fetus untersucht werden, um Stoffwechselstörungen festzustellen. Das Fehlgeburtsrisiko bei diesem Eingriff liegt bei ca. 0,5 %.
Grundsätzlich sind alle Untersuchungen freiwillig. Der Arzt muss über Ziel, Aussagewert und Risiken der Untersuchungen informieren. Für die Frau gilt immer das Recht auf Nichtwissen.

1. Nenne invasive und nicht invasive Methoden der Schwangerschaftsvorsorge.

2. Methoden wie die Nackentransparenzmessung dienen der Ermittlung der Wahrscheinlichkeit für eine Krankheit. Erkläre, was es für die Schwangere bedeutet, einer solchen Untersuchung zuzustimmen.

Geburt

Geburt Die Geburt wird durch Hormonsignale gestartet. Bei der Schwangeren werden kräftige Kontraktionen der Gebärmuttermuskulatur, die *Wehen*, ausgelöst. Während der Eröffnungsphase (▶ Bild 1a), die 6–12 Stunden dauert, erfolgen diese Wehen in Abständen von 15–20 min. Jede einzelne Wehe ist 45–60 s lang. Der Gebärmutterhals dehnt sich und der Muttermund öffnet sich so weit, dass der Kopf des Kindes hindurchpasst.

In der Austreibungsphase platzt die Fruchtblase und das Kind rutscht in den Geburtskanal (▶ Bild 1b), der durch das beim Blasensprung ausgetretene Fruchtwasser gleitfähig ist. Presswehen, die durch Kontraktionen der Muskulatur der Bauchdecke der Mutter unterstützt werden, schieben den Kopf des Kindes in den Geburtskanal. Sobald der Kopf und die Schultern den Muttermund passiert haben, rutscht der restliche Körper des Kindes nach ▶ Bild 1c. Das Kind atmet, sobald es den Geburtskanal passiert hat. Es ist jetzt unabhängig vom mütterlichen Blutkreislauf. Die Nabelschnur wird durchtrennt. Nach dem Abnabeln, der Entbindung, gilt das Kind als geboren. Der Säugling wird auf Brust oder Bauch der Mutter gelegt. Das soll die Mutter-Kind-Bindung festigen und das erste Stillen ermöglichen.

Etwa 10–30 min nach der Geburt wird in der Phase der Nachgeburt die Plazenta mit der Fruchtblase und dem Rest der Nabelschnur ausgestoßen ▶ Bild 1d. Dies wird durch den Körperkontakt von Mutter und Kind befördert.

Kaiserschnitt Etwa 30 % der Kinder in Deutschland kommen heute per Kaiserschnitt auf die Welt. Der Kaiserschnitt ist eine operative Methode. Unter Narkose der Schwangeren werden die Bauchdecke, die Gebärmutter und die Fruchtblase aufgeschnitten und das Kind wird auf die Welt geholt.

Ein geplanter Kaiserschnitt kann aus verschiedenen Gründen notwendig sein, z. B. weil das Kind zu groß ist oder mit den Füßen statt dem Kopf nach unten im Becken liegt. Auch während der natürlichen Geburt kann ein ungeplanter Kaiserschnitt notwendig werden, z. B. wenn ein Sauerstoffmangel beim Kind festgestellt wird oder die natürliche Geburt zu lange dauert.

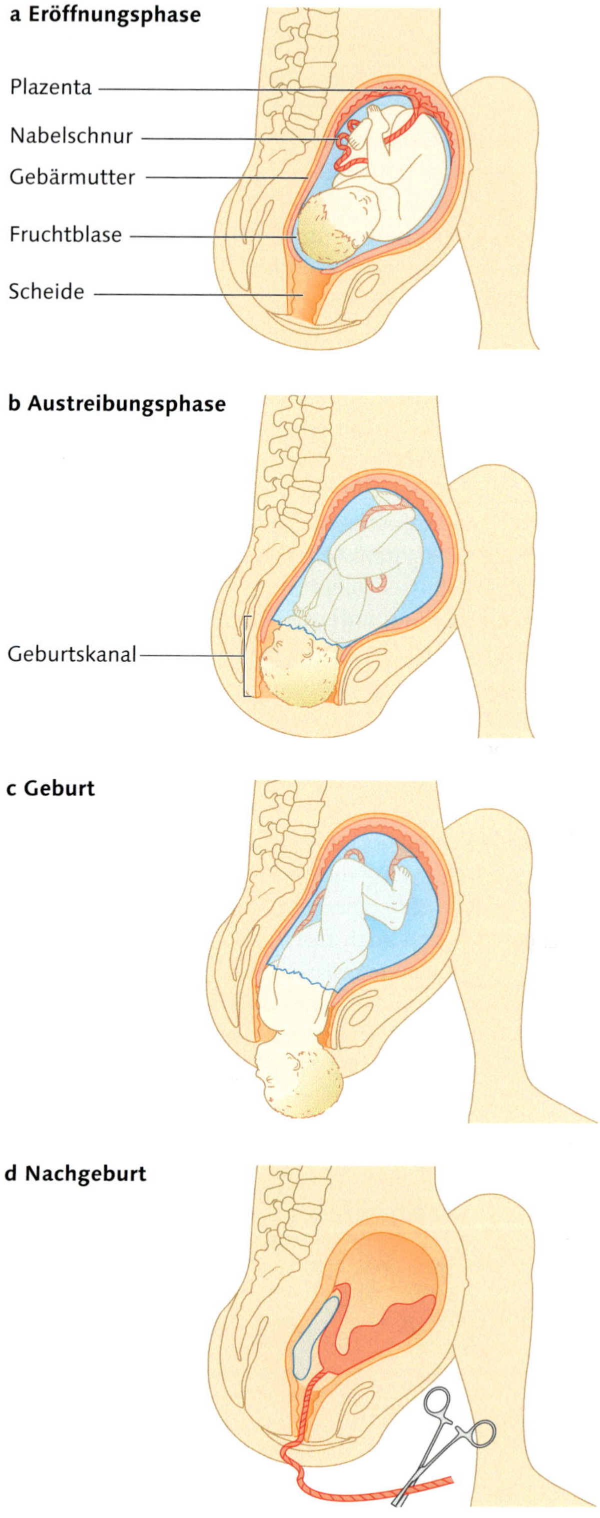

1 Phasen der Geburt

Nach der Geburt Nach der Geburt wird der körperliche Zustand des Neugeborenen von der Hebamme, einem Arzt oder einer Ärztin beurteilt. Dabei wird untersucht, ob die Atmung regelmäßig ist und die Pulsfrequenz des Kindes bei etwa 100 Schlägen pro Minute liegt. Auch die Hüftgelenke, die Wirbelsäule sowie Füße und Hände werden untersucht und es wird kontrolliert, ob das Kind aktive Bewegungen zeigt. Die Reflexe des Kindes werden beurteilt. Zu den angeborenen Reflexen – also Verhaltensweisen auf Reize hin, die nicht gelernt werden müssen – gehören der Saugreflex, der Greifreflex und das kräftige Schreien des Neugeborenen.

Gesunde Entwicklung Besonders wichtig für die gesunde Entwicklung des Neugeborenen ist der enge Kontakt zu festen Bezugspersonen. Der Körperkontakt beim Fühlen der warmen Haut der Mutter beim Stillen oder beim Baden und Wickeln, der Klang gewohnter Stimmen und der vertraute Geruch der Eltern oder anderer Bezugspersonen vermitteln dem Säugling Sicherheit und Geborgenheit ▶ Bild 2.
Für die Entwicklung des Gehirns sind Sinneserfahrungen wichtig. Die Entwicklung wird durch alles gefördert, was das Kind sieht, hört, riecht, schmeckt und tastet. Deshalb ist es wichtig, dass die Eltern mit dem Säugling sprechen und ihm viel Zuwendung zuteil werden lassen.
Während der ersten 3 Monate schläft ein Säugling 14–18 Stunden am Tag, später werden die Wachphasen länger. Wenn das Baby wach ist, benötigt es Nahrung. Muttermilch enthält alle Nährstoffe, Vitamine und Mineralstoffe für eine gesunde Entwicklung, aber auch Antikörper, die die körpereigene Abwehr stärken.

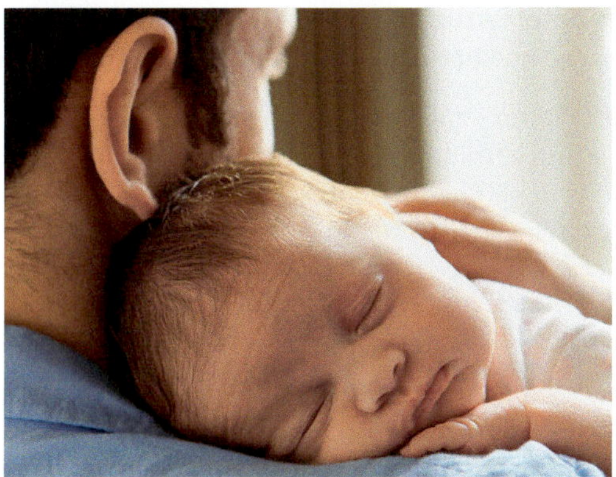

2 Vater mit Säugling

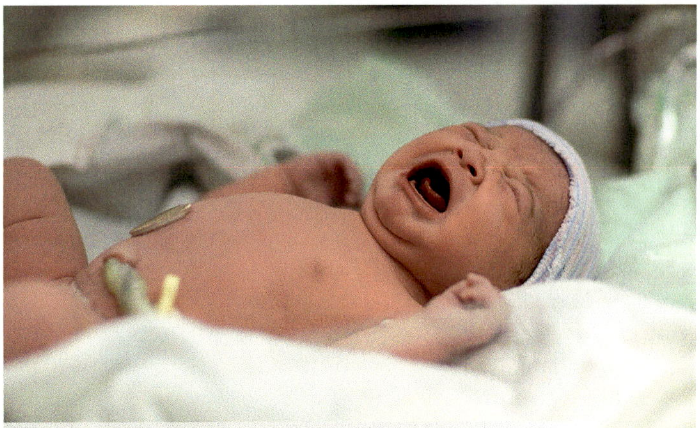

3 Neugeborenes

Besonders auffallend während der Entwicklung des Kindes ist die zunehmende Kontrolle der Körperbewegungen ▶ Bild 4. Zuerst kann der Säugling nur den Kopf in Bauchlage anheben, später auch den Oberkörper. Mit etwa einem halben Jahr sitzt das Kind ohne Hilfe. Später zieht es sich an Möbeln hoch und steht oder geht wenige Schritte, wenn es festgehalten wird. Nach einer kurzen Krabbelphase können viele Kinder schon mit einem Jahr ohne Hilfe laufen. Sie sprechen erste Wörter.
Im Verlauf des zweiten Lebensjahrs bilden Kleinkinder einfache Sätze und lernen viele neue Wörter. Mit Ende des dritten Lebensjahrs sind alle Milchzähne vorhanden. Die Kinder können sicher laufen und spielen viel. So lernen sie ihre Umwelt kennen.

1. Beschreibe die Phasen der Geburt.
2. Erkläre, warum feste Bezugspersonen für die gesunde Entwicklung eines Kindes wichtig sind.

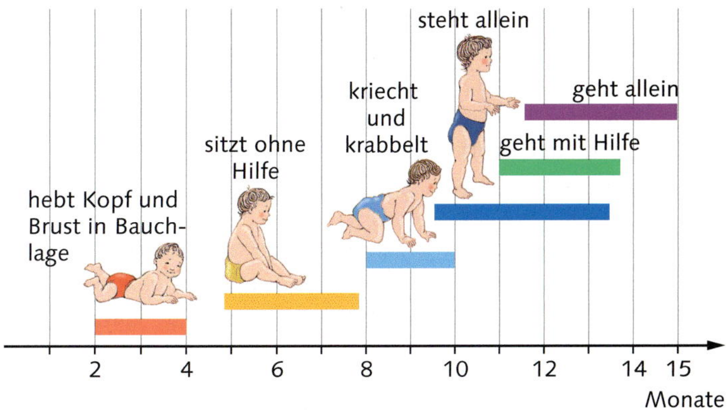

4 Entwicklung der Körperbewegungen

Methoden der Empfängnisverhütung

1 Verliebtes Paar

Verliebtsein Schmetterlinge im Bauch, Herzklopfen, Arm in Arm durch die Stadt gehen, Lust aufeinander haben – Menschen, die verliebt sind, wollen viel Zeit miteinander verbringen, sich nahe sein und Zärtlichkeiten austauschen ▶ Bild 1.

Dabei kann der Wunsch entstehen, miteinander zu schlafen. In dieser Situation sind beide Partner für die Verhütung einer Schwangerschaft zuständig und sollten auch darüber sprechen.

Empfängnisverhütung Es gibt unterschiedliche Methoden, eine ungewollte Schwangerschaft zu vermeiden. Mechanische Verhütungsmittel verhindern das Eindringen der Spermien in die Gebärmutter. Chemische Verhütungsmittel enthalten Spermien abtötende Substanzen. Sie werden oft in Verbindung mit mechanischen Verhütungsmitteln verwendet. Hormonelle Verhütungsmittel enthalten künstliche Hormone, die den natürlichen Sexualhormonen ähneln. Sie greifen in die körpereigene Regulation der Hormonkonzentration im Körper der Frau ein.

Pearl-Index Um die Sicherheit einer Verhütungsmethode zu beurteilen, wird der *Pearl-Index* verwendet. Er gibt an, wie viele Frauen von 100 Paaren, die ein Jahr lang mit einer bestimmten Methode verhütet haben, trotzdem schwanger werden. Je niedriger der Wert, desto sicherer ist das Verhütungsmittel.

Ungeeignete Methode Der Coitus interruptus, also das Herausziehen des Penis aus der Scheide vor dem Spermienerguss, ist keine Verhütungsmethode. Zum einen kann der Partner zu erregt sein, um den Penis rechtzeitig zurückzuziehen. Zum anderen tritt bereits vor dem Spermienerguss eine Flüssigkeit an der Penisspitze aus, die Spermienzellen enthalten kann. Diese können dann in die Scheide und die Eileiter der Frau gelangen und dort bis zu 5 Tage überleben. Deshalb kann ein Geschlechtsverkehr auch vor dem Eisprung der Frau zu einer Befruchtung und Schwangerschaft führen, obwohl sich die Eizelle zum Zeitpunkt des Geschlechtsverkehrs noch nicht im Eileiter befunden hat.

Familienplanung Mit der Temperaturmethode können Frauen den Zeitpunkt ihres Eisprungs ermitteln. Dazu misst die Frau täglich zur selben Zeit nach dem Aufwachen ihre Körpertemperatur. Etwa einen Tag nach dem Eisprung steigt die Körpertemperatur um 0,4–0,6 °C. Damit lassen sich die fruchtbaren Tage einer Frau bestimmen. Die Eizelle ist höchstens 1 Tag lang befruchtungsfähig. Da Spermien bis zu 5 Tage überleben, umfassen die fruchtbaren Tage etwa 5 Tage vor und 1 Tag nach dem Eisprung. Die Methode dient der natürlichen Familienplanung bei einem Kinderwunsch. Als Verhütungsmethode ist die Temperaturmethode für Menschen ohne Kinderwunsch nicht geeignet, weil die Körpertemperatur und der Zeitpunkt des Eisprungs von äußeren Faktoren beeinflusst werden können.

1. Nenne unter Bezug auf die Tabelle mechanische, chemische und hormonelle Verhütungsmittel ▶ Bild 2.
2. Erkläre, warum eine Schwangerschaft mit der Pille nicht sicher verhindert werden kann, wenn die Frau während der Einnahme unter Durchfall oder Erbrechen leidet.
3. Die Pille und das Kondom gehören zu den beliebtesten Verhütungsmitteln in Deutschland. Begründe, warum das so ist.
4. Beurteile die Eignung verschiedener Verhütungsmittel für Jugendliche. Nutze dazu die Informationen in der Tabelle ▶ Bild 2.

Verhütungsmittel	Wirkungsweise	Vorteil	Nachteil	Pearl-Index
Pille verschreibungspflichtig, orale Einnahme 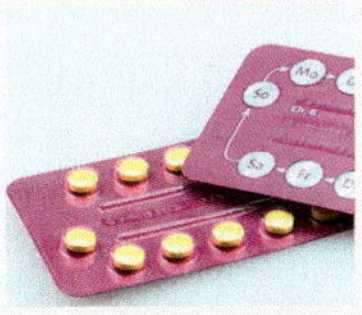	Gestagene und Östrogene verhindern bei regelmäßiger Einnahme den Eisprung und die Einnistung einer befruchteten Eizelle; Gestagene machen den Schleim in der Scheide zäher, sodass Spermien nicht in Gebärmutter und Eileiter vordringen können	Blutungen und Schmerzen bei der Periode schwächer, Hautprobleme (Akne) verbessern sich	Erbrechen, Durchfall und Medikamente (z. B. Antibiotika) vemindern die Wirksamkeit; erhöhtes Thromboserisiko für Raucherinnen; Einnahme täglich zur gleichen Zeit, da sonst kein sicherer Verhütungsschutz; Nebenwirkungen: Spannungsgefühle in der Brust, Übelkeit, Zwischenblutungen, Stimmungsschwankungen, Gewichtszunahme, erhöhtes Risiko für Herz-Kreislauf-Erkrankungen	0,1–0,9
Minipille verschreibungspflichtig, orale Einnahme	enthält ein Gestagen, Wirkungsweise siehe Pille	für Frauen, die Östrogene nicht vertragen, stillende Mütter und Raucherinnen geeignet		
Kupferspirale wird vom Arzt in die Gebärmutter eingesetzt 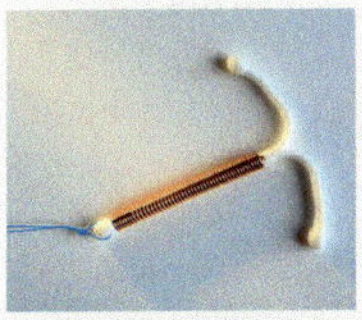	Kupfer lähmt Spermienzellen, kann diese abtöten; stört Aufbau der Gebärmutterschleimhaut und verhindert Einnistung einer befruchteten Eizelle	hält 3–10 Jahre	nicht geeignet für Mädchen unter 16 und Frauen, die noch nicht geboren haben; Nebenwirkungen: stärkere Blutungen, Schmerzen, Risiko von Eileiterentzündungen	0,5–2,7
Diaphragma (Scheidenpessar) 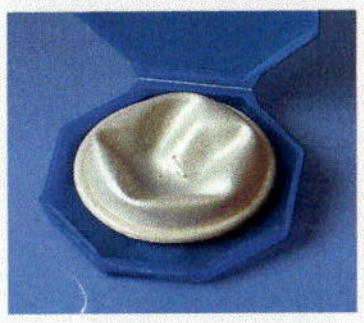	schalenförmige Kappe aus Silikon, die den Eingang zur Gebärmutter bedeckt, sodass Spermien nicht in Gebärmutter und Eileiter vordringen können; muss zusammen mit Spermizid angewendet werden	muss 2 Stunden vor Geschlechtsverkehr eingesetzt werden	für Mädchen und Jungen gewöhnungsbedürftig, Einsetzen muss geübt werden	1–20
Spermizide (Scheidenzäpfchen, Schaumspray, Gel, Creme) 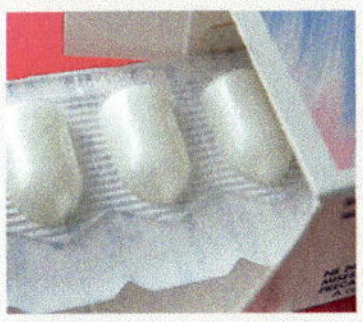	chemische Wirkstoffe, machen Spermienzellen befruchtungsunfähig oder unbeweglich	müssen 10 min vor Geschlechtsverkehr in Scheide eingeführt werden	relativ sicher nur in Verbindung mit Diaphragma; Nebenwirkungen: Jucken, Brennen in der Scheide oder am Penis; starkes Wärmegefühl in der Scheide	3–25
Kondom 	Gummihülle aus Latex oder Polyurethan, die über das steife Glied gerollt wird; Spermienflüssigkeit wird im Reservoir aufgefangen	keine Nebenwirkungen, fast überall erhältlich, muss direkt vor dem Geschlechtsverkehr übergezogen werden; schützt auch vor sexuell übertragbaren Krankheiten	keine Anwendung mit fetthaltigen Gleitmitteln, Cremes, Gels, da Fett Kondome undicht werden lässt	0,2–4

2 Einige Verhütungsmittel

Über Verhütung reden

Das „erste Mal“ kann sich spontan und ungeplant ergeben. In einer solchen Situation ist eine Diskussion über Verhütung schwierig. Deshalb sollten Paare vorher darüber reden, welche Verhütungsmittel sie verwenden wollen.

1. Nimm Stellung zu den Aussagen in ▶ Bild 2. Berücksichtige dabei die Informationen auf den Grundwissensseiten sowie aus der Tabelle Verhütungsmittel.
2. Versetze dich in die Rolle einer Person in ▶ Bild 1. Mache in einem Rollenspiel deine Position deutlich und behaupte sie gegenüber deinem Gesprächspartner.

Antonia: „Ich brauche keine Verhütungsmittel, weil ich nicht mehr als Petting will.“
Nadine und Finn: „Kondome machen die Stimmung kaputt.“
Thomas: „Ich brauche keine Kondome. Ich schlafe nur mit anständigen Mädchen.“

2 Aussagen zum Thema Verhütung

Du bist Yasmin. Du hast mit Tarek geschlafen. Es war toll, aber es passierte völlig unvorbereitet. Jetzt befürchtest du, schwanger zu sein.

Du bist Tarek. Du hast mit Yasmin geschlafen. Die Situation war plötzlich da und du hast es ihr überlassen. Verhütung ist für dich schließlich Frauensache.

Du bist Christina. Du würdest gerne mit Adrian schlafen – aber nicht ohne Kondom. Das findest du einfach sicherer.

Du bist Adrian. Du möchtest mit Christina schlafen, aber ohne Kondom. Die kommen für dich nicht infrage.

1 Karten für das Rollenspiel

Die „Pille danach“

Immer wieder kommt es zu Pannen beim Sex. So kann die Einnahme der Pille vergessen worden sein oder das Kondom abrutschen. Spermien überleben in der Scheide und den Eileitern bis zu 5 Tage, während eine Eizelle nach dem Eisprung 12–24 Stunden lang befruchtungsfähig ist. Nach einer Verhütungspanne können Frauen ein bestimmtes rezeptfreies Medikament einnehmen. Diese „Pille danach“ enthält in hoch dosierter Form ein Gestagen, das den Eisprung verzögert oder verhindert und die Beweglichkeit der Spermien und der Eizelle einschränkt.

3. Ärzte empfehlen, die „Pille danach“ innerhalb von 12 Stunden nach dem ungeschützten Geschlechtsverkehr einzunehmen. Begründe, warum dies so wichtig ist.

Wirkung: Der Wirkstoff in der „Pille danach“ hemmt die LH-Ausschüttung und damit die Follikelreifung. Der Eisprung wird ca. 5. Tage nach hinten verschoben.

Nebenwirkungen: Übelkeit, Kopfschmerzen, Empfindlichkeit der Brüste, Magenschmerzen, Durchfall, Erbrechen, Schwindel, Müdigkeit. Veränderung der Periode, die stärker oder schwächer sein kann und zu früh oder verspätet einsetzt. Zwischenblutungen sind möglich.

3 Angaben auf einem Beipackzettel zur „Pille danach“

4. Nimm Stellung zu der Aussage, die „Pille danach“ sei eine „Abtreibungspille“.
5. Begründe, warum die „Pille danach“ ein Notfallmedikament ist und nicht als reguläres Verhütungsmittel verwendet werden sollte ▶ Bild 3.

Schwangerschaftsabbruch

Konflikte in der Schwangerschaft Eine Schwangerschaft bedeutet eine der größten Veränderungen im Leben einer Frau und einer Familie. Sie kann mit Glücksgefühlen einhergehen. Eine ungeplante oder ungewollte Schwangerschaft kann, vor allem im Teenageralter, aber auch zu großen Konflikten führen.

Rechtliche Grundlagen Ein Schwangerschaftsabbruch bleibt innerhalb der ersten 12 Wochen nach der Empfängnis straffrei, wenn er auf Verlangen der Schwangeren durchgeführt wird oder eine medizinische oder kriminologische Indikation vorliegt. Das ist der Fall, wenn ein Arzt der Meinung ist, dass die körperliche oder seelische Gesundheit der Frau unter Berücksichtigung ihrer Lebensverhältnisse durch eine Schwangerschaft ernsthaft gefährdet ist oder wenn die Frau durch eine Straftat wie eine Vergewaltigung schwanger geworden ist.
In jedem Fall muss die Frau eine Beratungsstelle aufsuchen, in der sie eine Schwangerschaftskonfliktberatung erhält ▶ Bild 4. Im Rahmen des vertraulichen Beratungsgesprächs zeigen die Beratenden der Schwangeren dann Lösungsmöglichkeiten auf und bieten praktische Hilfen an. Wenn die Schwangere älter als 16 Jahre ist, kann sie ohne Zustimmung ihrer Eltern über die Fortsetzung der Schwangerschaft entscheiden. Nach Abschluss der Beratung erhält die Schwangere eine Bescheinigung. Erst nach Vorlage dieser Bescheinigung ist es einem Arzt gestattet, den Schwangerschaftsabbruch vorzunehmen.

Methoden des Schwangerschaftsabbruchs Die Absaugmethode ist die häufigste instrumentelle Abtreibungsmethode in Deutschland. Sie kann zwischen der 7. und 14. Schwangerschaftswoche, gerechnet vom 1. Tag der letzten Monatsblutung, durchgeführt werden. Dabei wird unter Vollnarkose oder örtlicher Betäubung des Muttermunds ein flexibler Plastikschlauch in die Gebärmutter eingeführt und der Embryo mitsamt der Plazenta durch einen starken Sog abgesaugt.
Die medikamentöse Abtreibung erfolgt unter Einnahme einer Abtreibungspille und dauert mehrere Tage. Die Schwangere nimmt ein hormonhaltiges Medikament ein, das die Wirkung des Hormons Progesteron hemmt. Dies führt dazu, dass sich die Gebärmutterschleimhaut löst. Anschließend wird ein Wehen auslösendes Medikament gegeben. Die Gebärmutter zieht sich zusammen und etwa 2 Stunden nach Einnahme dieses Medikaments setzen Blutungen ein und der Embryo wird ausgestoßen. Die Abtreibungspille kann maximal bis zum 63. Tag, gerechnet ab dem 1. Tag der letzten Regelblutung, eingenommen werden.

4 Beratungssituation

Risiken und Folgen Ein Schwangerschaftsabbruch ist für die meisten Frauen ein belastendes Erlebnis. Psychische Probleme wie Schuldgefühle und Depressionen können die Folge sein. Bei der Absaugung kann die Gebärmutter durch die Instrumente verletzt werden. Dadurch kann sich die Wahrscheinlichkeit für Frühgeburten erhöhen. Ferner können Nachblutungen, Infektionen und Unterleibsschmerzen auftreten. Die Abtreibungspille kann Übelkeit, Erbrechen, Durchfall und starke Blutungen zur Folge haben. Die psychische Belastung für die Frau ist extrem hoch, weil sie den Abtreibungsvorgang über mehrere Tage bei vollem Bewusstsein erlebt.

1. Stelle in einem Fließschema dar, welche Schritte eine Schwangere unternehmen muss, wenn sie die Entscheidung für einen Schwangerschaftsabbruch getroffen hat.
2. Nenne Risiken, die mit einem Schwangerschaftsabbruch verbunden sind.

Ethisches Bewerten

Ausgangspunkt einer ethischen Bewertung ist ein Dilemma, also eine Entscheidungssituation, für die es keine eindeutig richtige Lösung gibt. Vielmehr lässt die Situation mehre Handlungsmöglichkeiten zu. Jede Handlungsmöglichkeit hat Vor- und Nachteile.

Wenn Menschen über das Thema Schwangerschaftsabbruch diskutieren, bringen sie sehr unterschiedliche Argumente vor. Das liegt auch daran, dass die Frage, wann menschliches Leben beginnt, kontrovers diskutiert wird. Es gibt verschiedene Standpunkte:

- Menschsein beginnt mit der Verschmelzung von Eizelle und Spermienzelle bei der Befruchtung.
- Menschsein beginnt mit der Einnistung der befruchteten Eizelle in die Gebärmutterschleimhaut.
- Menschsein beginnt mit der Entstehung der Wahrnehmungs- und Empfindungsfähigkeit.
- Menschsein beginnt mit der Geburt.

Die Beispiele in ▶ Bild 1 zeigen, dass jedem Argument neben einer beschreibenden Aussage, der Sachebene, auch bestimmte Wertvorstellungen, die Werteebene, zugrunde liegen.
Werte sind Vorstellungen und Ideale, die als allgemein wünschenswert oder erstrebenswert anerkannt sind. Solche Werte sind Recht auf Leben, Menschenwürde, Schutzwürdigkeit des Embryos, Gleichberechtigung, Bildung, Wohlstand, Gerechtigkeit, Gesundheit, Freiheit, Recht auf Selbstbestimmung ...
Unterschiedliche Personen kommen in Entscheidungssituationen zu unterschiedlichen Bewertungen, weil sie den ihren Argumenten zugrunde liegenden Werten unterschiedliche Bedeutung beimessen.

Eine ethische Bewertung wird in mehreren Schritten durchgeführt:

Schritt 1 Definieren des Dilemmas
Hier wird die Entscheidungssituation beschrieben.

Schritt 2 Aufzählen der Werte
Hier zählst du alle Handlungsmöglichkeiten auf, die du in der Entscheidungssituation siehst. Dabei solltest du auch naturwissenschaftliche Fakten berücksichtigen.

Schritt 3 Aufzählen möglicher Handlungsoptionen
Hier überlegst du dir, welche Werte die Handlungsmöglichkeiten berühren.

Schritt 4 Gewichtung der Werte
Überlege, welche der genannten Werte für dich besonders wichtig sind.

Schritt 5 Eine begründete Entscheidung treffen
Hier begründest du argumentativ, welche Handlungsmöglichkeit ergriffen werden soll. Dein Argument sollte sowohl die Sach- als auch die Werteebene berücksichtigen.

Schritt 6 Folgenabschätzung
Hier zählst du die Folgen auf, die dein Handeln und das Handeln anderer kurz- und langfristig haben.

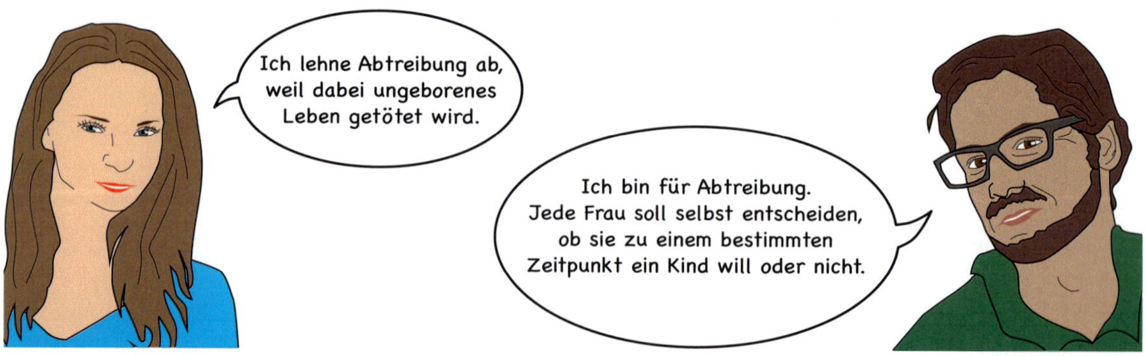

Sachebene: Der lebende Fetus wird getötet.

Werteebene: Der Fetus hat ein Recht auf Leben.

Sachebene: Die Frau soll selbst entscheiden können.

Werteebene: Die Frau hat ein Selbstbestimmungsrecht.

1 Argumente haben eine Sachebene und eine Werteebene.

Schwangerschaftsabbruch in der Diskussion

Ich habe ein Riesenproblem: Vor zwei Wochen habe ich mit meinem neuen Freund geschlafen und das Kondom ist gerissen. Ich habe mir gleich am nächsten Morgen die „Pille danach" geholt, weil ich kein Kind will. Jetzt sind meine Tage nicht gekommen. Ich hab gerade einen Schwangerschaftstest gemacht, der positiv ausgefallen ist.
Mein erster Gedanke war sofort: Abtreiben! Mein Freund und ich machen erst in zwei Jahren Abi. Wir sind auch gerade mal drei Monate zusammen. Das weiß in der Klasse noch keiner, weil er der beste Freund meines Exfreunds ist. Meine Eltern kennen ihn nur als meinen besten Freund. Und das ist noch nicht alles. Wenn die rauskriegen, dass ich schwanger bin, schmeißen die mich 100 % raus.
Ich denke immer darüber nach, was ich noch alles machen wollte und dass ich noch in der Schule bin und keine Ausbildung habe und kein Geld. Gestern habe ich mir die Frage gestellt, ob ich mit dem Gedanken, mein Kind abzutreiben, weiterleben könnte. Ich habe gelesen, dass viele Frauen danach depressiv sind, und ich hab jetzt schon Schuldgefühle. Was soll ich nur tun?

2 Eintrag eines Mädchens in einem Online-Forum

Das Mädchen steht vor einer schwierigen Entscheidung ▶ Bild 2. Führe stellvertretend eine Bewertung durch wie auf der Methodenseite beschrieben.

1. Beschreibe das Dilemma.
2. Nenne alle Handlungsmöglichkeiten, die das schwangere Mädchen hat.
3. Schreibe die Werte auf, die die Handlungsmöglichkeiten berühren.
4. Überlege dir, welche Werte dir am wichtigsten sind, und ordne die Handlungsmöglichkeiten entsprechend in eine Reihenfolge.
5. Entwickle Argumente, die aus der Perspektive der Schwangeren für bzw. gegen einen Schwangerschaftsabbruch sprechen. Berücksichtige dabei auch die rechtlichen Grundlagen ▶ Bild 4.
6. Überlege dir, welche Folgen deine Entscheidung kurz- und langfristig für alle Beteiligten hat.

3 Mädchen mit positivem Schwangerschaftstest

§ 218 Schwangerschaftsabbruch

(1) Wer eine Schwangerschaft abbricht, wird mit einer Freiheitsstrafe bis zu drei Jahren oder mit Geldstrafe bestraft. […]

§ 218a Straflosigkeit des Schwangerschaftsabbruchs

(1) Der Tatbestand des § 218 ist nicht verwirklicht, wenn
1. die Schwangere den Schwangerschaftsabbruch verlangt und dem Arzt durch eine Bescheinigung nach § 219 Absatz 2 Satz 2 nachgewiesen hat, dass sie sich mindestens drei Tage vor dem Eingriff hat beraten lassen,
2. der Schwangerschaftsabbruch von einem Arzt vorgenommen wird und
3. seit der Empfängnis nicht mehr als zwölf Wochen vergangen sind. […]

§ 219 Beratung der Schwangeren in einer Not- und Konfliktsituation

(1) Die Beratung dient dem Schutz des ungeborenen Lebens. Sie hat sich von dem Bemühen leiten zu lassen, die Frau zur Fortsetzung der Schwangerschaft zu ermutigen und ihr Perspektiven für ein Leben mit dem Kind zu eröffnen; […] Dabei muss der Frau bewusst sein, dass das Ungeborene in jedem Stadium der Schwangerschaft auch ihr gegenüber ein Recht auf Leben hat […].

4 Rechtliche Grundlagen des Schwangerschaftsabbruchs

7. Vergleiche deine Argumente mit den Argumenten deiner Klassenkameraden.
8. Begründe, warum ihr zu unterschiedlichen Bewertungen gekommen seid.

Zusammenfassung

Reproduktion

Wie alle Lebewesen kann sich der Mensch fortpflanzen. Damit Nachkommen entstehen, muss der Kopf eines Spermiums in eine Eizelle eindringen, sodass ihre Zellkerne miteinander verschmelzen können. Noch im Eileiter beginnt die entstandene Zygote sich zu teilen. Durch fortlaufende Zellverdopplungen bildet sich zunächst ein Blasenkeim, der sich in die Gebärmutter einnisten kann. Er bildet wurzelähnliche Ausstülpungen, die Chorionzotten. Aus einem Teil der Zellen entsteht die Fruchtblase, in der der Embryo wächst und sich entwickelt. Wenn alle Organe angelegt sind, spricht man vom Fetus. Nach einer Entwicklungszeit von etwa 40 Wochen kommt das Kind zur Welt.

Eine Besonderheit der menschlichen Sexualität besteht darin, dass sie über die reine Produktion von Nachkommen hinausgeht. Zur Sexualität gehört auch die gefühlsmäßige Bindung zwischen zwei Partnern, die sich in lustvollen und zärtlichen Empfindungen äußert ▶ Bild 1. Dadurch wird eine Partnerschaft auch unabhängig von der Fortpflanzung gefestigt.

Paare, die keinen Kinderwunsch haben, müssen über Verhütung sprechen, bevor sie das erste Mal miteinander schlafen. Empfängnisverhütung liegt in der Verantwortung beider Partner.

Innerhalb der vielschichtigen menschlichen Sexualität wird der Aspekt der Fortpflanzung mit dem biologischen Prinzip *Reproduktion* beschrieben.

1 Verliebtes Paar

Struktur und Funktion

Die gut durchblutete Gebärmutterschleimhaut bietet nach dem Eisprung optimale Bedingungen für die Einnistung einer befruchteten Eizelle. Tritt eine Schwangerschaft ein, verändert sich die Struktur der Gebärmutter und ihre Schleimhaut bildet zusammen mit den Chorionzotten des Embryos die Plazenta. Über die Plazenta werden der Embryo und später der Fetus unter anderem mit Sauerstoff und Nährstoffen aus dem mütterlichen Blut versorgt. Die starke Oberflächenvergrößerung der Plazenta ermöglicht einen effektiven Stoffaustausch zwischen kindlichem und mütterlichem Blut. Die Plazentaschranke sorgt dafür, dass dabei das Blut von Mutter und Kind nicht direkt miteinander in Kontakt tritt.

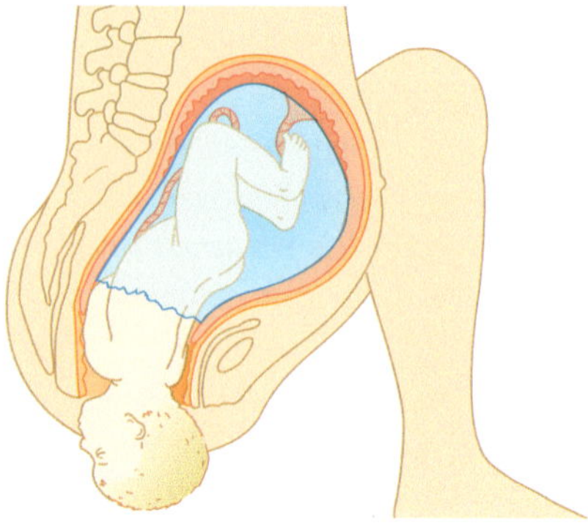

2 Geburt

Am Ende der Schwangerschaft zieht sich während der Wehen die Gebärmuttermuskulatur mehrfach kräftig zusammen und der Eingang zur Gebärmutter öffnet sich. So kann das Kind mit Unterstützung weiterer Muskeln durch den Geburtskanal gepresst und geboren werden ▶ Bild 2.

Der besondere Bau von Gebärmutter und Plazenta ist ein Beispiel für das biologische Prinzip *Struktur und Funktion*.

Steuerung und Regelung

Hormonelle Verhütungsmittel wie die Pille enthalten Sexualhormone wie Östrogene und Gestagene. Diese sind natürlicherweise bei der Regulation des weiblichen Zyklus beteiligt. Die künstlichen Hormone greifen in den Zyklus der Frau ein. So verhindern sie unter anderem den Eisprung sowie die Einnistung einer Eizelle in die Gebärmutterschleimhaut und damit eine Schwangerschaft.

Solche Vorgänge werden im biologischen Prinzip *Steuerung und Regelung* zusammengefasst.

Teste dich!

1 **A** Die Sexualität hat beim Menschen verschiedene Funktionen. Erläutere.

B Erkläre die Begriffe Homosexualität, Heterosexualität und Bisexualität.

C Erkläre den Unterschied zwischen Transsexualität und Intersexualität.

2 Benenne, was in einer Partnerschaft unabhängig von der Form der Sexualität wichtig ist.

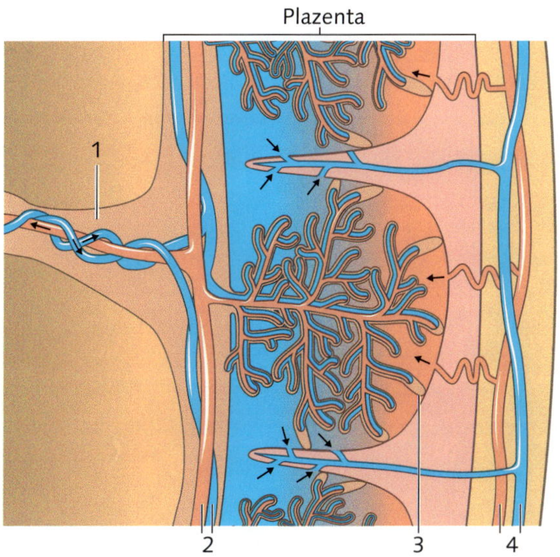

3 Plazenta

3 Die Plazenta spielt eine wichtige Rolle für die Entwicklung des Ungeborenen.

A Benenne die in ▶ Bild 3 nummerierten Strukturen.

B Beschreibe die Aufgabe der Plazenta in der Schwangerschaft.

C Erkläre, weshalb die Plazenta eine so große Oberfläche besitzt.

4 Beschreibe, was sich für das Neugeborene ändert, wenn es den Körper der Mutter verlassen hat.

5 **A** Ordne die in ▶ Bild 5 angegebenen Entwicklungsschritte von Embryo bzw. Fetus den drei Dritteln der Schwangerschaft zu.

B Manche Kinder kommen als Frühgeburten deutlich vor dem Abschluss der durchschnittlichen 40 Schwangerschaftswochen zur Welt. Heutzutage sind bei uns auch die Überlebenschancen von knapp 30 Wochen alten Frühgeburten sehr gut, trotzdem müssen diese Kinder intensiv medizinisch versorgt werden. Erkläre dies.

C Erläutere die Gefahren, die für ein Ungeborenes entstehen, wenn seine Mutter in der Schwangerschaft Zigaretten raucht.

6 Folgende Personen sind auf der Suche nach einem geeigneten Verhütungsmittel: Mert und Maja sind sich seit vielen Jahren treu und möchten spontan ohne weitere Vorbereitungen miteinander schlafen können. Andreas und Alexander sind seit 3 Wochen ein Paar. Jasmin und Johannes möchten ohne hormonelle Mittel verhüten. Helena hat keinen festen Partner, aber hin und wieder Geschlechtsverkehr mit Henry, der ebenfalls Single ist. Begründe, für wen welche Verhütungsmethoden empfehlenswert sind.

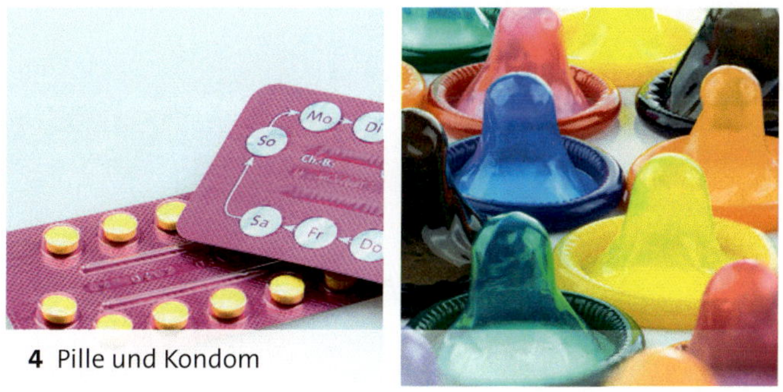

4 Pille und Kondom

7 Die Pille und das Kondom sind die am häufigsten eingesetzten Verhütungsmittel ▶ Bild 4. Nenne Einflüsse, die die Wirksamkeit der beiden Methoden vermindern können.

5 Entwicklungsschritte eines Ungeborenen

▶ Die Lösungen zu den Aufgaben findest du im Anhang.

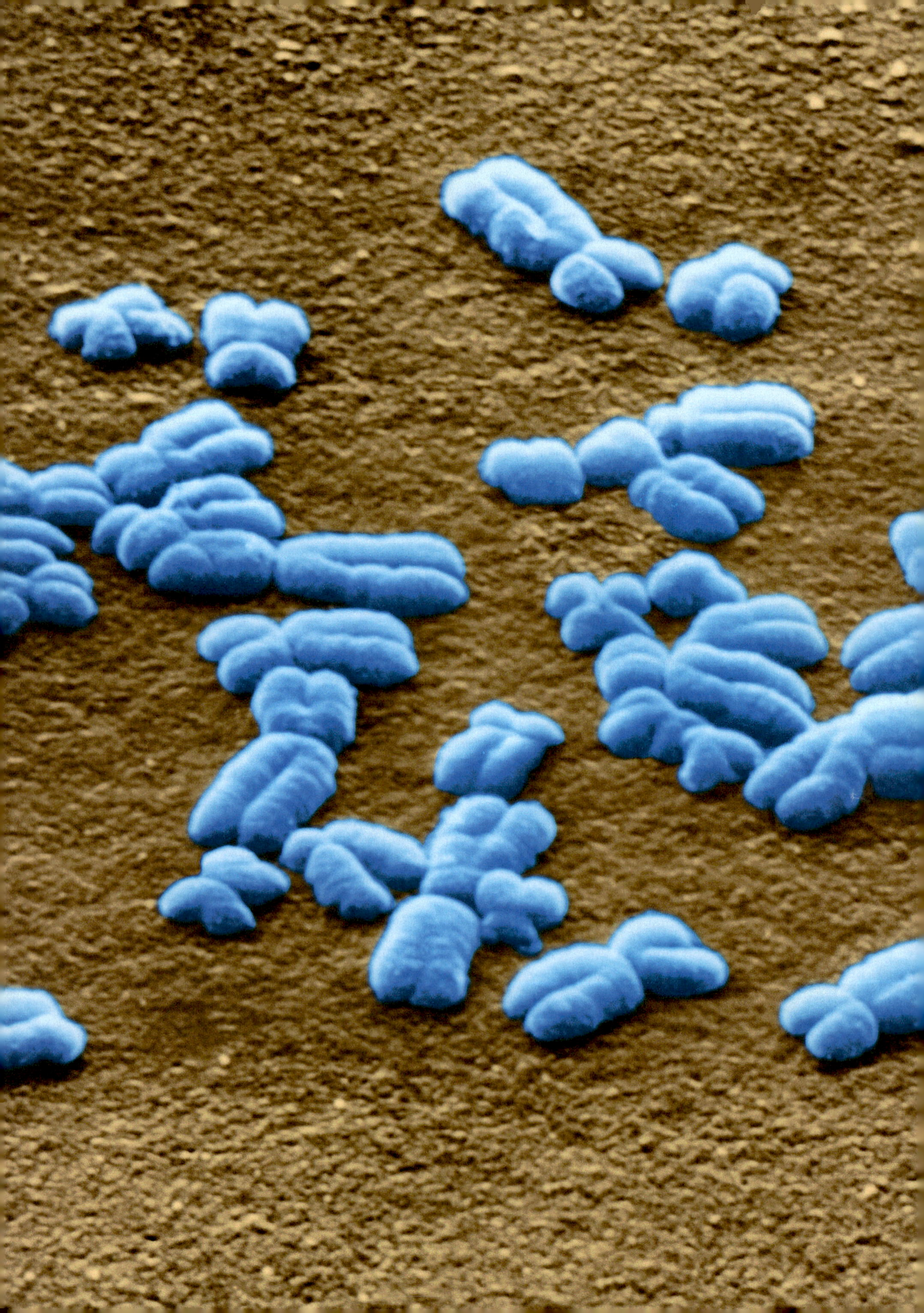

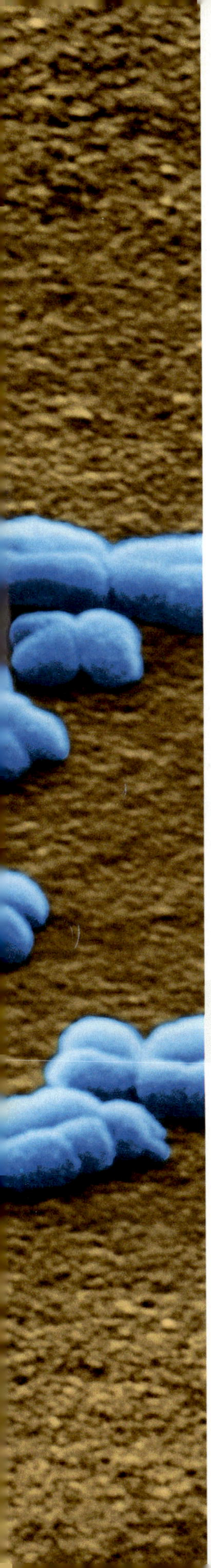

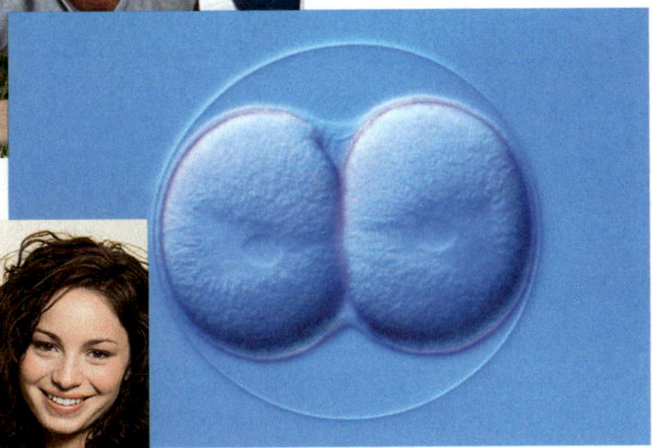

Vererbung

Niemand wundert sich über die Ähnlichkeit von Kindern und ihren Eltern. Dennoch setzte sich erst seit dem 18. Jahrhundert die Idee durch, dass Anlagen für individuelle Merkmale über Generationen hinweg weitergegeben werden: Wir sprechen von Vererbung. Andererseits unterscheiden sich Kinder in anderen Merkmalen von ihren Eltern. Sowohl die Ähnlichkeiten als auch die Variabilität können auf Erbanlagen zurückgeführt werden. Die Vererbung beschäftigt sich mit den Gesetzmäßigkeiten bei der Weitergabe von Erbanlagen.

Zellkern – Ort der genetischen Information

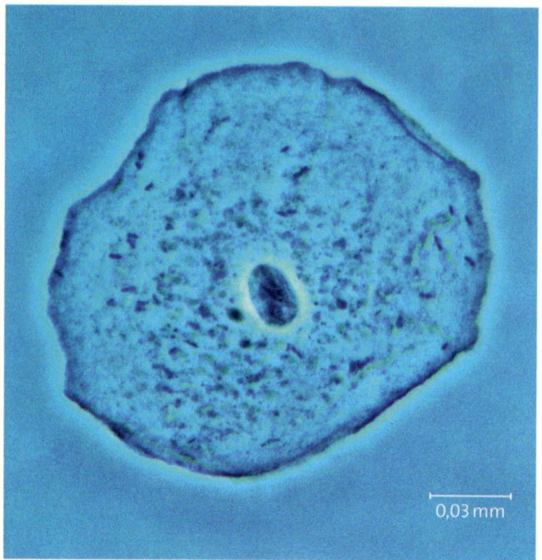

1 Lichtmikroskopische Aufnahme einer Mundschleimhautzelle

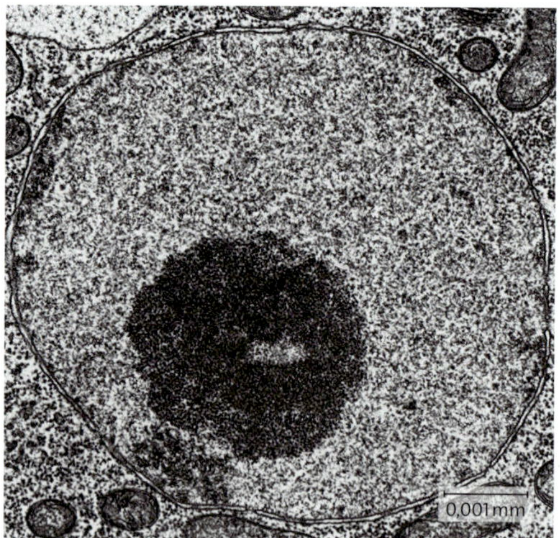

2 Zellkern im Rasterelektronenmikroskop

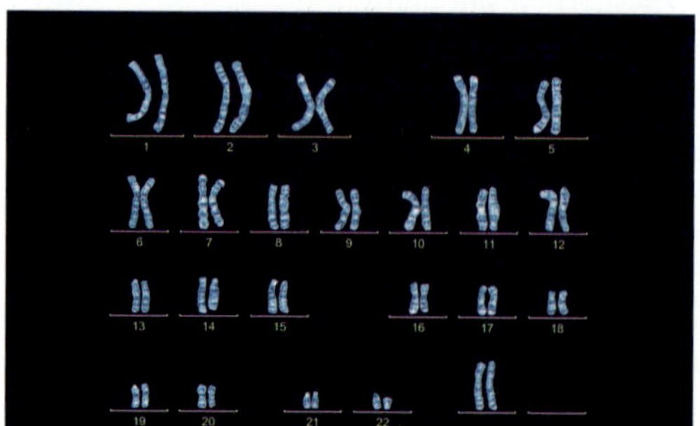

3 Karyogramm eines Menschen

Zelle im Lichtmikroskop Zellen von Pflanzen und Tieren enthalten einen Zellkern. Alle Lebewesen, deren Zellen einen Zellkern besitzen, werden *Eukaryoten* genannt. Mit einem Lichtmikroskop lassen sich Strukturen untersuchen, deren Größe ungefähr ein tausendstel Millimeter beträgt. Der kugelförmige *Zellkern* lässt sich damit gut erkennen ▶ Bild 1.

Zellkern im Rasterelektronenmikroskop Um den Feinbau des Zellkerns zu untersuchen, reicht das Vergrößerungsvermögen des Lichtmikroskops nicht mehr aus. Dafür wird ein Rasterelektronenmikroskop verwendet, mit dem sich Strukturen von der Größe eines Nanometers (1 nm = ein millionstel Millimeter) betrachten lassen. Im Rasterelektronenmikroskop erkennt man, dass der Zellkern von einer Kernmembran umgeben ist ▶ Bild 2. Kernporen bilden Löcher in dieser Membran, die den Stoffaustausch zwischen Zellkern und Zellplasma ermöglichen. Im Innern des Zellkerns liegen, umgeben vom Kernplasma, ein oder mehrere Kernkörperchen, die steuernde Funktionen übernehmen. Die Erbinformation befindet sich in den *Chromatinfäden*, die im Zellkern überwiegend ungeordnet vorliegen.

Chromosomen Die Chromatinfäden verdichten sich während der Zellverdopplung (Zellteilung) im Zellkern zu *Chromosomen*. Mit bestimmten Färbeverfahren können die Chromosomen angefärbt und sichtbar gemacht werden. Jedes Chromosom zeigt nach dem Anfärben ein charakteristisches Bandenmuster, worüber es sich identifizieren lässt. Fotografiert man die Chromosomen und ordnet sie nach ihrer Größe, erhält man ein *Karyogramm* ▶ Bild 3. Hier erkennt man, dass immer zwei Chromosomen in Form und Größe exakt übereinstimmen. Die Anzahl der Chromosomen, der *Chromosomensatz*, beträgt in jeder Körperzelle eines Menschen 46 Chromosomen. Diese liegen in 23 homologen Paaren vor. Man bezeichnet diesen Chromosomensatz daher als *diploid*.

Karyogramme Im Karyogramm unterscheidet man die *Autosomen* von den geschlechtsbestimmenden Chromosomen, den *Gonosomen*.

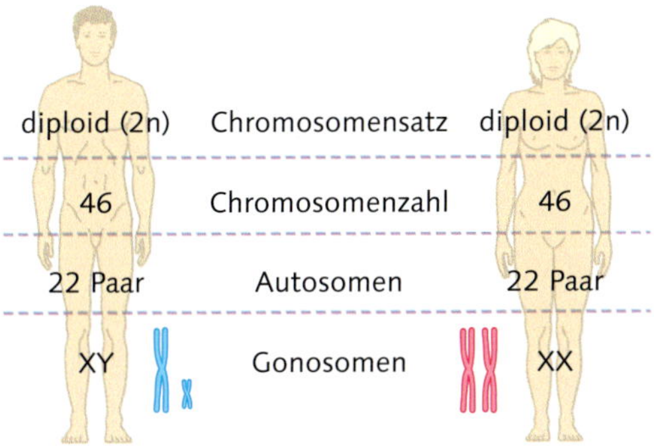

4 Chromosomen von Mann und Frau

Im Karyogramm einer Frau befinden sich 23 homologe Paare: 22 Autosomenpaare und die homologen Gonosomen XX. Das Karyogramm eines Mannes zeigt 22 homologe Autosomenpaare sowie ein ungleiches Paar Gonosomen, die mit X und Y bezeichnet werden ▶ Bild 4. Jede Tier- und Pflanzenart hat eine bestimmte Anzahl von Chromosomen im Zellkern. Während z. B. der Esel 62 Chromosomen aufweist, sind es bei der Küchenzwiebel 16.

1 Ordne folgende Begriffe aus dem Text in eine Concept Map: Zellkern, Kernporen, Kernmembran, Chromatinfäden, Chromosom, Karyogramm, Autosomen, Gonosomen, homolog, Zelle, 46, X- und Y-Chromosom, Lichtmikroskop, Chromosomensatz, Rasterelektronenmikroskop, 22 Paare, diploid, Chromosomenpaare.

2 Begründe, ob das Karyogramm in ▶ Bild 3 zu einer Frau oder einem Mann gehört.

Funktion des Zellkerns

5 Verschiedene *Acetabularia*-Arten

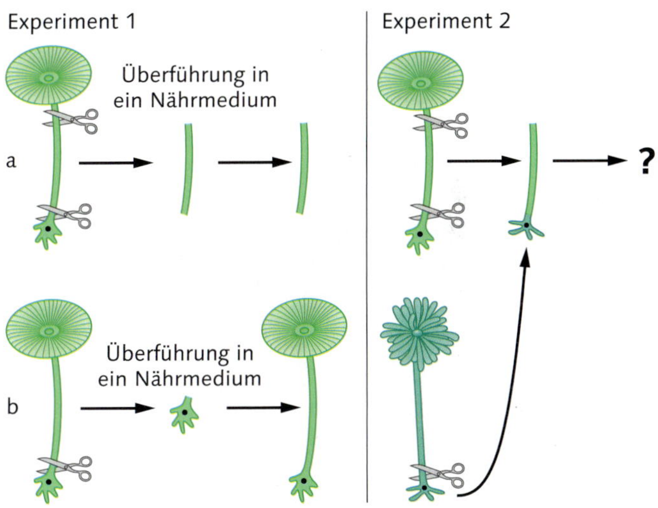

6 Experimente mit *Acetabularia*-Arten

Die Schirmalge *Acetabularia* ist eine Grünalge, die in den tropischen und subtropischen Meeren vorkommt. Das Besondere an ihr ist, dass sie aus nur einer Zelle besteht, die sich in drei Bereiche gliedert: einen Schirm, einen Stiel und ein wurzelartiges Gebilde. Sie kann bis zu 10 cm groß werden und erreicht damit für ein einzelliges Lebewesen eine außerordentliche Größe. Die 15 bekannten *Acetabularia*-Arten unterscheiden sich vor allem in der Form ihres Schirms. Die Grünalge zeichnet sich weiterhin durch eine hohe Regenerationsfähigkeit aus. Das heißt, die Zelle ist in der Lage, abgetrennte Zellbestandteile zu erneuern. Diese Eigenschaft nutzte man in den 1930er Jahren aus, um die Funktion des Zellkerns zu erforschen. Dazu wurden mit zwei verschiedenen *Acetabularia*-Arten verschiedene Experimente durchgeführt.

3 **A** Beschreibe die Durchführung des Experiments 1 ▶ Bild 6.
B Deute die Versuchsergebnisse in Experiment 1.

4 Stelle eine begründete Hypothese bezüglich des Ergebnisses zu Experiment 2 auf.

Chromosomen – Träger der Erbinformation

Aufbau von Chromosomen Die 46 Chromosomen jedes Zellkerns des menschlichen Körpers sind einheitlich aufgebaut. Jedes Chromosom besteht aus zwei identischen *Chromatiden*, die in der Mitte über das *Centromer* zusammengehalten werden ▶Bild 1. Sie werden daher als Zwei-Chromatid-Chromosomen bezeichnet. Jedes Chromatid besteht aus einem spiralig aufgewundenen *Chromatinfaden*, der von Proteinen und einem langen kettenförmigen Molekül aus Nucleinsäuren, der DNA, gebildet wird. Die Abkürzung DNA steht für den englischen Namen *Deoxyribonucleic acid*. In der DNA liegt die Erbinformation eines Lebewesens verschlüsselt vor. Definierte DNA-Abschnitte werden Gene genannt. Sie beinhalten die Erbinformation für ein Merkmal, z. B. für die Augenfarbe.

Zelldifferenzierung Während der Embryonalentwicklung eines Lebewesens gehen aus einer befruchteten Eizelle durch ständige Zellverdopplungen alle Zellen hervor. Die Zellen spezi-

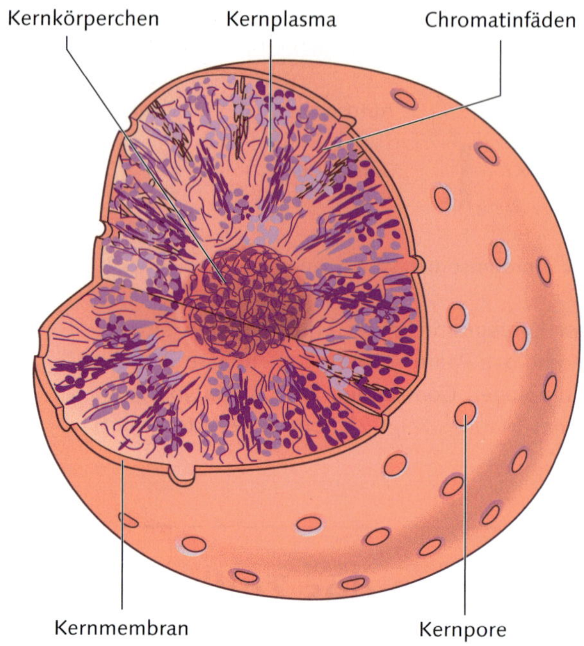

2 Feinbau des Zellkerns

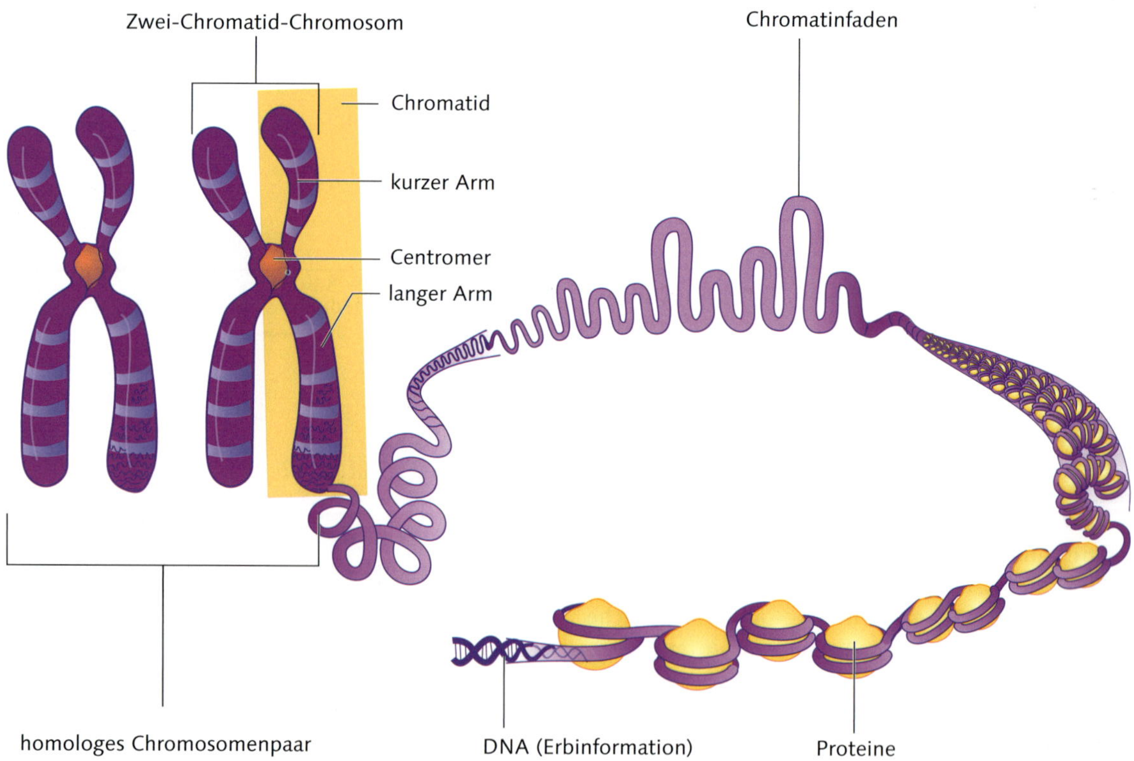

1 Aufbau eines Chromosoms

alisieren sich. Dabei nehmen sie häufig eine unterschiedliche Struktur an und können daher unterschiedliche Funktionen erfüllen ▶ Bild 3. Demzufolge ist eine Darmzelle anders aufgebaut als eine Nervenzelle. Spezialisierte Zellen lagern sich in Geweben und Organen zusammen. Den Spezialisierungsprozess einer Zelle nennt man *Zelldifferenzierung*. Dabei verlieren die Zellen häufig ihre Fähigkeit zur Zellverdopplung. Diese Funktion übernehmen die undifferenzierten, teilungsfähigen *Stammzellen*.

1. Ordne folgende biologische Strukturen von groß nach klein: Chromatid, Chromosom, Gewebe, Gen, Zellkern, Lebewesen, Zelle, Organ.

2. Beschreibe, was man unter Zelldifferenzierung versteht ▶ Bild 3.

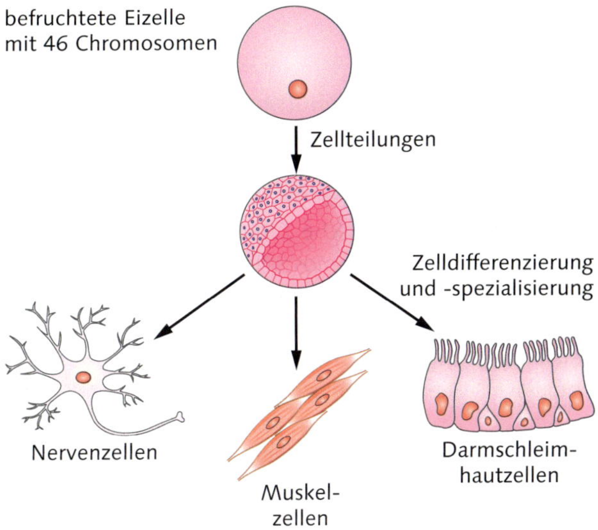

3 Zelldifferenzierung

Bedeutung des Zellkerns

Zellbiologen untersuchen den Prozess der Zelldifferenzierung. 2012 erhielt der Brite John Gurdon gemeinsam mit einem weiteren Wissenschaftler den Medizin-Nobelpreis für seine grundlegenden Erkenntnisse im Bereich der Zellforschung. In den 1960er Jahren experimentierte er mit dem Krallenfrosch *Xenopus laevis*. Wie bei anderen Tierarten treten auch hier nicht pigmentierte Individuen, sogenannte Albino-Frösche, auf. Diese Tiere haben von Beginn ihres Lebens an eine weißliche Haut. Gurdon ging der Frage nach, ob die Erbinformation eines Zellkerns einer Körperzelle vollständig ist und sich daraus wieder ein komplettes Individuum entwickeln kann. Er arbeitete mit Darmzellen, weil diese besonders häufig erneuert werden.

3. **A** Beschreibe die Durchführung des Experiments von Gurdon ▶ Bild 4.
   B Deute das Ergebnis seines Experiments.

4. Recherchiere, was man unter dem Begriff Klonen versteht. Erläutere, warum das Experiment von Gurdon als das erste Klonierungsexperiment gefeiert wurde.

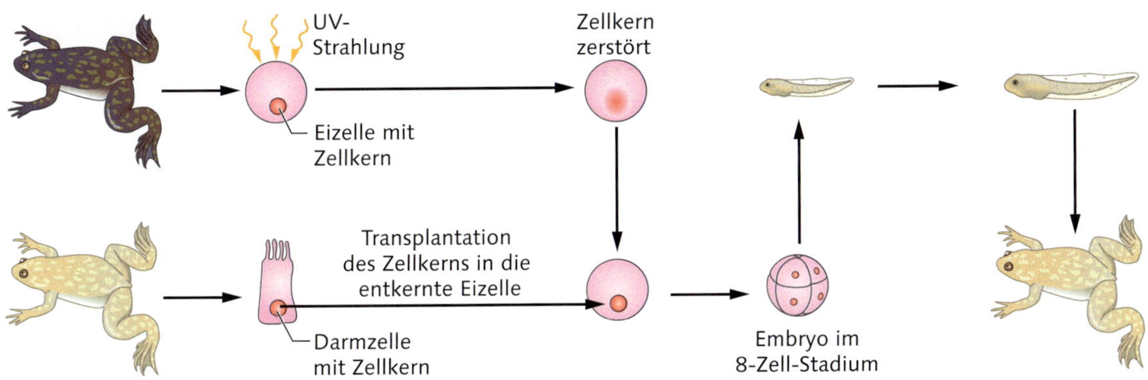

4 Experiment mit *Xenopus laevis*

Mitose

Zellverdopplung Eine befruchtete Eizelle hat wie jede andere Körperzelle auch 46 Chromosomen. Wenn ein Lebewesen wächst, vervielfältigen sich die Zellen, indem sie sich verdoppeln. Dabei entstehen identische Zellen, die jeweils den vollständigen Chromosomensatz enthalten. Jeder Zellverdopplung geht eine Zellkernteilung, eine *Mitose,* voraus. Erfasst man die Zellverdopplung im Lichtmikroskop, so lässt sich diese Zellkernteilung beobachten ▶ Bild 2.

Zellzyklus Die Prozesse, die innerhalb einer Zelle ablaufen, können in einem *Zellzyklus* (▶ Bild 3) dargestellt werden. Er kann bei einigen Zellen 24 Stunden dauern. Hierbei nimmt die Mitose einen kurzen Abschnitt ein. 90 % der Zeit benötigt die Zelle, um zu wachsen, Stoffwechselprozesse durchzuführen und die Chromosomen zu verdoppeln. Diese Zeitspanne nennt man *Interphase* ▶ Bild 3.

Mitose Die Vorbereitung auf die Zellkernteilung und damit auf die Zellverdopplung findet im Anschluss an die Interphase in der ersten Phase der Mitose, der *Prophase,* statt ▶ Bild 1. Die Kernhülle beginnt sich aufzulösen und die ungeordneten Chromatinfäden spiralisieren zu Zwei-Chromatid-Chromosomen. Des Weiteren entstehen zwei Teilungskörperchen.

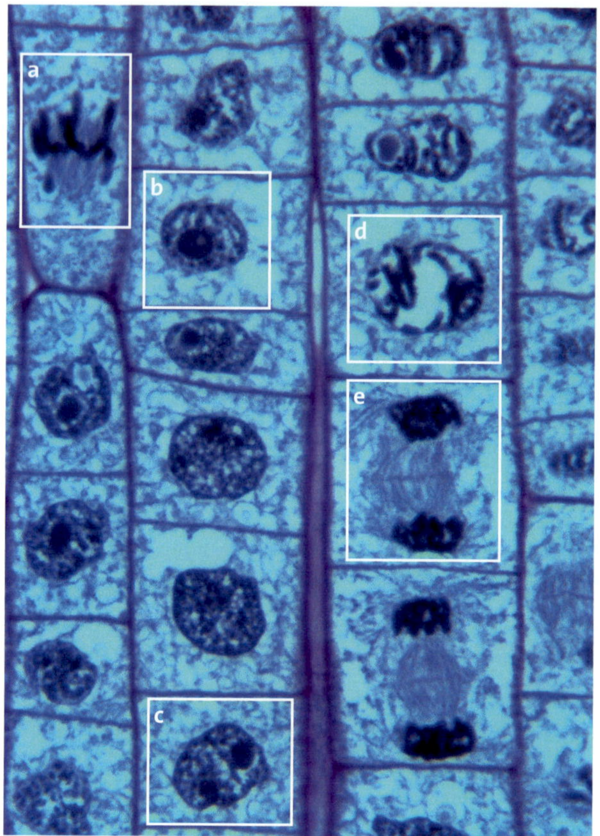

2 Verschiedene Mitosestadien von Wurzelspitzenzellen im Lichtmikroskop

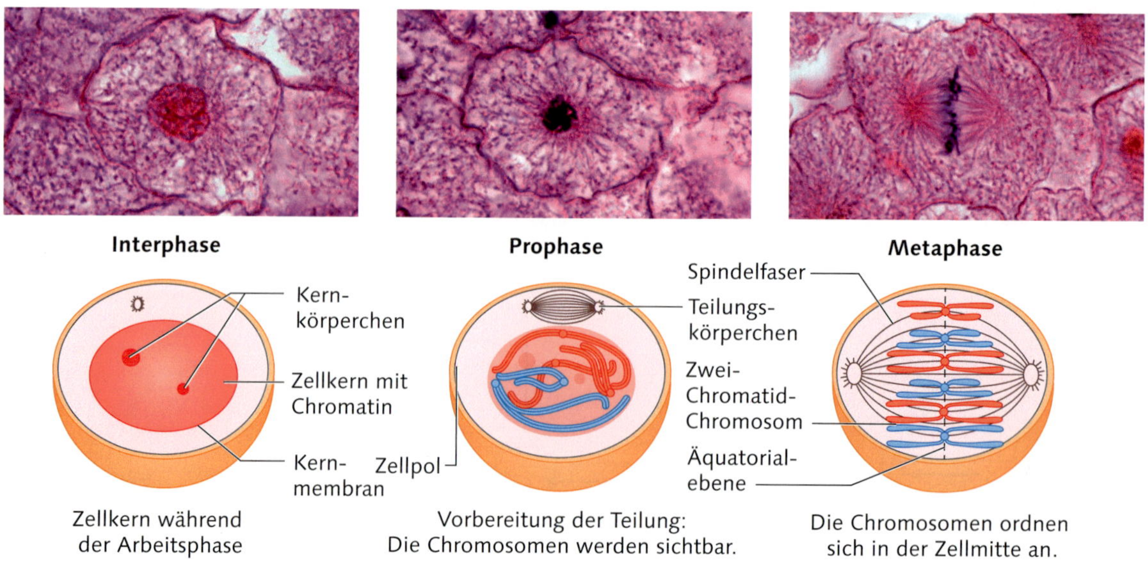

1 Mitosephasen im Lichtmikroskop und als vereinfachte Schemata (2n = 6)

Die folgende *Metaphase* ist mit ca. 20 min das längste Stadium der Mitose. Hier ordnen sich die Chromosomen in der Mitte der Zelle, der *Äquatorialebene*, an. An den gegenüberliegenden Zellpolen haben sich Spindelfasern gebildet. Diese feinen Strukturen verlängern sich und jede Spindelfaser heftet sich an das Centromer eines Zwei-Chromatid-Chromosoms an.

In der sich anschließenden *Anaphase* verkürzen sich die Spindelfasern. Dabei werden die Zwei-Chromatid-Chromosomen getrennt. Die dabei entstehenden Ein-Chromatid-Chromosomen werden voneinander weg zu den Zellpolen gezogen. An jedem Zellpol liegen nun 46 Ein-Chromatid-Chromsomen vor.

Die Zellkernteilung und die Zellverdopplung werden in der *Telophase* abgeschlossen. Um die Ein-Chromatid-Chromosomen entsteht eine neue Kernhülle sowie in der Äquatorialebene eine neue Zellmembran. Dabei werden die übrigen Bestandteile der Zelle zufällig verteilt.

Da die Chromatiden eines jeden Zwei-Chromatid-Chromsoms identisch sind, sind mit der Bildung der neuen Zellmembran zwei erbgleiche Zellen entstanden. Die Teilungskörperchen und Spindelfasern bilden sich zurück und die Ein-Chromatid-Chromosomen entspiralisieren sich wieder. Die Mitose ist jetzt abgeschlossen.

Vor der nächsten Zellverdopplung wird jedes Ein-Chromatid-Chromosom wieder zu einem Zwei-Chromatid-Chromosom verdoppelt, indem eine identische Kopie jedes Ein-Chromatid-Chromosoms hergestellt wird. Dieser Vorgang ereignet sich ebenfalls in der *Interphase*. Ein Zellzyklus wird damit abgeschlossen.

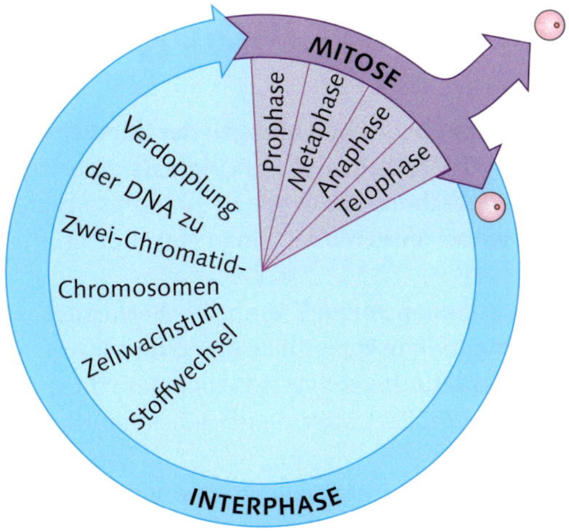

3 Zellzyklus

1. Erkläre die Begriffe Zellverdopplung und Mitose.
2. Benenne die verschiedenen Mitosestadien **a** bis **e** in ▶ Bild 2.
3. Erkläre den biologischen Sinn der Mitose.
4. Begründe, warum sich vor jeder Zellverdopplung die Chromosomen verdoppeln.
5. Manche Unkrautvernichtungsmittel verhindern die Ausbildung der Spindelfasern. Stelle eine Hypothese zur Wirkung dieser Mittel auf Pflanzen auf.

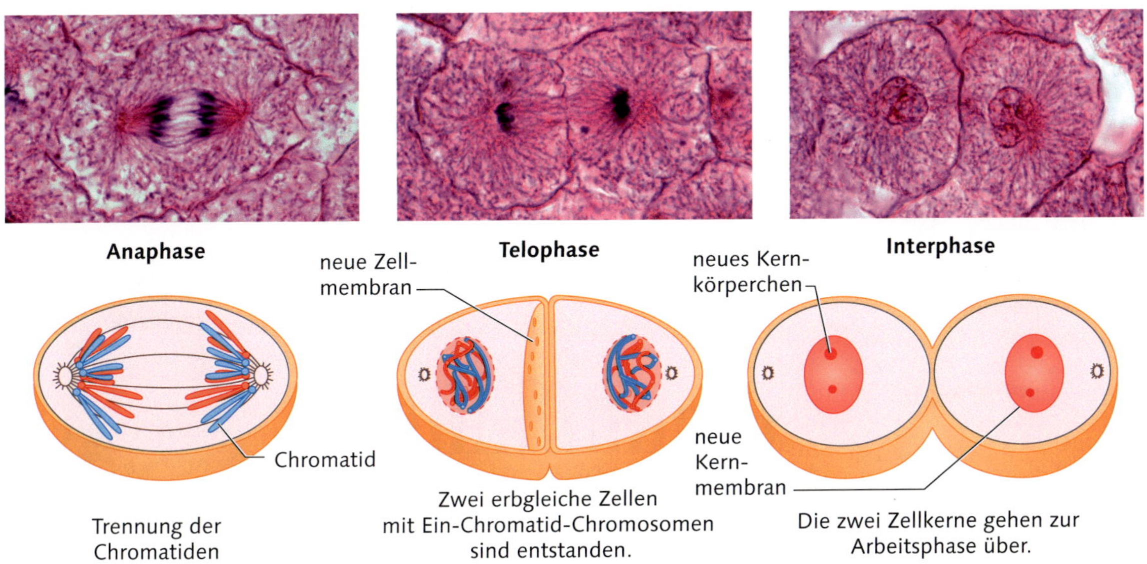

METHODE

Modelle in der Biologie

Modelle sind vereinfachte Abbildungen der Wirklichkeit. Dabei ist es nicht das Ziel, eine Kopie der Wirklichkeit, also des Originals, zu erstellen, sondern mithilfe des Modells einen Ausschnitt des Originals zu repräsentieren. Es gibt verschiedene Modellarten, wobei jedes Modell einen ganz bestimmten Zweck erfüllt.

Mit einem *Anschauungsmodell* kann der Betrachter den Aufbau einer mikroskopisch kleinen oder schwer zugänglichen Struktur besser verstehen, indem diese beispielsweise vergrößert oder dreidimensional dargestellt wird.

Bei *Funktionsmodellen* steht dagegen die Visualisierung der Funktion einer biologischen Struktur im Vordergrund. Dabei wird das Original oft stark vereinfacht oder reduziert, sodass der Betrachter gefordert ist, das Original im Modell wiederzuerkennen und umgekehrt die Erkenntnisse aus dem Modell auf das Original zu übertragen. Das Aussehen von Anschauungs- und Funktionsmodellen wird im Wesentlichen von der Person, dem Modellierer, bestimmt, die das Modell erstellt hat. Des Weiteren bestimmt der Zweck, den das Modell erfüllen soll, den Modellcharakter. So können unterschiedliche Zwecke verschiedene Modelle zum gleichen Original ergeben.

Neben den gegenständlichen Modellen tragen aber auch *Denkmodelle* zur Erkenntnisgewinnung bei. So ermöglichen Computerprogramme Vorhersagen über dynamische Prozesse. Ein Beispiel dafür ist die Bevölkerungsentwicklung unter Berücksichtigung von Faktoren wie Sterberate, Geburtenrate, Lebenserwartung und Zuzug. Unabhängig davon, um welche Modellart es sich handelt, stellen Modelle immer ein Werkzeug zur Gewinnung naturwissenschaftlicher Erkenntnisse dar.

Bild 1 zeigt dir verschiedene Modelle. Beim Analysieren eines Modells gehst du wie folgt vor:

Schritt 1 Beschreibe das Modell. Überlege dir, welche Materialien welche Bestandteile in dem Modell darstellen.

Schritt 2 Erläutere, um welche Modellart es sich handelt und was es zeigen soll. Versuche dabei die Absicht des Modellierers zu erfassen.

Schritt 3 Vergleiche das Modell mit dem Original, indem du die Gemeinsamkeiten und Unterschiede herausstellst.

Schritt 4 Beurteile das Modell. Zeige dabei die Vorzüge und Grenzen des Modells auf.

1 **A** Benenne den jeweiligen Modelltyp bei ▶ Bild 1 a–d.
B Analysiere die Modelle.

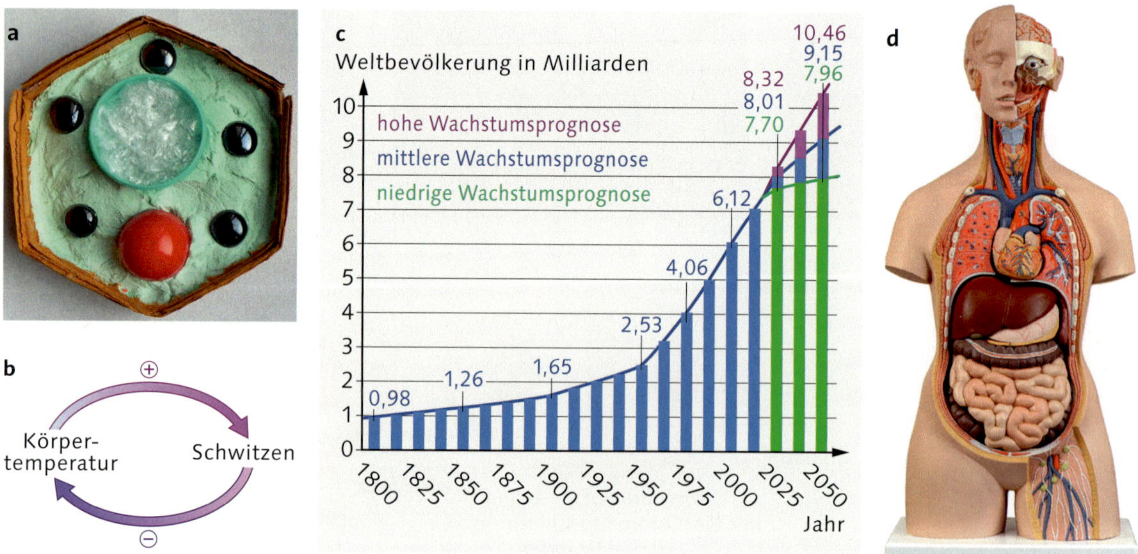

1 Verschiedene Modelle

Chromosomenmodelle herstellen

Für die bessere Visualisierung von Chromosomensätzen und ein gutes Verständnis von Zellprozessen wie der Mitose sind Modelle unverzichtbar. Fertige selbst ein Chromosomenmodell an.

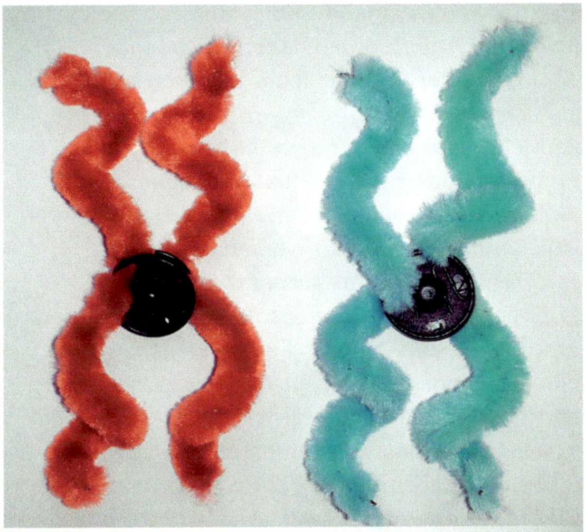

2 Chromosomenmodelle aus Pfeifenreinigern

Du brauchst folgende Materialien: 4 Pfeifenreiniger (je zwei mit derselben Farbe), Druckknöpfe und einen Bleistift.
Ziehe für den Bau eines Zwei-Chromatid-Chromosoms jeweils einen Pfeifenreiniger durch zwei Löcher des einen Druckknopfteils und einen zweiten Pfeifenreiniger derselben Farbe durch die zwei Löcher des anderen Druckknopfteils. Achte darauf, dass die Enden oberhalb und unterhalb der Druckknöpfe bei beiden Knöpfen gleich lang sind. Wickle alle Pfeifenreiniger über einen Bleistift, den du anschließend wieder entfernst. Verfahre genauso, um ein zweites Zwei-Chromatid-Chromosom anzufertigen. Verbinde beide Pfeifenreiniger über den Druckknopf. So erhältst du ein homologes Chromosomenpaar ▶ Bild 2.

1 **A** Analysiere dein Chromosomenmodell.
B Stelle mithilfe der Materialien dar: Ein-Chromatid-Chromosom, Zwei-Chromatid-Chromosom, homologes Chromosomenpaar, Chromatinfaden.
C Stelle die Phasen der Mitose dar und ergänze dabei dein Modell um die weiteren relevanten Zellstrukturen.

2 Erkläre, welche Mitosestadien in ▶ Bild 3 a–c dargestellt sind.

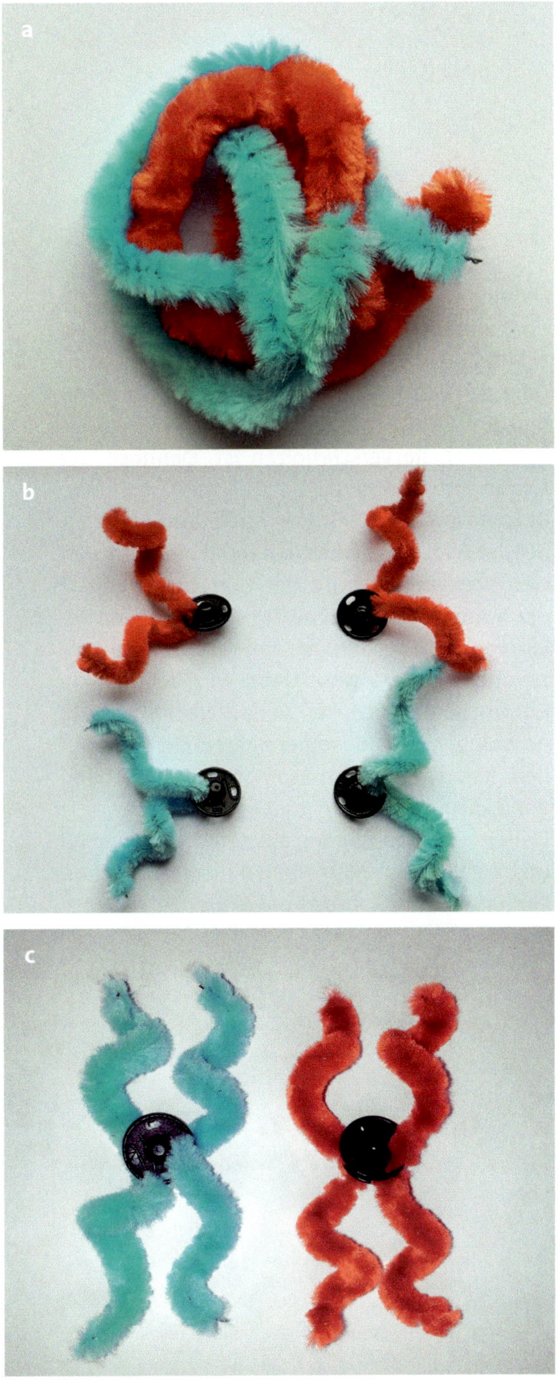

3 Verschiedene Mitosestadien im Modell

Meiose

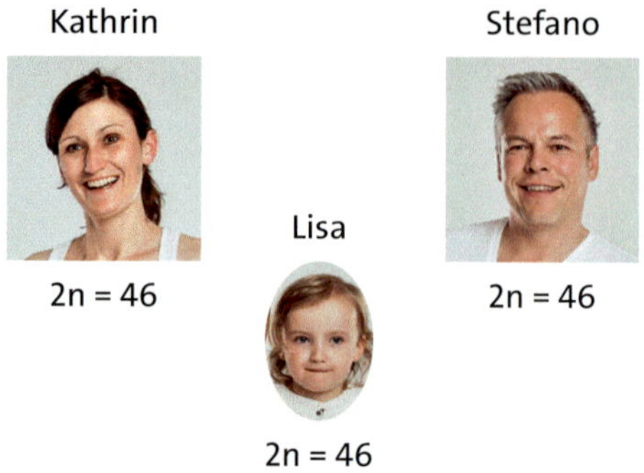

1 Stammbaum der Familie Blume

Halbierungen des Chromosomensatzes Kathrin und Stefano Blume haben eine Tochter Lisa ▶ Bild 1. Lisas Chromosomensatz entstand während der Befruchtung, bei der der Zellkern von Kathrins Eizelle mit dem Zellkern von Stefanos Spermienzelle verschmolzen ist. Dennoch hat Lisa in ihren Körperzellen dieselbe Anzahl von Chromosomen wie Kathrin und Stefano.

Bei der Bildung von Eizellen und Spermien, den *Geschlechtszellen,* wird der Chromosomensatz der Vorläuferzellen in zwei hintereinander ablaufenden *Reifeteilungen* halbiert. Diesen Prozess nennt man *Meiose.* Dabei wird der diploide Chromosomensatz der Vorläuferzelle von 23 homologen Chromosomenpaaren (2n = 46) auf den *haploiden* Chromosomensatz, bestehend aus 23 Chromosomen (n = 23), reduziert.

Dabei steht n für die Anzahl der Chromosomen im haploiden Satz. Für einen diploiden Chromosomensatz schreibt man abgekürzt 2n.

Erste Reifeteilung der Meiose Der Verlauf der Meiose lässt sich in bestimmte Phasen einteilen. Die erste Reifeteilung beginnt mit der *Prophase I.* Hier verdichten sich die Chromatinfäden zu Zwei-Chromatid-Chromosomen. Die homologen Chromosomen lagern sich paarweise aneinander und die Teilungskörperchen bilden sich aus ▶ Bild 2.

In der *Metaphase I* ordnen sich die homologen Chromosomenpaare in der Äquatorialebene an. Die Spindelfasern werden sichtbar. In der sich anschließenden *Anaphase I* werden die homologen Chromosomenpaare getrennt. Dabei wird jedes Zwei-Chromatid-Chromosom eines jeden Chromosomenpaars durch die Spindelfasern zu einem Zellpol gezogen. In der *Telophase I* schnürt sich die Zelle ein und teilt sich. Damit ist die erste Reifeteilung abgeschlossen. Es liegen zwei haploide Zellen mit n = 23 Zwei-Chromatid-Chromosomen vor.

Zweite Reifeteilung der Meiose Sie beginnt mit der *Metaphase II,* in der sich die Zwei-Chromatid-Chromosomen in der Äquatorialebene anordnen ▶ Bild 3. Die Spindelfasern heften sich an die Centromere und ziehen in der *Anaphase II* die Chromatiden zu den entgegengesetzten Zellpolen. Die zweite Reifeteilung ist mit der Bildung von vier Zellen in der *Telophase II* beendet. Aus der einen Vorläuferzelle mit diploidem Chromosomensatz (2n = 46) sind in der Meiose durch zwei hintereinander ablaufende Reifeteilungen vier haploide Geschlechtszellen ent-

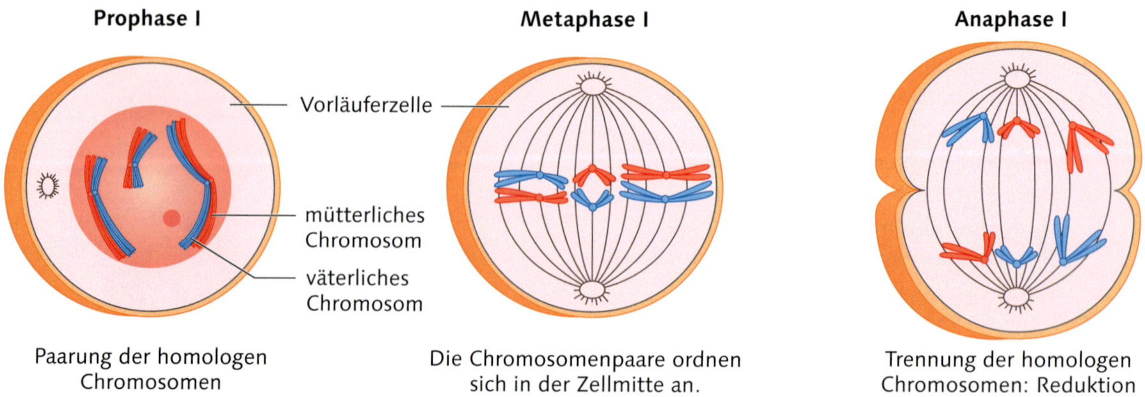

2 Modell der ersten Reifeteilung der Meiose am Beispiel einer Zelle mit dem Chromosomensatz 2n = 6. Die erste Reifeteilung ist bei weiblichen und männlichen Geschlechtszellen identisch.

standen. Die Geschlechtszellen weisen einen auf n = 23 Ein-Chromatid-Chromosomen reduzierten Chromosomensatz auf.
Bei der Meiose des Mannes können in den Hoden innerhalb weniger Tage mehrere Millionen Spermienzellen entstehen. Die Meiose bei der Frau findet in den Eierstöcken statt. Die Meiose läuft bei der Frau grundsätzlich wie beim Mann ab, jedoch entsteht jeden Monat normalerweise nur eine plasmareiche Eizelle. Die drei anderen haploiden Zellen verkümmern zu kleineren Zellen, den *Polkörperchen*. Sie werden anschließend vom Körper abgebaut ▶ Bild 4.

Rekombination Während der Meiose erfolgt die Neuverteilung der 23 homologen Chromosomenpaare der 23 Chromatiden auf die Geschlechtszellen vollkommen zufällig. In den Ei- und Spermienzellen sind somit die väterlichen und mütterlichen Erbinformationen neu kombiniert. Durch diese Neuverteilung, die *Rekombination*, kommt es zu neuen Genkombinationen und damit neuen Merkmalsausprägungen bei den Nachkommen.
Da in der Prophase der ersten Reifeteilung die homologen Zwei-Chromatid-Chromosomen sehr dicht aneinanderliegen, kann es zu Überkreuzungen von Chromatiden homologer Chromosomen kommen ▶ Bild 5. Bei diesem *Crossing-over* können ganze Chromosomenbereiche zwischen den beiden Chromosomen ausgetauscht werden. Durch das Crossing-over, das bei der Keimzellenbildung des Menschen etwa zwei- bis dreimal pro Chromosomenpaar vorkommt, verändert sich die Erbinformation. Die ursprünglich mütterlichen Chromosomen enthalten jetzt auch väterliche Erbinformationen

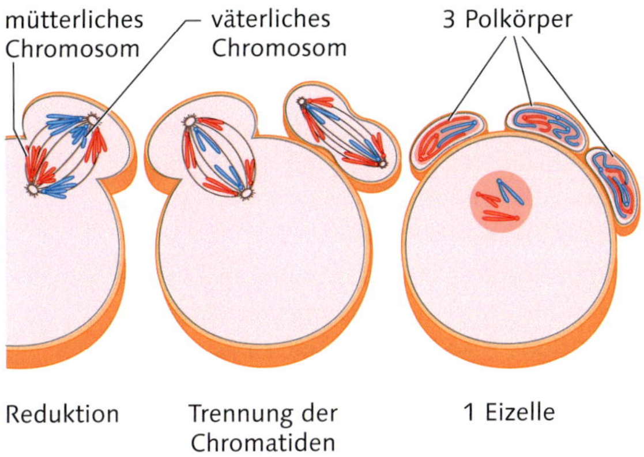

4 Meiose bei der Frau (Anaphase I bis Telophase II)

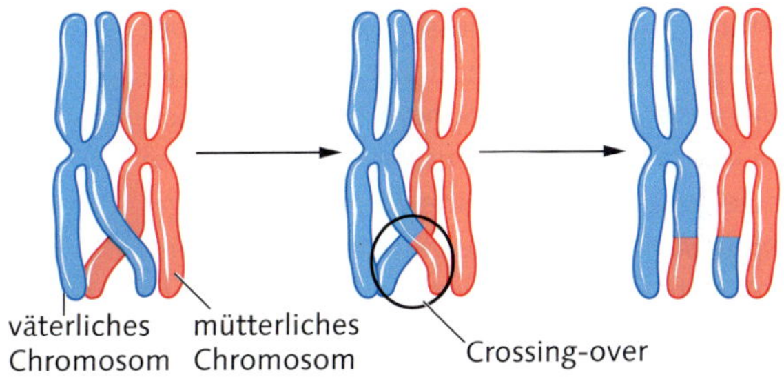

5 Paarung homologer Chromosomen

und umgekehrt. Die Rekombination und das Crossing-over führen dazu, dass sich die Nachkommen derselben Eltern unterscheiden.

1 Lege die Meiose mithilfe deines gebastelten Chromosomenmodells für ein homologes Chromosomenpaar. Fotografiere die einzelnen Phasen.

A Erläutere, welche Vorgänge während der Meiose entscheidend für die Rekombination der Erbinformationen sind.

B Erkläre die biologische Funktion der Meiose.

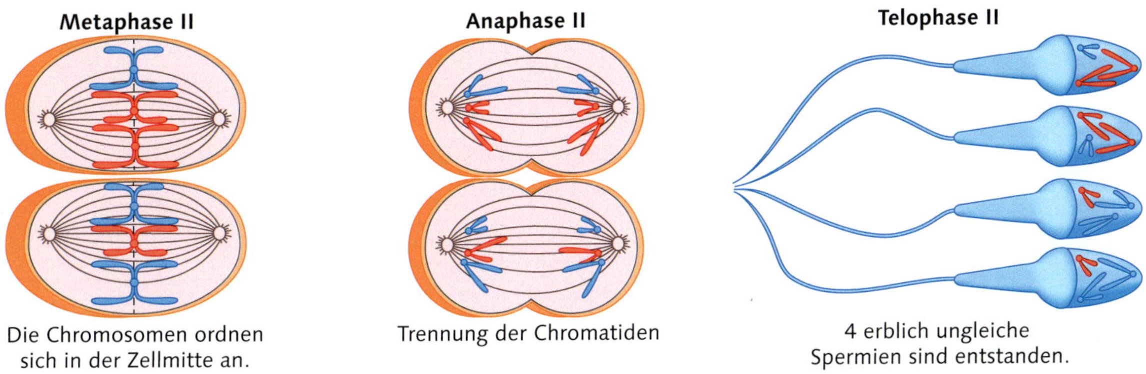

3 Ablauf der zweiten Reifeteilung der Meiose beim Mann

Fehler in der Meiose

Down-Syndrom Menschen, die das sogenannte Down-Syndrom aufweisen, sind häufig klein und haben kurzfingrige Hände. Der Kopf ist eher rundlich ▶ Bild 2. Neben den äußerlich sichtbaren Merkmalen können innere Organe wie Herz und Darm Fehlbildungen aufweisen. Das Infektionsrisiko ist aufgrund eines schwachen Immunsystems relativ hoch. Menschen mit Down-Syndrom sind offen, herzlich und kontaktfreudig, haben jedoch neben den körperlichen auch geistige Einschränkungen. Im Gegensatz zu früher ist heute ihre Lebenserwartung aufgrund verbesserter medizinischer Versorgung wesentlich höher. Früher lebten viele Menschen mit Down-Syndrom isoliert in Heimen für behinderte Menschen. Da sie keine Schule besuchten und eine Förderung weitgehend ausblieb, wurde die geistige Behinderung nicht aufgefangen. Intensive Fördermaßnahmen bereits im Kindesalter und das integrierte Leben in der Gesellschaft tragen heute dazu bei, dass die Menschen je nach Grad der Behinderung ein recht selbstbestimmtes Leben führen und einem Beruf nachgehen können.

Trisomie 21 – eine Genommutation Die genetische Ursache des Down-Syndroms wurde 1959 aufgeklärt. Eine Analyse der Karyogramme von Menschen mit Down-Syndrom zeigt, dass das Autosom 21 dreimal vorhanden ist, weshalb man von einer *Trisomie 21* spricht ▶ Bild 1. Allgemein bezeichnet der Begriff der *Mutation* eine Veränderung der Erbinformation. Eine Veränderung des Chromosomensatzes, wie er bei der Trisomie 21 vorkommt, nennt man auch *Genommutation*, weil die Anzahl der Chromosomen von der sonst typischen Anzahl abweicht. Statistisch befindet sich unter 700 Neugeborenen ein Kind mit Down-Syndrom. Da das Karyogramm der Eltern keine Abweichungen aufweist, muss die Trisomie bei der Bildung der Ei- oder Spermienzellen entstanden sein. Auffällig ist, dass das Risiko, ein Kind mit Down-Syndrom zu gebären, mit dem Alter der Frau ansteigt ▶ Bild 3. Im Gegensatz zu den Spermienzellen des Mannes, die fortlaufend neu produziert werden, sind bei der Frau von ihrer eigenen Geburt an alle Eivorläuferzellen bereits vorhanden. Die Vermutung liegt nahe, dass in älteren Eivorläuferzellen die Meiose nicht korrekt abläuft.

2 Junge mit Down-Syndrom (links)

Entstehung der Trisomie 21 Bei der Bildung der Ei- und Spermienzellen kann es zu Fehlern bei der Verteilung der Chromosomen kommen:

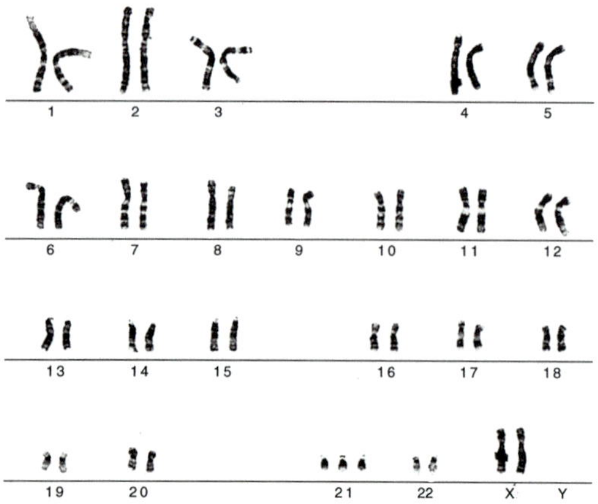

1 Karyogramm eines Mädchens mit Down-Syndrom

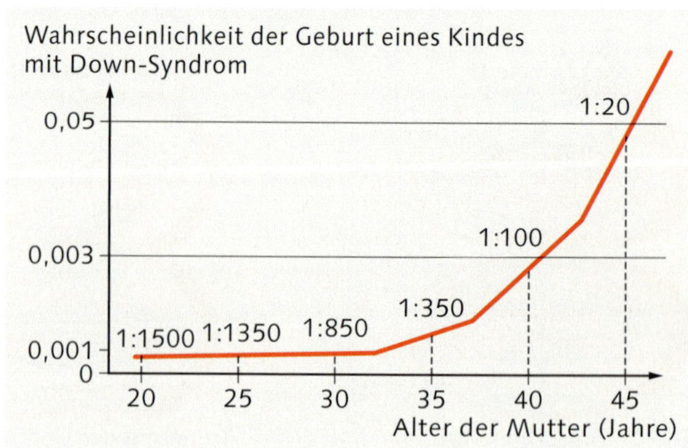

3 Anzahl der Neugeborenen mit Down-Syndrom pro Altersgruppe der Frau

Entweder wird in der ersten Reifeteilung der Meiose das homologe Chromosomenpaar 21 nicht getrennt. Oder in der zweiten Reifeteilung werden die beiden Chromatiden des Chromosoms 21 nicht getrennt. In beiden Fällen liegt dann das Chromosom 21 in der Geschlechtszelle zweifach vor. Nach der Verschmelzung dieser Geschlechtszelle mit einer unveränderten Geschlechtszelle entsteht damit eine befruchtete Eizelle, die das Chromosom 21 dreimal enthält. In dieser Zygote und in allen Körperzellen, die bei den mitotischen Teilungen aus ihr hervorgehen, ist das Chromosom 21 dreifach enthalten. Dies hat Einfluss auf die Entwicklung der Betroffenen.

1. Erkläre, was man unter einer Genommutation versteht.
2. Werte das Diagramm in ▶ Bild 3 mithilfe des Textes aus.
3. Prüfe, ob es auch bei einer mitotischen Teilung in einem frühen Stadium der Embryonalentwicklung zur Entstehung einer Trisomie 21 kommen kann.

Meiosefehler

Trisomie

Fehler innerhalb der Meiose können dazu führen, dass Paare ein Kind mit Down-Syndrom bekommen. Die Bilderserie in ▶ Bild 4 zeigt in ungeordneten Phasen die Entstehung einer Trisomie 21 innerhalb der Eizellbildung.

4. Beschreibe die in ▶ Bild 4 dargestellten Phasen in der richtigen Reihenfolge.
5. Stelle mithilfe deines Chromosomenmodells in einer zweiten Bilderserie dar, dass sich der Fehler auch in der zweiten Reifeteilung der Meiose ereignen kann.

Monosomie

Neben dem Down-Syndrom sind noch weitere Genommutationen bekannt. Eine davon ist das Ullrich-Turner-Syndrom. Menschen mit diesem Syndrom weisen eine Monosomie der Gonosomen auf, da sie als Geschlechtschromosom nur ein X-Chromosom besitzen. Meist findet der Fehler innerhalb der Spermienbildung statt. Es entsteht dann ein Spermium mit fehlendem Geschlechtschromosom, das die Eizelle befruchtet. Von 2500 Mädchengeburten weist ein Kind das Ullrich-Turner-Syndrom auf, die einzige Monosomie, bei der die Betroffenen lebensfähig sind. Die Symptome des Ullrich-Turner-Syndroms sind sehr vielfältig. Die Betroffenen sind im Kindes- und Jugendalter oft kleinwüchsig und ihre körperliche Entwicklung ist verzögert. Diese Symptome lassen sich medizinisch gut behandeln.

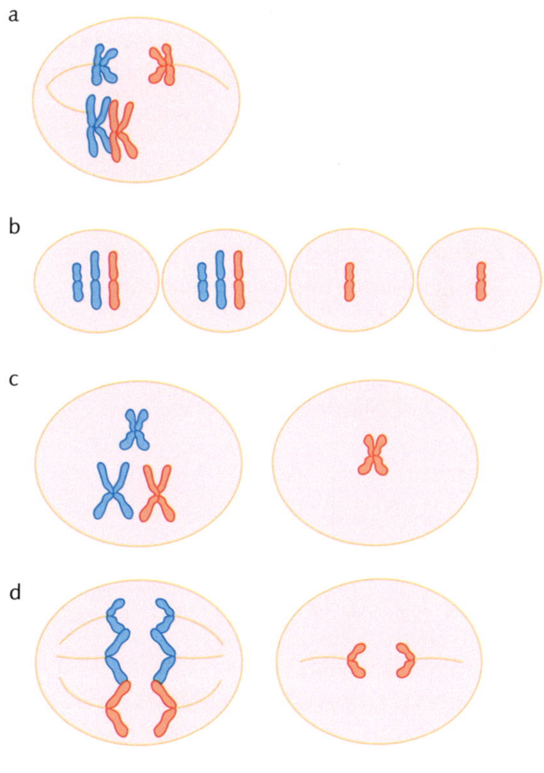

4 Entstehung von Trisomie 21 (ungeordnete Phasen)

6. Erläutere mithilfe deines Chromosomenmodells die Entstehung einer Monosomie. Fotografiere die einzelnen Phasen und formuliere zu jedem Bild eine passende Bildunterschrift.

Familienstammbäume

Forscher untersuchen Familienstammbäume, um das Auftreten eines Merkmals über mehrere Generationen zu untersuchen und auf die Vererbung zu schließen.

Darstellung von Stammbäumen

In einem Stammbaum werden die Mitglieder der Familie dargestellt. Für die einheitliche Illustration von Stammbäumen haben Biologen Folgendes festgelegt: Männer werden mit einem Quadrat und Frauen mit einem Kreis dargestellt. Paare, aus deren Verbindungen Kinder hervorgegangen sind, werden mit einer Linie verbunden und deren Kinder zweigen von dieser Verbindung ab.

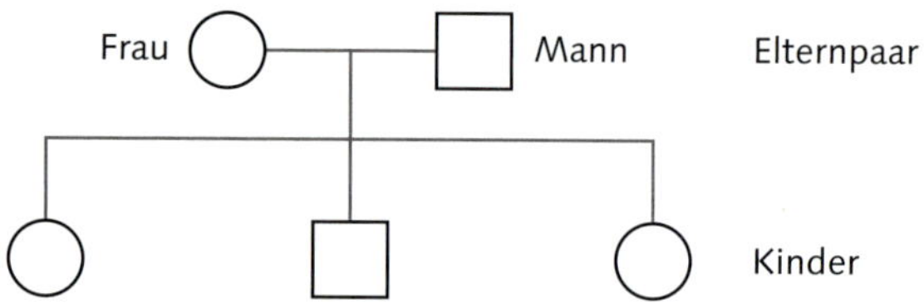

Jede Generation wird dabei auf einer Ebene im Stammbaum angeordnet. Ganz oben steht die älteste und ganz unten die jüngste Generation.

1 Beschreibe den in ▶ Bild 1 dargestellten Stammbaum.

2 Zeichne den Stammbaum der Zeichentrickfamilie Simpson über drei Generation.

Arbeiten mit Stammbäumen

Menschen unterscheiden sich in einer Vielzahl von *Merkmalen*. Viele dieser Merkmale, wie Blutgruppe, Hautfarbe, Form des Haaransatzes oder Geschlecht, sind von Geburt an vorhanden. Sie sind genetisch bestimmt. Bei einer Untersuchung des Stammbaums wird das Auftreten eines Merkmals über mehrere Generationen verfolgt.

Betrachtet man den Haaransatz an der Stirn eines Menschen, so stellt man fest, dass dieser gerade oder spitz sein kann. Das Merkmal „Form des Haaransatzes" kommt also in zwei Ausprägungen vor.

Für das Merkmal Form des Haaransatzes haben Forscher folgende Hypothesen bezüglich der Vererbung aufgestellt:

1. Die Ausprägung des Haaransatzes ist abhängig vom Geschlecht der Person.
2. Die Ausprägung spitzer Haaransatz tritt in jeder Generation auf.
3. Kinder haben denselben Haaransatz wie ihre Mutter.
4. Die Vererbung erfolgt zufällig.

3 Prüfe die Hypothesen anhand des Stammbaums in ▶ Bild 2.

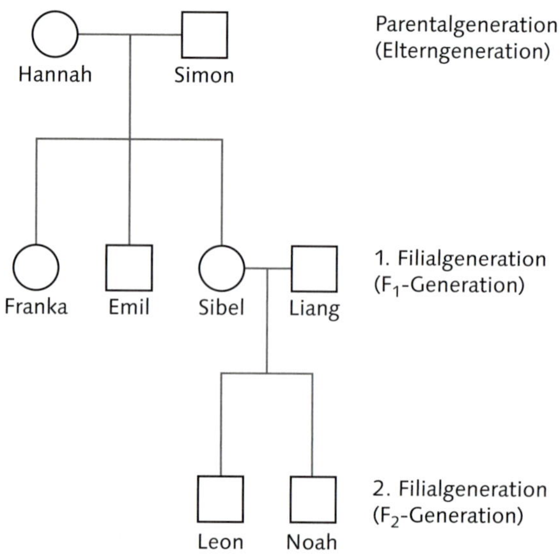

1 So werden Stammbäume dargestellt: Stammbaum mit drei Generationen.

2 Stammbaum der Familie Schmidt. Merkmal: Form des Haaransatzes

Dominant-rezessive Vererbung

Untersuchung der Vererbung Die Summe aller Merkmale eines Menschen bezeichnet man als *Phänotyp*. Die Information zur Ausbildung dieser Merkmale liegt in den Genen verschlüsselt. Die Gesamtheit aller Gene, die den Phänotyp eines Menschen ausmachen, nennt man *Genotyp*. Dabei werden die Gene, die auf identischen Orten homologer Chromosomen liegen, als *Allele* bezeichnet ▶ Bild 4. Die Allele werden modellhaft mit Buchstaben dargestellt.

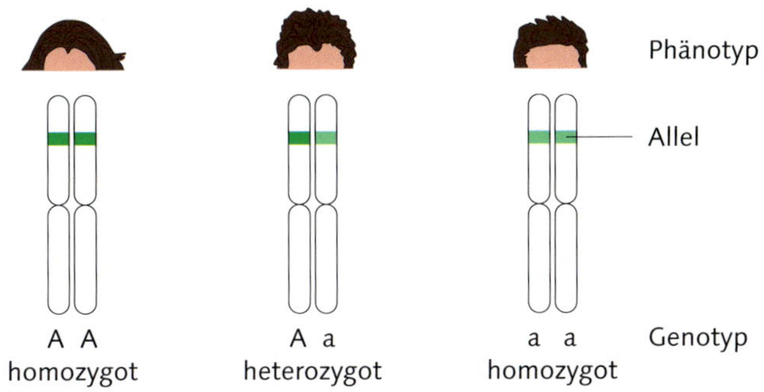

4 Drei verschiedene Möglichkeiten der Chromatiden eines homologen Chromosomenpaars mit deren Allelen

Dominant-rezessive Vererbung Die Weitergabe der Allele für das Merkmal Form des Haaransatzes folgt den Regeln einer dominant-rezessiven Vererbung. Betrachtet man den Stammbaum der Familie Schmidt (▶ Bild 3) wird deutlich, dass Paare wie Marlene und Ahmed mit der Merkmalsausprägung spitzer Haaransatz Kinder wie Hatice mit der Merkmalsausprägung gerader Haaransatz bekommen können. Die Eltern müssen daher neben dem Allel für den spitzen Haaransatz auch noch das Allel für die Ausprägung des geraden Haaransatzes besitzen, obwohl es bei ihnen nicht ausgebildet wird. Solche Allele, die gegenüber anderen Allelen zurücktreten, nennt man *rezessiv*. Dagegen werden Allele, die gegenüber anderen Allelen zur Merkmalsausprägung führen, wie das Allel spitzer Haaransatz, als *dominant* bezeichnet.
Um die Vererbung auf der Ebene der Allele besser nachvollziehen zu können, werden die dominanten Allele mit Großbuchstaben, die rezessiven Allele mit Kleinbuchstaben dargestellt. Im Stammbaum der Familie Schmidt bekommt das dominante Allel für die Merkmalsausprägung spitzer Haaransatz den Buchstaben A und das rezessive Allel für die Merkmalsausprägung gerader Haaransatz den Buchstaben a.
Menschen wie Ahmed, Elias oder Finn, die zwei verschiedene Allele, Aa, für das Merkmal Haaransatz besitzen, nennt man *heterozygot* ▶ Bild 4. Bei ihnen wird aufgrund des dominanten Allels der spitze Haaransatz ausgebildet, während das rezessive Allel nicht zur Ausprägung kommt. Das rezessive Allel kann aber an ihre Kinder weitergegeben werden. Hatice hat von ihren Eltern jeweils das Allel a für die Merkmalsausprägung gerader Haaransatz geerbt und besitzt daher die zwei gleichen Allele aa. Sie ist bezüglich des Merkmals Haaransatz *homozygot* und bildet den geraden Haaransatz aus.

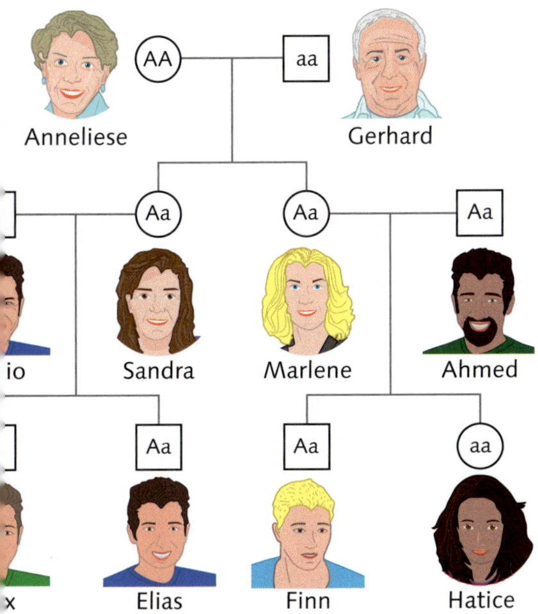

3 Phänotypischer und genotypischer Stammbaum

1. Erkläre, was man unter homozygot und heterozygot versteht.
2. Erläutere die Entstehung des Phänotyps von Elias ▶ Bild 3.
3. Ergänze den Stammbaum der Familie Schmidt hinsichtlich der Eltern von Fabio und Anneliese. Gib die möglichen Phäno- und Genotypen der von dir ergänzten Personen an ▶ Bild 3.

Stammbäume analysieren

Zuvor hast du das Erstellen von Stammbäumen gelernt. Da die Vererbung vieler Allele, z. B. für die Form des Haaransatzes, nach Gesetzmäßigkeiten erfolgt, können Merkmale über Generationen nachverfolgt werden. Dabei kann man den Vererbungstyp für bestimmte Merkmale oder häufig auch den Genotyp von Personen ermitteln. Durch die Stammbaumanalyse kann beispielsweise das Risiko für das Auftreten genetisch bedingter Erkrankungen abgeschätzt werden. Bei einer Stammbaumanalyse gehst du wie folgt vor:

Bei der Stammbaumanalyse unterscheidet man zwischen Überträgern, die ein verändertes Allel besitzen, aber die Erkrankung nicht ausbilden, und Merkmalsträgern, die tatsächlich erkranken.

Schritt 1 Autosomal oder gonosomal?

Sind Männer und Frauen gleich häufig Merkmalsträger, liegen die zu betrachtenden Allele auf einem der 22 Autosomenpaare. Es liegt ein autosomaler Erbgang vor. Ist dies der Fall, dann gehe zu ▶ Schritt 2a–b. Sind Männer und Frauen unterschiedlich häufig Merkmalsträger, so liegt das zu betrachtende Allel wahrscheinlich auf den Gonosomen, denn diese tragen nicht nur Gene für Geschlechtsmerkmale. Ist dies der Fall, dann gehe zu ▶ Schritt 3a–c.

Schritt 2a Autosomal-dominanter Erbgang

Prüfe, ob sich das betroffene Allel in direkter Linie von Generation zu Generation nachverfolgen lässt. Meistens sind Merkmalsträger in diesen Stammbäumen häufiger vertreten. Kontrolliere auch, ob zwei Merkmalsträger gesunde Kinder gezeugt haben. Das ist möglich, wenn beide Partner heterozygot sind. Dies sind Hinweise für einen autosomal-dominanten Erbgang. Das für die Krankheit verantwortliche Allel ist dominant und jeder Träger des Allels auch Merkmalsträger ▶ Bild 1.

Schritt 2b Autosomal-rezessiver Erbgang

Wenn Merkmalsträger nicht in jeder Generation auftreten, kann dies ein Hinweis für einen autosomal-rezessiven Erbgang sein. Bei diesem Erbgang sind Merkmalsträger seltener als beim autosomal-dominanten Erbgang. Beide Eltern von Merkmalsträgern sind immer zumindest Überträger. Sie besitzen somit jeweils mindestens ein verändertes rezessives Allel ▶ Bild 2. Liegt neben dem rezessiven Allel ein zweites dominantes Allel vor, das zum gesunden Phänotyp führt, tritt die Krankheit phänotypisch nicht in Erscheinung. Merkmalsträger müssen immer homozygot bezüglich der rezessiven Allele sein.

Schritt 3a X-gonosomal-dominanter Erbgang

Frauen sind häufiger als Männer Merkmalsträger. Außerdem sind weibliche Nachfahren eines männlichen Merkmalsträgers immer Merkmalsträgerinnen ▶ Bild 3. Merkmalsträger stammen immer von Merkmalsträgerinnen ab. In diesen Fällen handelt es sich um einen X-gonosomal-dominanten Erbgang. Da Frauen das X-Chromosom des Vaters und eines der zwei X-Chromosomen der Mutter erben, haben sie eine doppelt so hohe Wahrscheinlichkeit, ein verändertes Allel zu erben. Männer hingegen erben ihr X-Chromosom nur von der Mutter, sie können in keinem Fall ein verändertes X-Chromosom vom Vater besitzen.

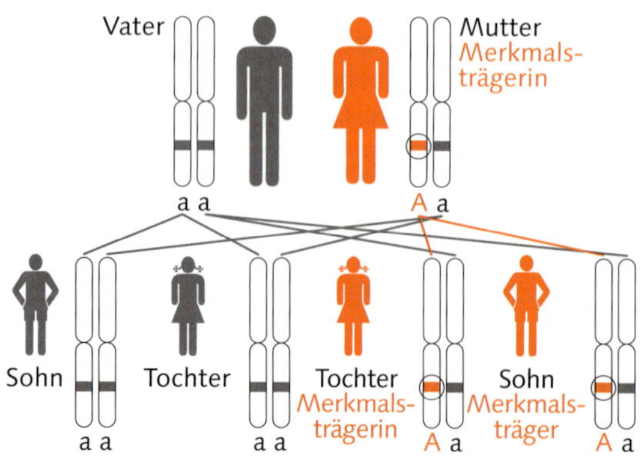

1 Eigenschaften autosomal-dominanter Erbgänge

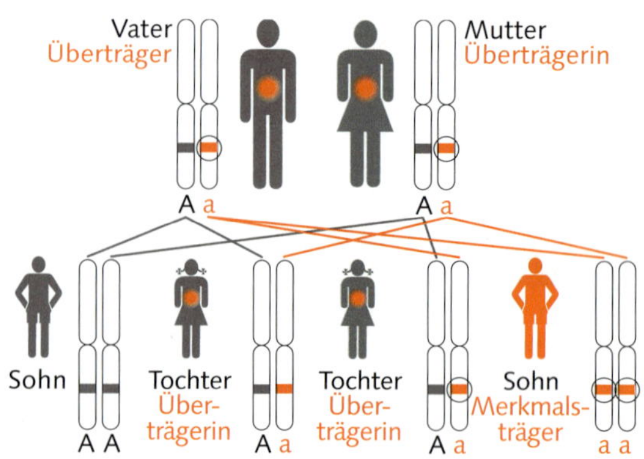

2 Eigenschaften autosomal-rezessiver Erbgänge

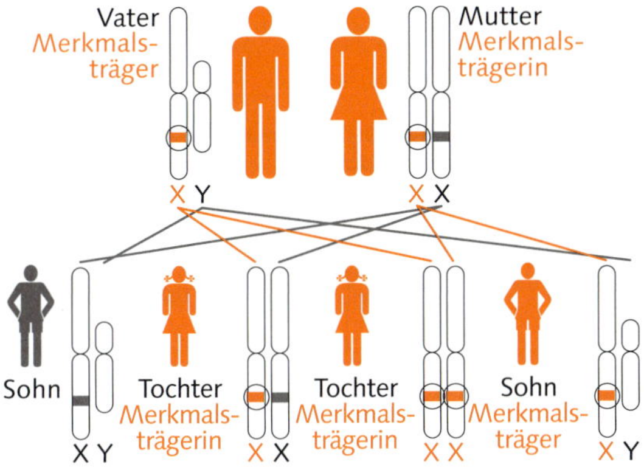

3 Eigenschaften X-gonosomal-dominanter Erbgänge

Schritt 3b X-gonosomal-rezessiver Erbgang

Du erkennst den Erbgang daran, dass die Krankheit vermehrt bei Männern auftritt ▶ Bild 4. Ebenso können betroffene Väter Söhne zeugen, die keine Merkmalsträger sind. Eine Frau kann nur Merkmalsträgerin sein, wenn ihr Vater ebenfalls Merkmalsträger und ihre Mutter Überträgerin ist. Dies liegt daran, dass das Allel auf dem X-Chromosom liegt. Der Mann bildet dieses Merkmal in jedem Fall aus, weil ihm ein zweites X-Chromosom fehlt. Du kannst den Genotyp eines Mannes also am Phänotyp ablesen. Da Männer ihr X-Chromosom immer von ihrer Mutter erhalten, geben sie das veränderte Allel nie an ihre Söhne, aber immer an ihre Töchter weiter. Merkmalsträgerinnen müssen bei X-gonosomal-rezessiven Erbgängen homozygot sein.

Schritt 3c Y-gonosomaler Erbgang

Prüfe, ob von der genetisch bedingten Erkrankung nur Männer betroffen sind. Das betreffende Allel lässt sich in direkter Linie im Stammbaum nachverfolgen. In dem Fall handelt es sich um einen sehr seltenen Y-gonosomalen Erbgang.

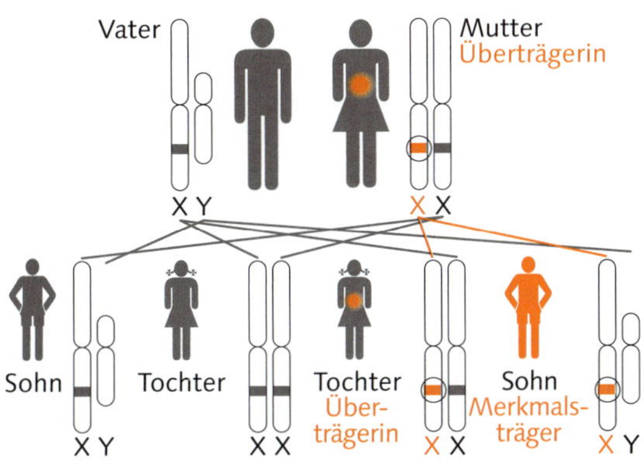

4 Eigenschaften X-gonosomal-rezessiver Erbgänge

Grenzen von Stammbaumanalysen

Meist lassen sich nur Ausschnitte von Stammbäumen untersuchen, daher kann man nicht immer eindeutig auf die Form der Vererbung schließen. Bei vielen Krankheiten ist zudem nicht nur ein einziges Gen Ursache der Krankheit.

1. Erkläre den Unterschied zwischen Merkmalsträger und Überträger.
2. Fasse die Kennzeichen, an denen man die Erbgänge erkennt, in Form einer Tabelle zusammen.
3. Skizziere den Stammbaum für einen Y-gonosomalen Erbgang.
4. Erläutere, ob Kinder befürchten müssen, die genetisch bedingte Erkrankung des Vaters zu bekommen, wenn dieser Merkmalsträger einer X-gonosomal-rezessiv vererbten Krankheit ist.
5. Beurteile anhand der Familienstammbäume, welcher Erbgang der jeweiligen Erkrankung zugrunde liegt ▶ Bilder 5 und 6.

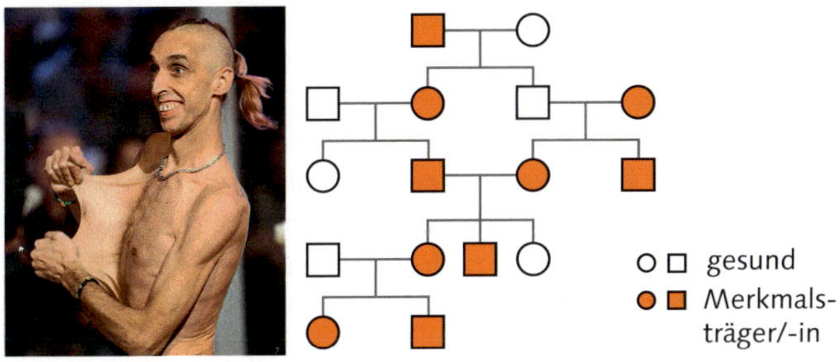

5 Garry Turner aus Großbritannien trat am 01.09.2007 in der TV-Show „Guinness World Records" in Köln auf. Turner leidet am Ehlers-Danlos-Syndrom und kann seine Haut auf eine Länge von 15,8 cm dehnen. Das Syndrom – im Volksmund auch als Gummihautsyndrom bezeichnet – geht auf eine genetisch bedingte Störung im Bindegewebe zurück.

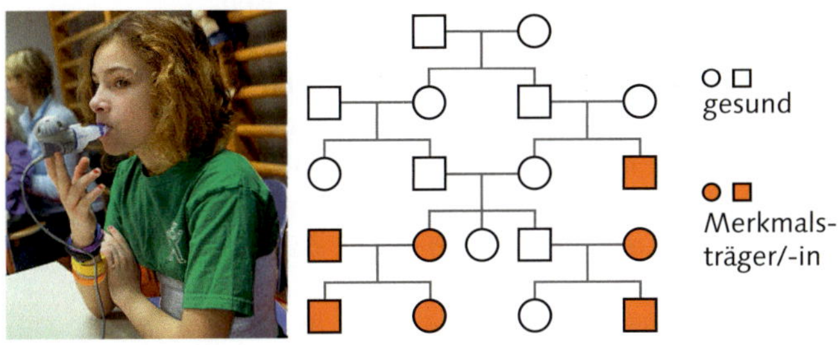

6 Bei der Mukoviszidose handelt es sich um eine genetisch bedingte Erkrankung, bei der betroffene Personen eine gestörte Schleimproduktion aufweisen, die das Atmen erschwert. Menschen mit Mukoviszidose sind auf aufwendige Therapien und schließlich häufig auf eine Spenderlunge angewiesen.

Blutgruppen und Vererbung

Blutspenden Bis ins 20. Jahrhundert waren Bluttransfusionen zwischen Menschen mit dem Risiko einer Verklumpungsreaktion zwischen Spender- und Empfängerblut verbunden, die mitunter zum Tod des Empfängers führten. Im Jahr 1901 stellte KARL LANDSTEINER fest, dass Menschen bestimmte Blutgruppen besitzen, die für diese Reaktion verantwortlich sind.

Phänotypen des AB0-Systems Die Benennung der Blutgruppen erfolgt im AB0-System nach den auf den roten Blutzellen vorhandenen Antigenen. Man unterscheidet zwischen dem Antigen A und dem Antigen B.
Besitzt ein Mensch auf seinen roten Blutzellen Antigene A, spricht man von der Blutgruppe A. Tragen die roten Blutzellen Antigene B, hat er die Blutgruppe B. Besitzt er hingegen keine Antigene auf den roten Blutzellen, hat er die Blutgruppe 0. Zudem findet man im menschlichen Blut Y-förmige Antikörper. Unterschieden wird ebenfalls zwischen zwei Formen: Antikörper A und B ▶ Bild 2.

Blut kann verklumpen Im Blutserum eines Menschen findet man immer diejenigen Antikörper, die nicht zu den Antigenen der eigenen roten Blutzellen passen. Ein Mensch der Blutgruppe A hat also die Antikörper B, ein Mensch mit Blutgruppe AB besitzt keine Antikörper. Erhält ein Patient Fremdblut der falschen Blutgruppe, kann es zu einer Reaktion zwischen Antigenen und Antikörpern kommen. Es bilden sich Antigen-Antikörper-Komplexe, die eine Verklumpung des Bluts auslösen. Das Blut kann dann nicht mehr ungehindert fließen.

Blutgruppen-Allele werden vererbt Die Blutgruppen-Allele werden durch die Eltern vererbt. Gene für die jeweiligen Merkmale befinden sich immer auf den gleichen Chromosomen und dort an der gleichen Stelle, dem *Genort*. Das Gen, das die Blutgruppe bestimmt, liegt auf Chromosom 9 ▶ Bild 1. Für das Blutgruppen-Gen gibt es 3 unterschiedliche Allele: A, B und 0. Da der Mensch einen diploiden Chromosomensatz mit jeweils zwei homologen Chromosomen hat, besitzt er für jedes Gen immer zwei Allele, die die Blutgruppe bestimmen.

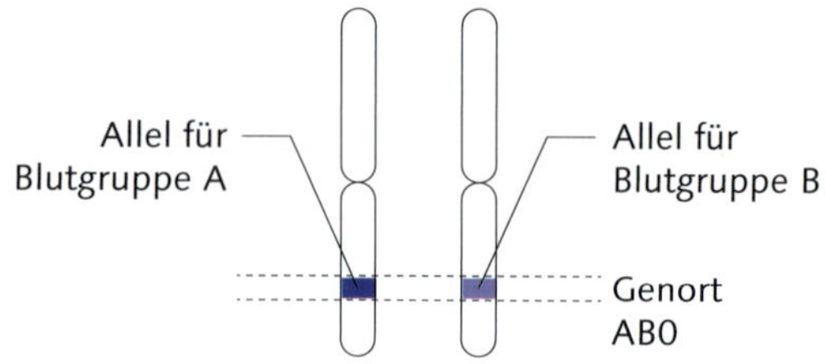

1 Das Gen für das Merkmal Blutgruppe liegt auf Chromosom 9.

Kodominanz Hat eine Person auf einem Chromosom das Allel für die Blutgruppe A und auf dem homologen Chromosom das Allel für die Blutgruppe B, besitzt sie die Blutgruppe AB. Hinsichtlich des Phänotyps werden beide Merkmale verwirklicht. Keines der beiden Allele tritt gegenüber dem anderen zurück, sie verhalten sich also beide dominant und führen zur Merkmalsausprägung. Man spricht von *Kodominanz*. Das Allel für die Blutgruppe 0 verhält sich gegenüber den Allelen A und B rezessiv. Folglich sind Menschen mit der Blutgruppe 0 immer homozygot ▶ Bild 2.

Blutgruppe	Genotypen	rote Blutzellen (Antigene)	Blutserum (Antikörper)
A	AA A0	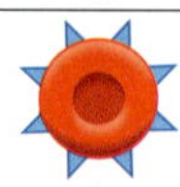	
B	BB B0	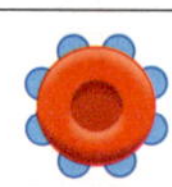	
AB	AB	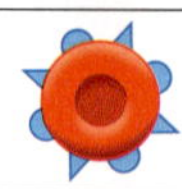	keine
0	00		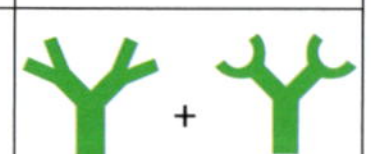

2 Phänotypen und Genotypen der Blutgruppen

1 Erkläre die Phänotypen in ▶ Bild 2 anhand der aufgeführten Genotypen.

2 In der Medizin ist die Spende von roten Blutzellen üblich. Stelle in Form einer Tabelle dar, welche roten Blutzellen an Menschen mit den unterschiedlichen Blutgruppen gespendet werden können.

Anfertigung eines Kreuzungsschemas

In einem Kreuzungsschema werden die Kombinationsmöglichkeiten der elterlichen Allele ermittelt. Es ermöglicht eine schnelle und zuverlässige Vorhersage über mögliche Geno- und Phänotypen sowie die Wahrscheinlichkeit ihres Auftretens.

Schritt 1 Genotypen der Parentalgeneration (P) zuordnen

Im Beispiel (▶ Bild 3) existieren für das Merkmal A zwei unterschiedliche Allele. Sowohl Mutter als auch Vater sind bezüglich des zu betrachtenden Gens heterozygot.

Schritt 2 Allelkombinationen für die Geschlechtszellen ermitteln

Jede Geschlechtszelle erhält für jedes Gen jeweils ein Allel des Elternteils. Nun werden alle möglichen Allelkombinationen für die Geschlechtszellen ermittelt. Dabei ist zu beachten, dass für jedes Gen immer nur eines der beiden Allele in die Geschlechtszelle gelangen kann. Für ein Merkmal ergeben sich damit 1 · 2 = 2 mögliche unterschiedliche Geschlechtszellen.

Schritt 3 Kreuzungsschema erstellen

Für das Kreuzungsschema werden die Genotypen der Geschlechtszellen des ersten Elternteils in die erste Spalte übertragen. Die Genotypen der Geschlechtszellen des zweiten Elternteils gehören in die erste Zeile. Die möglichen Allelkombinationen in den Zygoten werden im Kreuzungsschema eingetragen.

Schritt 4 Kreuzungsschema auswerten

Die nun ergänzten Spalten stellen die möglichen Genotypen der ersten Filialgeneration (F_1) dar. Die Zahlenverhältnisse der Genotypen für die F_1-Generation geben an, mit welcher Wahrscheinlichkeit die jeweiligen Genotypen auftreten. Im dargestellten Beispiel ergibt sich das Verhältnis 1 : 2 : 1.

Erweiterung des Kreuzungsschemas

Das Kreuzungsschema lässt sich beliebig um weitere Gene erweitern ▶ Bild 4. Für zwei Gene erhält man 2 · 2 = 4 mögliche unterschiedliche Geschlechtszellen.

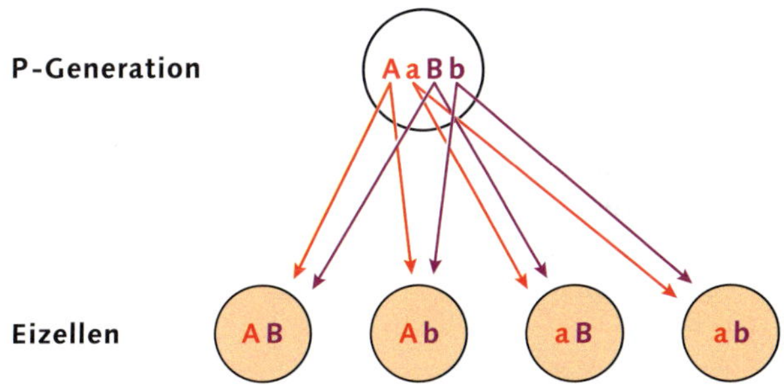

4 Bildung der Geschlechtszellen für zwei Gene

1. Skizziere ein Kreuzungsschema, ausgehend von einer P-Generation mit den Genotypen Dd und DD.
2. Nenne die Genotypen der Geschlechtszellen für den Genotyp DdEe mit zwei Genen.
3. Skizziere ein Kreuzungsschema, ausgehend von einer P-Generation, in der zwei Gene berücksichtigt werden. Die P-Generation besitzt die Genotypen DDEe und ddEE.

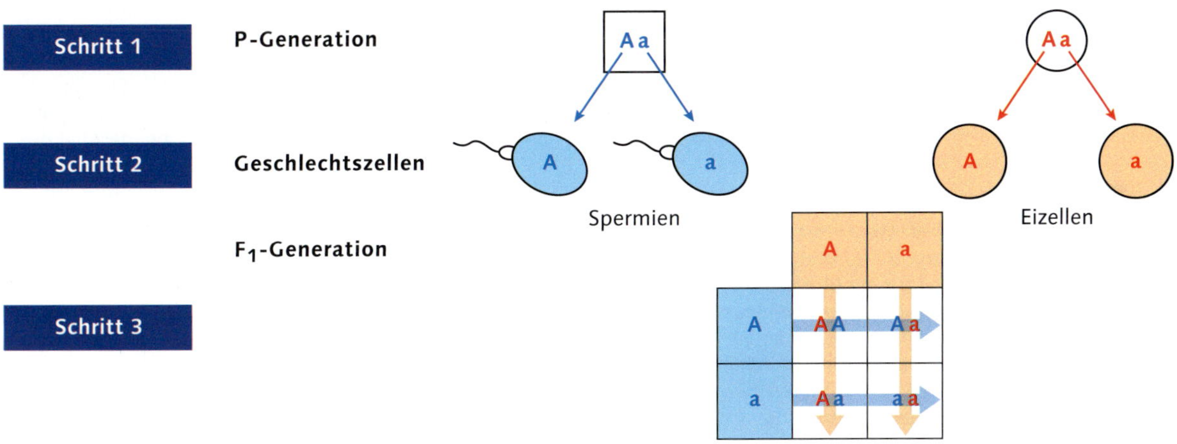

3 Entwicklung eines Kreuzungsschemas für ein Gen

Genotypen im Stammbaum bestimmen

Mithilfe eines Stammbaums und der Kenntnis von Vererbungsregeln lassen sich Rückschlüsse auf die Genotypen von miteinander verwandten Personen ziehen. Dieses Verfahren ermöglicht Paaren, deren Familien von Erbkrankheiten betroffen sind, abzuschätzen, ob sie entsprechende Allele an ihre Kinder weitergeben könnten. Auch eine unklare Vaterschaft kann so näher untersucht werden.

Bei der Vererbung der Blutgruppen lässt sich jedem Phänotyp nur eine begrenzte Zahl an Genotypen zuordnen. Somit ist gleichzeitig auch die Art der möglichen Geschlechtszellen eingeschränkt ▶ Bild 1.

Phänotypen	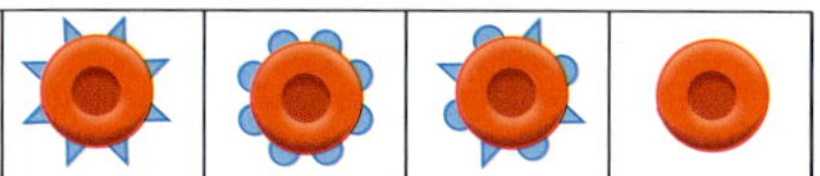 A		B		AB	0
mögliche Genotypen	AA	A0	BB	B0	AB	00
mögliche Geschlechtszellen	A, A	A, 0	B, B	B, 0	A, B	0, 0

♀ \ ♂	A	B	0
A	AA	AB	A0
B	AB	BB	B0
0	A0	B0	00

1 Phänotypen, Genotypen und Geschlechtszellen

Gehe bei einer Stammbaumanalyse Schritt für Schritt vor wie in ▶ Bild 2 beschrieben. Die Reihenfolge des Vorgehens ist dabei je nach Beispiel unterschiedlich.

1. Beurteile, ob ein Kind Nr. 4 (AA) und Nr. 5 (A0) der Mutter im Stammbaum von ▶ Bild 2 ebenfalls denselben Vater wie Kind 1–3 haben können.
2. Skizziere mithilfe des Schemas unten einen Stammbaum in dein Heft, der für jede Person Phänotyp und Genotyp angibt.

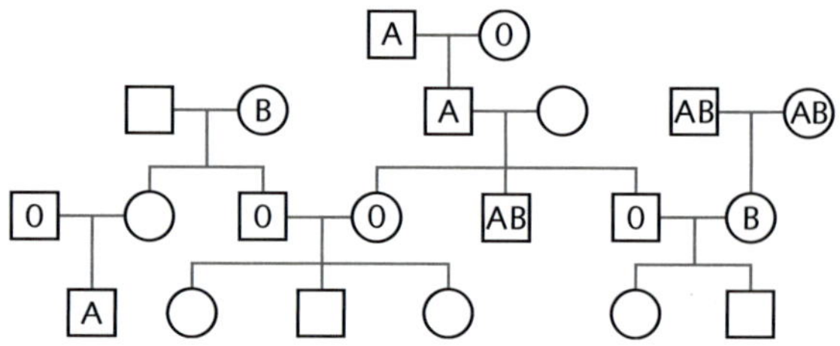

3. Erläutere den Umstand, dass eine Großmutter mit dem Phänotyp Blutgruppe 0 von ihrem Sohn mit der Blutgruppe A eine Enkeltochter bekommen kann, die wie ihre Großmutter die Blutgruppe 0 besitzt.

Schritt 1 **Genotyp entspricht dem Phänotyp (Kind 1, Kind 2)**

AB 0
AB 00

Für manche Phänotypen gibt es nur einen zugehörigen Genotyp. Dieser muss nur zugeordnet werden.

Schritt 2 **Genotyp der Mutter**

A
A0

Da die Mutter selbst die Blutgruppe A besitzt, muss sie ein Allel für die Blutgruppe A haben. Ihr zweites Allel muss Blutgruppe 0 sein, da sie ihrem zweiten Kind in jedem Fall das Allel der Blutgruppe 0 vererbt haben muss.

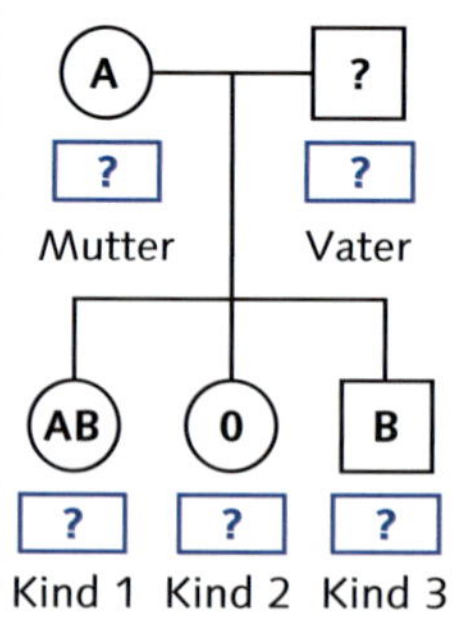

Schritt 3 **Genotyp des Vaters**

B
B0

Der Vater muss den Kindern 1 und 3 das Allel B vererbt haben, da die Mutter dieses Allel nicht besitzt. Da Kind 2 zwei Allele vom Typ 0 erhalten hat, muss das zweite Allel des Vaters ebenfalls 0 sein. Der Vater hat also Blutgruppe B mit dem Genotyp B0.

Schritt 4 **Genotyp Kind 3**

B
B0

Da Allel A zu Allel B kodominant ist, muss die Mutter ihr Allel 0 an dieses Kind vererbt haben. Vom Vater des Kindes muss das Allel B stammen.

2 Beispielhaftes Vorgehen bei einer Stammbaumanalyse

Die Rolle der Gonosomen

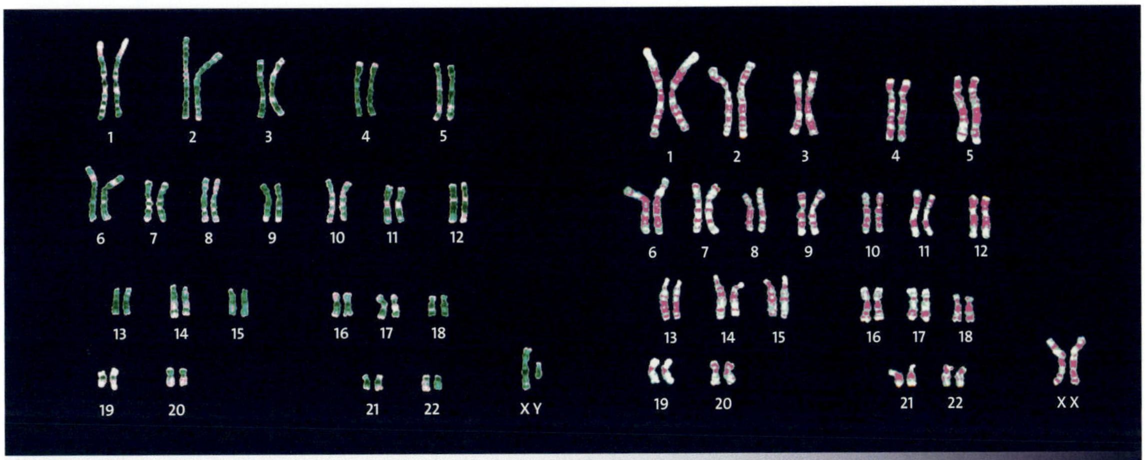

3 Die Karyogramme von Mann und Frau unterscheiden sich in ihren Gonosomen.

Gonosomen bestimmen das Geschlecht Der größte auf den ersten Blick auffallende phänotypische Unterschied zwischen Menschen ist der zwischen Mann und Frau. Für ihn sind nur zwei Chromosomen verantwortlich, die das Geschlecht bestimmen, die *Gonosomen*.
Jeder Mensch besitzt neben seinen 22 · 2 Autosomen ein X-Chromosom. Entscheidend für das Geschlecht ist das zweite Chromosom des 23. Paars, das entweder ein weiteres X- oder ein Y-Chromosom sein kann ▶ Bild 3.

Verteilung der Gonosomen auf die Geschlechtszellen Während der Meiose werden die Geschlechtszellen gebildet. Dabei wird der diploide Chromosomensatz auf einen haploiden Satz reduziert, sodass jedes Chromosom nur noch einfach vorliegt. Da die Frau zwei X-Chromosomen besitzt, enthalten ihre Eizellen neben den 22 Autosomen immer ein X-Chromosom ▶ Bild 4. Bei der Meiose des Mannes werden die Gonosomen X und Y getrennt. Entsprechend bilden sich Spermien mit X- oder Spermien mit Y-Chromosom.

Das Spermium ist entscheidend Kommt es nach dem Geschlechtsverkehr zur Befruchtung, kann sich eine Zygote mit dem Chromosomensatz 22 · 2 + XX für ein Mädchen oder 22 · 2 + XY für einen Jungen bilden. Entscheidend für das Geschlecht des Kindes sind folglich allein die Spermien des Mannes ▶ Bild 4.

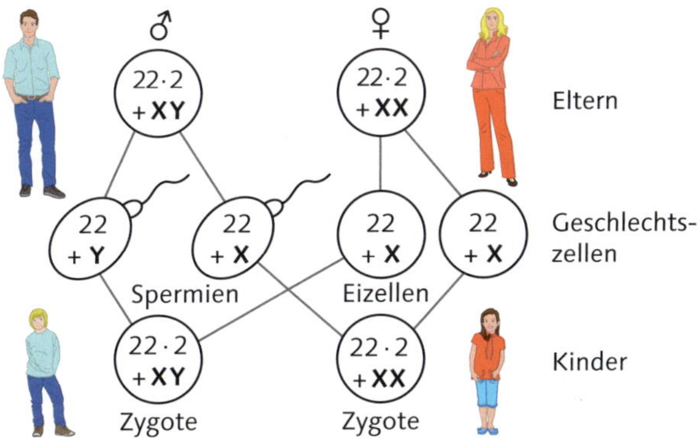

4 Geschlechtsbestimmung beim Menschen durch das X-Y-System

1 Könige benötigten im Mittelalter häufig männliche Stammhalter, die den Thron erben sollten. Königinnen wurden sogar verstoßen, wenn sie ihrem König keinen Sohn gebaren. Beziehe zu diesem Umstand anhand von ▶ Bild 4 ausführlich Stellung.

2 Erläutere die Vererbung des Geschlechts von Hühnern anhand von ▶ Bild 5.

5 Geschlechtsbestimmung bei Hühnern

Sexuelle und asexuelle Fortpflanzung

Sexuelle Fortpflanzung Die geschlechtliche oder *sexuelle Fortpflanzung* zeichnet sich dadurch aus, dass Nachkommen aus zwei Geschlechtszellen entstehen. Dabei verschmelzen die Zellkerne der Ei- und der Spermienzelle miteinander. Es entstehen Nachkommen, die eine Kombination der Allele beider Elternteile erhalten. Die Rekombination führt zu verschiedenen möglichen Phänotypen. Man spricht von *Variabilität* ▶ Bild 1.

1 Der Phänotyp innerhalb einer Art variiert stark.

Asexuelle Fortpflanzung Bei einigen Tier- und Pflanzenarten können Nachkommen auch ohne Geschlechtspartner erzeugt werden. Man spricht von ungeschlechtlicher oder *asexueller Fortpflanzung*. Dabei kann sich der Organismus aber nur identisch verdoppeln. Variabilität wird nicht erreicht. Dies kann bei einem Genotyp, der sich als vorteilhaft erwiesen hat, gut sein, weil er unverändert bestehen bleibt. Viele Pflanzenarten vermehren sich sowohl sexuell als auch asexuell. Die asexuelle Fortpflanzung ermöglicht ihnen bei der Besiedlung eines neuen Lebensraums eine schnelle und unkomplizierte Ausbreitung, weil sie keinen Geschlechtspartner benötigen ▶ Bild 2. Der Mensch nutzt die Möglichkeit der asexuellen Fortpflanzung, um schnell identische Kopien von Pflanzen mit vorteilhaften Merkmalen zu erhalten. Dazu zieht man ihre Ableger heran oder erntet Knollen, die erneut ausgesät werden.

2 Brutknospen bei *Bryophyllum*. Die Pflanze bildet an ihren Blatträndern kleine Ableger.

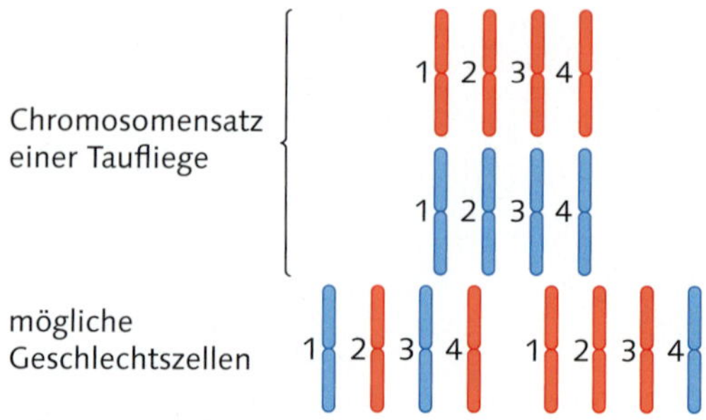

3 Zufällige Verteilung der Chromosomen auf die Geschlechtszellen

Ursachen von Variabilität Die Taufliege (▶ Bild 1) besitzt einen Chromosomensatz von insgesamt nur 4 homologen Chromosomenpaaren. Bei der Bildung der Geschlechtszellen werden die vorhandenen homologen Chromosomen voneinander getrennt und zufällig auf die Geschlechtszellen verteilt. Es ergeben sich damit für die Taufliege $2^4 = 16$ Kombinationsmöglichkeiten ihrer Chromosomen ▶ Bild 3. Da es beim Geschlechtspartner ebenfalls 2^4 Kombinationsmöglichkeiten gibt, kommt ein einziges Taufliegenpärchen auf $2^4 \cdot 2^4 = 256$ unterschiedliche Kombinationsmöglichkeiten ihrer Chromosomen bei der Befruchtung. Durch diese Rekombination bei der sexuellen Fortpflanzung unterscheiden sich Individuen einer Population von Tier- und Pflanzenarten. Ändern sich die Umweltbedingungen, existieren mit großer Wahrscheinlichkeit Individuen mit vorteilhaften Merkmalen. Ein Nachteil der sexuellen Fortpflanzung ist die Notwendigkeit eines Geschlechtspartners.

1. Berechne die Anzahl möglicher Geschlechtszellen und Kombinationsmöglichkeiten für die menschliche Zygote.
2. Vergleiche sexuelle und asexuelle Fortpflanzung.
3. *Bryophyllum* (▶ Bild 2) vermehrt sich sowohl durch sexuelle als auch durch asexuelle Fortpflanzung. Erläutere mögliche Vorteile für die Pflanze.

Klonen

4 Eineiige Zwillinge sind natürliche Klone.

Klone Als *Klone* bezeichnet man Individuen, die genetisch identisch sind. Sie entstehen ganz natürlich. Bei Einzellern und Pflanzen kommen sie durch ungeschlechtliche Fortpflanzung zustande. Auch beim Menschen entstehen Klone, wenn es zu eineiigen Mehrlingsgeburten kommt ▶ Bild 4.

Reproduktives Klonen Bei der künstlichen Klonierung von Lebewesen spricht man vom *reproduktiven Klonen* ▶ Bild 5. Die erste Klonierung eines Säugetiers im Jahr 1996 führte zu einer Debatte über ethische Grenzen menschlichen Handelns. Seit 2014 erzeugt eine chinesische Firma im industriellen Maßstab geklonte Schweine. Das Verfahren ist besonders für die Landwirtschaft interessant. Es ermöglicht, besonders ertragreiche und damit gewinnbringende Nutztiere in großer Zahl zu erzeugen.

Therapeutisches Klonen Ziel des therapeutischen Klonens ist die Gewinnung von embryonalen Stammzellen. Aus ihnen können sich theoretisch alle Zelltypen entwickeln. Dabei handelt es sich um ein Zellstadium in der frühen Entwicklung des Embryos. Zu diesem Zeitpunkt besteht der Embryo aus etwa 200 Zellen. Wie beim reproduktiven Klonen wird ein Embryo erzeugt, der genetisch identisch mit dem Patienten ist. Diesem werden Stammzellen entnommen. Danach stirbt der Embryo ab.
Zukünftiges Ziel der Forschung ist es, aus den Stammzellen differenzierte Zellen, Gewebe und ganze Organe zu züchten ▶ Bild 6. Weil diese erbgleich mit dem späteren Empfänger sind, kommt es zu keiner Abstoßungsreaktion.

1 Beschreibe die Verfahren des reproduktiven und des therapeutischen Klonens ▶ Bilder 5 und 6.

2 Begründe, warum man durch die Klonierung erbgleiche Zellen bzw. Individuen erhält.

3 Klonierungsversuche lösen bis heute immer wieder Debatten über die ethische Vertretbarkeit aus. Nenne Argumente für und gegen das Klonen.

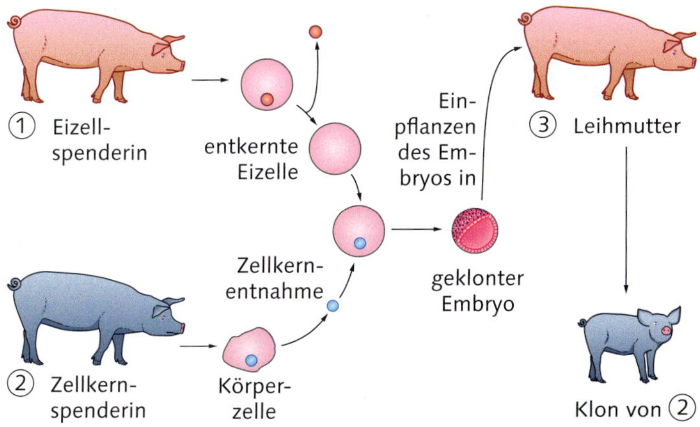

5 Verfahren des reproduktiven Klonens am Schwein

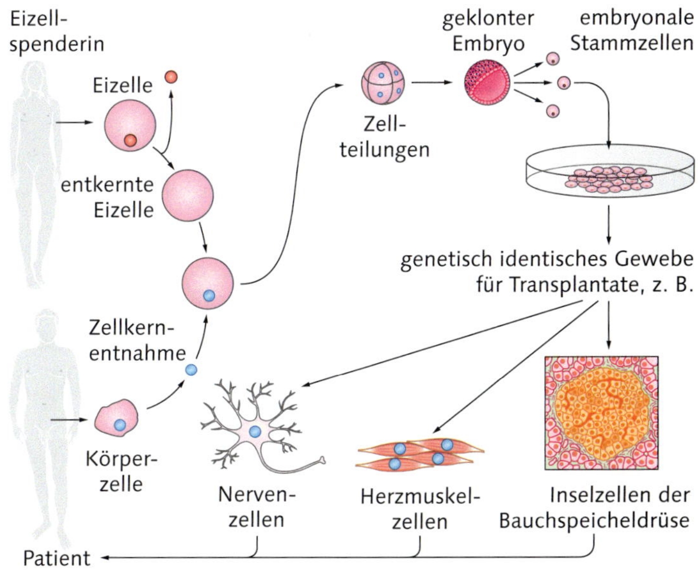

6 Verfahren des therapeutischen Klonens

Mendel'sche Vererbungsregeln

1 Gregor Mendel (1822–1884)

Mendel Der Augustinerpater Gregor Mendel gilt als Begründer der wissenschaftlichen Genetik. Er war der Erste, der Kreuzungsversuche mithilfe statistischer Methoden auswertete. Damals waren die Hintergründe auf chromosomaler Ebene unbekannt. Somit konnte er nicht nur zeigen, dass sich Merkmalsausprägungen „vererben" lassen, sondern auch dass dies nach Grundregeln geschieht.

Mendel untersuchte die Vererbung verschiedener Allele experimentell bei der Gartenerbse. Sie ließ sich leicht kultivieren. Durch Selbstbestäubung konnte Mendel homozygote Pflanzen züchten. Diese Pflanzen verwendete er als Parentalgeneration (P) für seine Versuche.

1. Mendel'sche Regel – Uniformitätsregel Erbsenpflanzen unterscheiden sich im Merkmal Samenfarbe, für das es zwei Allele gibt: ein Allel für die grüne und eines für die gelbe Samenfarbe. Mendel kreuzte jeweils Pflanzen, die homozygot für die gelbe bzw. grüne Samenfarbe waren. Er fand in der 1. Filialgeneration (F_1) nur Erbsenpflanzen mit gelben Samen vor ▶ Bild 2. Während das Allel für die gelbe Samenfarbe dominant ist, muss das Allel für die grüne Samenfarbe rezessiv sein. Alle Pflanzen der F_1-Generation haben jeweils ein Allel für die gelbe und ein Allel für die grüne Samenfarbe erhalten.

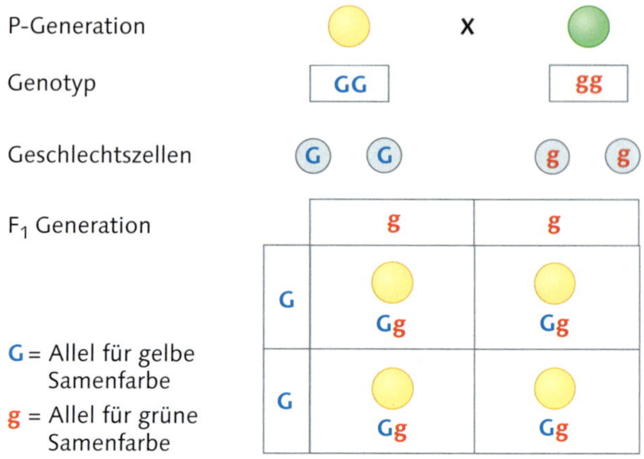

3 Kreuzungsschema zur 1. Mendel'schen Regel

Als heterozygote Pflanzen bilden sie nur die gelbe Samenfarbe aus. Deutlich wird dies anhand eines Kreuzungsschemas ▶ Bild 3.

2. Mendel'sche Regel – Spaltungsregel Mendel kreuzte die für das Merkmal Samenfarbe heterozygoten Erbsen der F_1-Generation miteinander. Die Merkmalsausprägung grüne Erbsenfarbe trat phänotypisch wieder auf. Er zählte 6022 gelbe und 2001 grüne Erbsen. Es sind also bezüglich des Allels grüne Samenfarbe homozygote Erbsen entstanden. Zwar besitzen alle Erbsen der F_1-Generation den gleichen Genotyp, allerdings ist es zufällig, welche der unterschiedlichen Geschlechtszellen an der Bildung der Zygote beteiligt sind. Somit kommen alle Allelkombinationen GG + Gg + Gg + gg mit der gleichen Wahrscheinlichkeit vor. Weil es aber zwei Kombinationsmöglichkeiten für den heterozygoten Genotyp gibt, entsteht in der F_2-Ge-

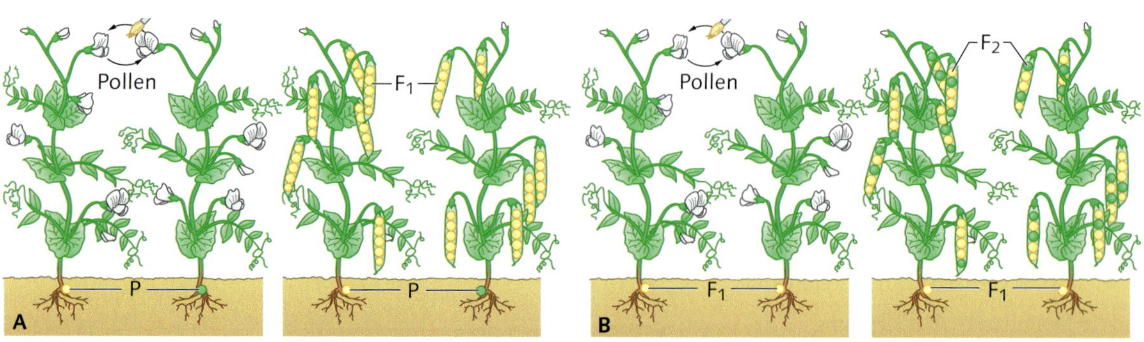

2 Kreuzungsexperimente Mendels zur Uniformitäts- und Spaltungsregel

neration ein Verhältnis der Genotypen von 1 : 2 : 1 ▶ Bild 4. Betrachtet man den Phänotyp, bleiben die gelben Erbsen mit einem Verhältnis 3 : 1 in der Überzahl, da allein der homozygote Genotyp gg zur Ausbildung der grünen Erbsen führt. Weitere Experimente bestätigten dieses Zahlenverhältnis für die F_2-Generation.

3. Mendel'sche Regel – Unabhängigkeitsregel

MENDEL führte weitere Kreuzungsversuche mit Erbsen durch, die sich in mehreren Genen unterschieden. So kann man neben dem Gen für die Erbsenfarbe auch ein Gen für die Form der Erbsen am Phänotyp ausmachen. Es gibt ein Allel für die glatte und ein Allel für die runzlige Form. Er kreuzte homozygot gelbe und runde Erbsen mit homozygot grünen und runzligen Erbsen. Nach der Uniformitätsregel waren alle Erbsen der F_1-Generation phänotypisch identisch gelb und rund. In der F_2-Generation traten allerdings nicht nur die ursprünglichen Phänotypen wieder auf, sondern auch gelbe, runzlige sowie grüne, runde Erbsen. Aus den neuen Phänotypen schloss MENDEL, dass Allele in allen denkbaren Kombinationen auftreten können. Sie werden also unabhängig voneinander vererbt.

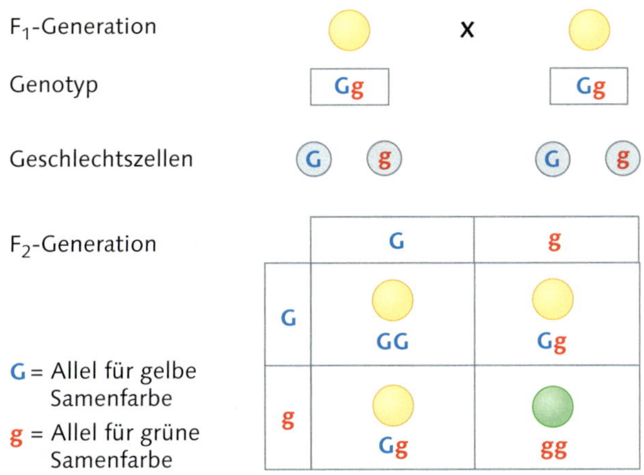

4 Kreuzungsschema zur 2. Mendel'schen Regel

1 Fasse jede der drei Mendel'schen Regeln in einem Merksatz zusammen.

2 Erläutere die 3. Mendel'sche Regel anhand deines Vorwissens über die Bildung der Geschlechtszellen durch die Meiose.

Kreuzungsschema für zwei Merkmale

Laut der 3. Mendel'schen Regel werden die Allele unabhängig voneinander vererbt. Es ergeben sich unterschiedliche Allelkombinationen für die Geschlechtszellen. Für jedes Gen sind zwei unterschiedliche Allele vorhanden, somit sind auch pro Elternteil zwei unterschiedliche Geschlechtszellen möglich. Ein weiteres Gen mit zwei unterschiedlichen Allelen führt dazu, dass bereits 2 + 2 unterschiedliche Allele vorhanden sind. Für jedes Gen erhält die Geschlechtszelle ein Allel, somit sind 2^2, also 4 unterschiedliche Geschlechtszellen möglich. Das Kreuzungsschema muss entsprechend der Anzahl an Geschlechtszellen erweitert werden. Es lassen sich damit auch Aussagen über die statistische Wahrscheinlichkeit der jeweiligen Phänotypen treffen, die MENDEL so tatsächlich auch in seinen Kreuzungsversuchen beobachtete.

3 Werte den Kreuzungsversuch für die F_2-Generation aus: Gib die entstehenden Phänotypen und das Zahlenverhältnis, in dem sie statistisch auftreten müssten, an. Nutze ▶ Bild 5 und die Methode „Anfertigung eines Kreuzungsschemas".

	Allele:	G = gelb g = grün		R = rund r = runzlig
F_1-Generation	**Phänotyp**		X	
	Genotyp	GgRr		GgRr
	Geschlechtszellen			
F_2-Generation	**Kreuzungsschema**			
	Phänotypen	???		

5 Vorlage eines Kreuzungsschemas für zwei unabhängig vererbte Merkmale

Vom Gen zum Merkmal

1 Drei mögliche Blütenfarben bei Löwenmäulchen (links und rechts: P-Generation; Mitte: F_1-Generation).

Auftreten neuer Merkmalsausprägungen Das Löwenmäulchen ist eine typische Gartenpflanze. Es gibt Züchtungen mit ausschließlich roten oder ausschließlich weißen Blüten. Eine Kreuzung beider Formen führt in der F_1-Generation zu Pflanzen mit ausschließlich rosa Blüten ► Bild 1. Es handelt sich also um eine Merkmalsausprägung, die keine der Elternpflanzen besaß.

Unvollständige Dominanz Beim Löwenmäulchen gibt es ein Allel für die rote und ein Allel für die weiße Blütenfarbe. Die Kreuzung zweier homozygoter Elternpflanzen mit roten bzw. weißen Blüten führt zu heterozygoten Pflanzen. Im Gegensatz zur Kodominanz werden nicht beide Merkmale nebeneinander ausgeprägt. Stattdessen entwickelt sich ein neues Merkmal, hier in Form von rosa Blüten. Das Phänomen wird als *unvollständige Dominanz* bezeichnet. Dadurch entsteht bei heterozygoten Individuen ein kennzeichnender dritter Phänotyp: Jedem Phänotyp kann ein Genotyp zugeordnet werden.

Genprodukte und Phänotyp Der Phänotyp wird durch die genetische Ausstattung eines Lebewesens bestimmt. Tatsächlich führen Gene zur Bildung von Proteinen, in der Regel Enzymen, die eine Rolle bei der Merkmalsausprägung spielen. Die Enzyme katalysieren Reaktionen im Stoffwechsel, die sich phänotypisch äußern können ► Bild 2. Beim Löwenmäulchen führt das Allel für die rote Blütenfarbe zur Bildung eines Enzyms, das für die Produktion von rotem Blütenfarbstoff verantwortlich ist. Weil rosa Löwenmäulchen aber nur ein Allel für die Bildung entsprechender Enzyme besitzen, bilden sie im Gegensatz zu den roten Pflanzen der P-Generation geringere Mengen des Farbstoffs.

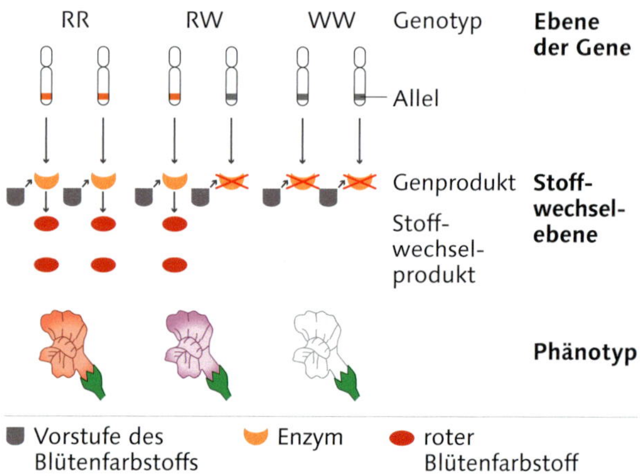

2 Enzyme als Genprodukte bestimmen den Phänotyp.

1 Erläutere, warum auch bei einer unvollständigen Dominanz die 1. Mendel'sche Regel gilt.

2 **A** Stelle in einem Kreuzungsschema die Kreuzung der Individuen der P- und der F_1-Generation jeweils untereinander dar.
B Diskutiere die Möglichkeit der Weiterzucht rosafarbener Löwenmäulchen.
C Beschreibe die Ausbildung der unterschiedlichen Blütenfarben anhand von ► Bild 2.

3 Vergleiche unvollständige Dominanz und Kodominanz.

Modifikation

Umweltfaktoren beeinflussen den Phänotyp Selbst eineiige Zwillinge lassen sich mit etwas Übung nach einiger Zeit gut auseinanderhalten. Das bedeutet, dass sich Lebewesen trotz gleicher Erbinformation im Phänotyp unterscheiden können: Man spricht von *Modifikationen*. Sie sind die Folge verschiedener Umweltfaktoren. Solche Faktoren sind z. B. die Ernährung und das soziale Umfeld. Somit ist der Phänotyp das Ergebnis des Zusammenspiels von Genen und Umweltfaktoren. Die Körpergröße des Menschen wird zu 20 % durch Umweltfaktoren bestimmt. Auch die Hautfarbe wird maßgeblich durch UV-Licht oder das Gewicht durch die Ernährung beeinflusst. Andere Merkmale wie die Blutgruppe werden nicht beeinflusst.

Reaktionsnorm Aufgrund der Umwelteinflüsse variieren Merkmale innerhalb genetisch festgelegter Grenzen. Dieser Spielraum wird als *Reaktionsnorm* bezeichnet. Dabei wird die Erbinformation eines Individuums nicht beeinflusst. Modifikationen erhöhen die Überlebensfähigkeit des Organismus, weil sie eine Anpassung an die herrschenden Lebensbedingungen ermöglichen.

Vermehrt man Pantoffeltierchen ungeschlechtlich durch Zellteilung, erhält man genetisch identische Klone. Hält man diese in einem Aquarium, in dem unterschiedliche Umwelteinflüsse herrschen, erhält man Tiere mit unterschiedlichen Größen. Ihre Reaktionsnorm reicht hinsichtlich der Größenentwicklung von 136 µm bis hin zu 202 µm ▶ Bild 4. Weil die meisten Pantoffeltierchen sowohl positiven als auch negativen Einflüssen ausgesetzt sind, sind die Tiere mit einer mittleren Größe in der Überzahl.

1. Sammle eine Stichprobe der Blätter eines Baums. Ermittle Mittelwert und Reaktionsnorm der Blattlänge.
2. Stelle eine begründete Hypothese darüber auf, welche Reaktionsnorm zu erwarten ist, wenn jeweils ein besonders kleines bzw. ein besonders großes Pantoffeltierchen der beschriebenen Population entnommen und getrennt gehalten werden ▶ Bild 4.
3. Erläutere das Experiment in ▶ Bild 5.

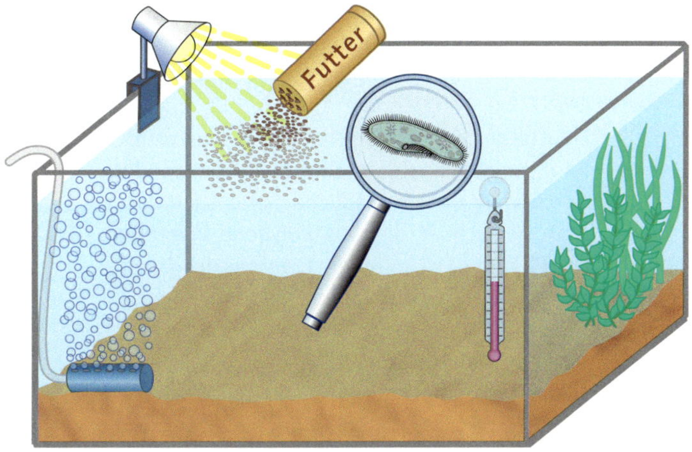

3 Die Größe eines Pantoffeltierchens wird von verschiedenen Umweltfaktoren bestimmt.

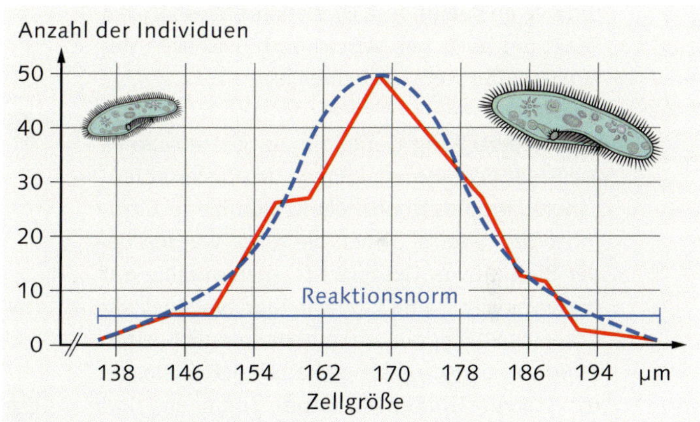

4 Größenverteilung von erbgleichen Pantoffeltierchen

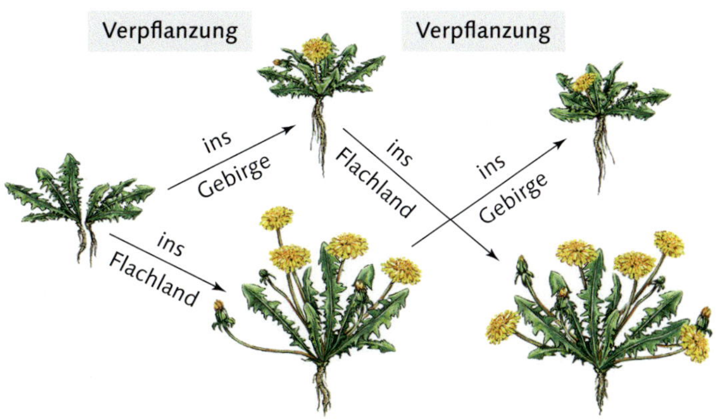

5 Experiment zur Modifikation beim Löwenzahn

Polygenie und genetische Vielfalt

Polygenie Viele genetisch bedingte Merkmale lassen sich nicht einfach in wenige klar zu unterscheidende Merkmalsausprägungen einteilen. Dazu gehören die Körpergröße oder die Hautfarbe ▶ Bild 1. Solche Merkmale werden häufig nicht durch ein einzelnes Gen, sondern durch viele unterschiedliche Gene beeinflusst. Man bezeichnet dies als *polygene Vererbung*. Der Phänotyp ist somit ein Ergebnis der Ausprägung eines Merkmals durch viele Gene.

Additive Polygenie Große Variabilität eines Merkmals deutet auf eine polygene Vererbung hin. Je breiter und fließender die Übergänge sind, desto mehr Gene bestimmen mit hoher Wahrscheinlichkeit das Merkmal. Die Körpergröße z. B. wird laut derzeitigem Forschungsstand von mindestens 180 Genen und Hunderten Allelen beeinflusst. Dies erklärt, weshalb die Reaktionsnorm bei Menschen hinsichtlich der Körpergröße stets individuell ist.

Normalverteilung Gene, die ein gemeinsames Merkmal bestimmen, können auf unterschiedlichen Chromosomen liegen. Homologe Chromosomen und mit ihnen die Allele werden bei der Bildung von Geschlechtszellen zufällig auf diese verteilt. Damit kann ein Kind eine Vielzahl unterschiedlicher Kombinationsmöglichkeiten erben. Statistisch gesehen halten sich Allele, die ein starkes Größenwachstum bedingen, und Allele, die zu einem geringen Größenwachstum führen, die Waage. Daher gibt es viele Menschen mit einer mittleren Körpergröße. Die Wahrscheinlichkeit, von den Eltern nur die Allele für eine erhebliche Körpergröße zu erben, ist sehr gering. Daher gibt es nur wenige Menschen, die größer als 2 m sind. Umgekehrt gilt dies auch für besonders kleine Menschen.

	Genotyp
Mutter	AaBbCc
Vater	AaBbCc

			AaBbCc			
			aaBbCC			
			aaBBCc			
			AaBbCc			
			aaBbCC			
		aaBbCc	AabbCC	aaBBCC		
		aaBbCc	AaBbCc	AaBbCC		
		AabbCc	aaBBCc	AaBBCc		
		AaBbcc	AaBbCc	AaBbCC		
		aabbCC	AaBBcc	AaBBCc		
		aaBbCc	AabbCC	AaBbCC		
		AabbCc	AaBbCc	AAbbCC		
		aaBbCc	AAbbCc	AABbCc		
		aaBBcc	AaBbCc	AABbCc		
	aabbCc	AaBbcc	AAbbCc	AaBBCc	AaBBCC	
	aaBbcc	AabbCc	AAbbcc	AABbCc	AABbCC	
	Aabbcc	AabbCc	AaBbCc	AABBcc	AABBCc	
	aabbCc	AaBbcc	AaBBcc	AaBbCC	AaBBCC	
	aaBbcc	AAbbcc	AABbcc	AaBBCc	AABbCC	
aabbcc	Aabbcc	AaBbcc	AaBbCc	AABbCc	AABBCc	AABBCC
0	**1**	**2**	**3**	**4**	**5**	**6**
Zahl der Allele für starkes Größenwachstum						

2 Modell zur Erklärung der Größenunterschiede von Menschen

1. Beurteile, ob ein Elternpaar sowohl besonders kleine als auch große Kinder zeugen kann. Gehe in allen Fällen von einer unvollständigen Dominanz aus:
   a) wenn ihr Genotyp AaBbCc und AAbbCc lautet;
   b) wenn ihr Genotyp AAbbCC und aaBBcc lautet.
   Großbuchstaben bezeichnen Allele für starkes Größenwachstum; jeweils 5 bzw. 6 Allele führen zu einer extremen Ausprägung der Merkmalsform.
2. Beschreibe das in ▶ Bild 2 dargestellte Diagramm.
3. Begründe, warum man durch das Ausmessen der Länge von Blättern eines Baums eine Reaktionsnorm bestimmen kann, dies durch das Vermessen der Körpergröße von Menschen aber nicht möglich ist.
4. Erkläre den Unterschied zwischen genetischer Variabilität bzw. Polygenie und der Variabilität durch Modifikation.

1 Menschen unterscheiden sich in Körpergröße und Hautfarbe.

Datenerhebung

Eine Datenerhebung dient der Erkenntnisgewinnung. Bei richtiger Vorgehensweise ermöglicht sie allgemeingültige Aussagen, z. B. über die Körpergröße von Menschen. Wichtig ist es, ausreichend große Stichproben mit zufällig ausgewählten Personen zu betrachten. Gehe bei einer Datenerhebung wie folgt vor:

Schritt 1 Fragestellung und Wahl der Bezugsgruppe

Die Fragestellung sollte sorgfältig gewählt werden. Einschränkungen können deutlichen Einfluss auf das Ergebnis haben. Wählt man die Frage „Welche Körpergröße besitzen die erwachsenen Bundesbürger?“, wird man ein anderes Ergebnis erhalten, als wenn man die Körpergröße nur unter Zehntklässlern untersucht.
Entscheidend ist also die Wahl der Bezugsgruppe. Das ist diejenige Gruppe, über die Aussagen hinsichtlich einer bestimmten Fragestellung getroffen werden sollen.

Schritt 2 Datenerfassung

Das Festhalten von Daten ist besonders anfällig für Fehler. Es muss sichergestellt werden, dass die Daten immer exakt gleich aufgenommen werden. Fehlerquellen sind zu minimieren. Somit sollten gleiche und möglichst exakte Messinstrumente verwendet werden.
Während einer Körpergrößenmessung beispielsweise sollten die Probanden möglichst gerade stehen und ihre Schuhe ausziehen.

Schritt 3 Stichprobe

Häufig lassen sich nicht alle Mitglieder der Bezugsgruppe untersuchen. So ist es wahrscheinlich nicht möglich, die Körpergröße aller Deutschen zu messen. Stattdessen wählt man also eine Stichprobe aus. Die Probanden der Stichprobe sollten möglichst repräsentativ für die Bezugsgruppe sein. Dies erreicht man, indem man eine möglichst große Anzahl an Testpersonen untersucht, sodass auch individuelle Besonderheiten, z. B. über- und unterdurchschnittliche Körpergrößen, abgebildet werden können. Erfasst man nur eine kleine Stichprobe und erhält zufällig viele extreme Werte, verfälschen diese das Ergebnis besonders stark.
Die Auswahl von Probanden für die Stichprobe sollte möglichst zufällig geschehen, sodass keine ungewünschten Zusammenhänge hergestellt werden. Wer die Körpergröße einer Basketballmannschaft vermisst, der wird sicher kein Ergebnis erhalten, das für alle Deutschen gilt.

Schritt 4 Darstellung und Auswertung

Um über Ergebnisse reden zu können, ist es hilfreich, diese in Form einer Grafik darzustellen. Hierfür eignen sich besonders Diagramme. Man trägt also für jede Körpergröße ein, wie häufig man diese erhalten hat.
Bei der Auftragung von Häufigkeiten in einem Diagramm erhält man oft eine Kurve, die die Form einer Glocke hat. Sie entspricht der Normalverteilung. Das bedeutet, dass es einen Mittelwert gibt, um den herum es eine große Häufigkeit gibt. Mit zunehmender Abweichung vom Mittelwert nimmt die Häufigkeit ab. Die Extremwerte einer Merkmalsausprägung kommen somit nur selten vor.

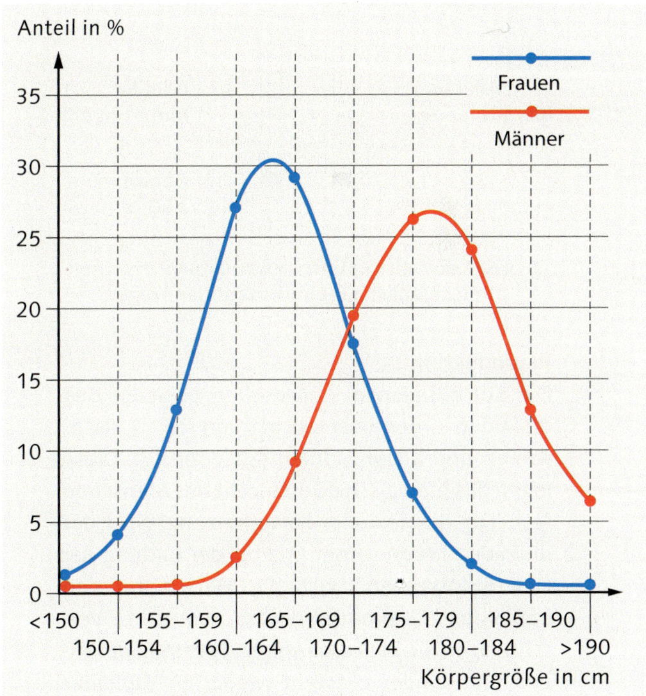

3 Statistik zur Körpergröße der Bundesbürger

1 Führe eine Datenerhebung zu einem geeigneten Merkmal durch. Mögliche Fragestellungen können sich auf die Körpergröße oder den Ruhepuls beziehen.

Zusammenfassung

Information und Kommunikation

Die Funktion des Zellkerns besteht in der Steuerung von Stoffwechselvorgängen. Er enthält genetische Informationen in Form von Chromosomen. Diese bestehen aus DNA-Strängen. Bestimmte DNA-Abschnitte enthalten die Erbinformationen für ein Merkmal. Genabschnitte an identischen Orten homologer Chromosomen bezeichnet man als Allele. Sie können sich hinsichtlich ihrer Erbinformation für das Merkmal unterscheiden. So besitzt ein Lebewesen durch den diploiden Chromosomensatz Erbinformationen, die zwei unterschiedliche Ausprägungen eines Merkmals zur Folge haben können ▶ Bild 1.

Diese Zusammenhänge zur genetischen Information lassen sich in das Basiskonzept *Information und Kommunikation* einordnen.

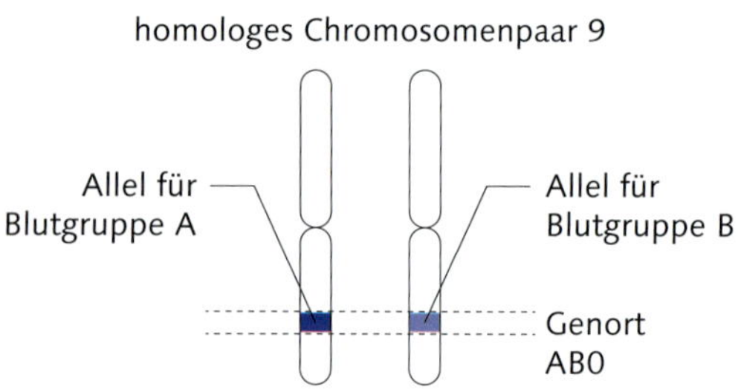

1 Gene homologer Chromosomenpaare können unterschiedliche Erbinformationen tragen.

Reproduktion

Die Körperzellen des Menschen besitzen den diploiden Chromosomensatz von 22 · 2 Autosomen und 2 Gonosomen (XX oder XY). Diese legen das biologische Geschlecht des Menschen fest. Für die sexuelle Fortpflanzung wird der diploide Chromosomensatz bei der Bildung der Geschlechtszellen durch die Meiose auf den haploiden Chromosomensatz reduziert. Verschmelzen die Zellkerne von Eizelle und Spermium miteinander, entsteht wieder ein diploider Chromosomensatz. Er bleibt in jeder Generation konstant. Ein Kind besitzt Erbinformationen von Mutter und Vater. Innerhalb seines Körpers werden Zellen durch Zellverdopplung neu gebildet. In diesem Zuge findet auch die Kernteilung, die Mitose, statt. Dabei werden die Chromosomen verdoppelt und auf die Tochterzellen verteilt. Somit enthalten die Zellen nach der Zellverdopplung die gleichen genetischen Informationen.

Die asexuelle Fortpflanzung führt zu genetisch identischen Nachkommen. Sie werden als Klone bezeichnet. Durch Übertragen des Zellkerns lassen sich Klone auch im Labor erzeugen.

Erbinformationen ermöglichen also Wachstum und Fortpflanzung. Dies beschreibt das Basiskonzept *Reproduktion*.

Variabilität und Angepasstheit

Der Phänotyp eines Lebewesens wird maßgeblich durch den Genotyp bestimmt. Gene enthalten Bauanleitungen für Genprodukte. Das sind häufig Enzyme. Sie wirken sich durch ihre Rolle im Stoffwechsel auf den Phänotyp aus ▶ Bild 2.

Bei der Meiose werden die homologen Chromosomen zufällig auf die Geschlechtszellen verteilt. Diese Rekombination führt bezüglich der Erbinformation zu unterschiedlichen Geschlechtszellen jedes Elternteils. Durch sexuelle Fortpflanzung erreichen Lebewesen eine hohe Variabilität. Nachkommen unterscheiden sich also in ihrem Geno- und Phänotyp von ihren Eltern. Die Mendel'schen Regeln ermöglichen statistische Voraussagen über mögliche Geno- und Phänotypen der Nachkommen.

Die Variabilität kann zu Individuen führen, die in besonderem Maß an ihre Umwelt angepasst sind. Aber auch die Umwelt selbst hat einen Einfluss auf das Erscheinungsbild eines Lebewesens. Solche Einflüsse bezeichnet man als Modifikationen.

Das Basiskonzept *Variabilität und Angepasstheit* beschreibt diese Zusammenhänge.

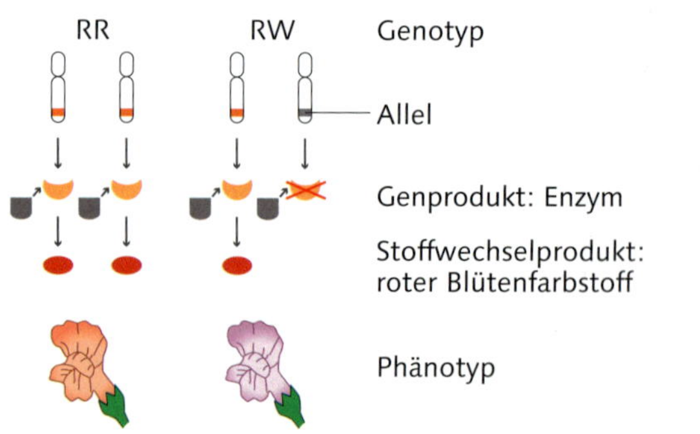

2 Zusammenhänge zwischen Genotyp und Phänotyp

Teste dich!

1 Unter Mitose versteht man die Teilung des Zellkerns.
- **A** Erkläre die Bedeutung der Mitose für die Zellteilung.
- **B** Fasse die Phasen der Mitose tabellarisch zusammen.

2 Die Meiose ermöglicht die sexuelle Fortpflanzung.
- **A** Erkläre die Bedeutung der Meiose für die sexuelle Fortpflanzung.
- **B** Fasse die Phasen der Meiose tabellarisch zusammen.

3 Erkläre die Begriffe Zellkern, Chromosom, DNA, Gen und Allel zusammenhängend.

4 Erkläre die Begriffe dominant, rezessiv, kodominant und unvollständig dominant.

5 Die Rot-Grün-Sehschwäche geht auf ein Fehlen oder eine Fehlfunktion von bestimmten Lichtsinneszellen in der Netzhaut zurück, sodass die Farben Rot und Grün nur schwer voneinander unterschieden werden können. Diagnostiziert werden kann diese Sehschwäche mit Farbtafeln wie in ▶ Bild 3 (links).
- **A** Beurteile anhand des Familienstammbaums, welcher Erbgang der Rot-Grün-Sehschwäche zugrunde liegt ▶ Bild 3 (rechts).
- **B** Beziehe Stellung zu folgender Aussage: „Die Rot-Grün-Sehschwäche überspringt die zweite Generation im vorliegenden Stammbaum."

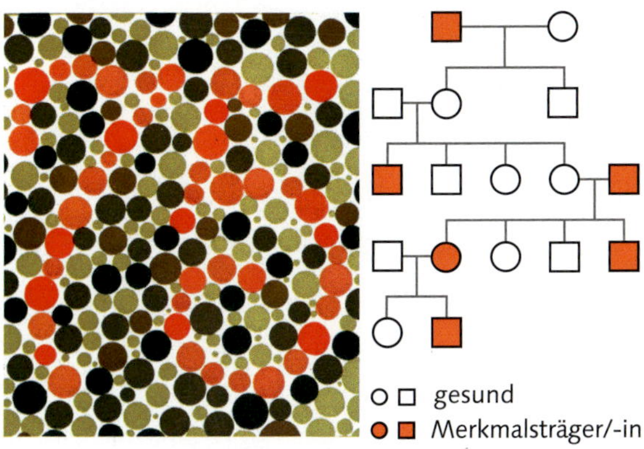

3 In diesem Familienstammbaum sind Merkmalsträger der Rot-Grün-Sehschwäche rot hervorgehoben. Personen ohne Rot-Grün-Sehschwäche lesen auf dem Bild die Zahl 75.

4 Chromosomensatz männlicher und weiblicher Heuschrecken

6 Formuliere eine Hypothese, wie die Vererbung des Geschlechts bei Heuschrecken erfolgt ▶ Bild 4.

7 Erläutere die mögliche Anzahl unterschiedlicher Geschlechtszellen aus einer Vorläuferzelle mit 2n = 6 Chromosomen.

8 Erläutere, warum es entscheidend für den Phänotyp eines Kindes ist, welches von zwei homologen Chromosomen es von der Mutter erbt.

9 Begründe Vor- und Nachteile der sexuellen Fortpflanzung.

10 Fruchtfliegen (▶ Bild 5) eignen sich gut für Zuchtexperimente. Ein Kreuzungsversuch mit für die betrachteten Merkmale homozygoten Tieren wurde durchgeführt.
- **A** Beschreibe den Kreuzungsversuch ▶ Bild 6.
- **B** Erkläre, welcher Erbgang bei der Vererbung von Flügelform und Borsten vorliegt.
- **C** Die Fruchtfliegen der F_1-Generation werden miteinander gekreuzt. Erläutere anhand eines Kreuzungsschemas unter Bezug auf die entsprechende Mendel'sche Regel deine Erwartung hinsichtlich des Phänotyps der Tiere der F_2-Generation.

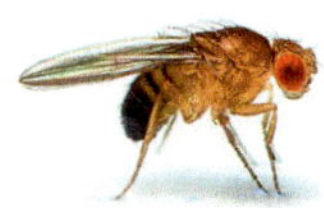

5 Fruchtfliege

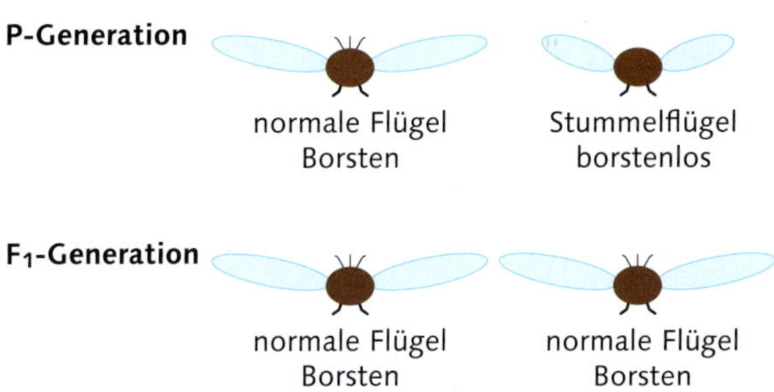

6 Ergebnisse eines Kreuzungsversuchs mit Fruchtfliegen

▶ Die Lösungen zu den Aufgaben findest du im Anhang.

Evolution

Auf der Erde gibt es eine unglaubliche Vielfalt an Lebewesen. Sie haben sich über Millionen von Jahren entwickelt. Diese Entwicklung der Lebewesen auf der Erde bezeichnet man als Evolution. Evolution ist das Ergebnis von Mutation, Rekombination und Selektion. Heute gibt es Lebewesen, die vor Tausenden von Jahren noch nicht existiert haben, andere sind bereits wieder ausgestorben und existieren nicht mehr. Einige ausgestorbene Lebewesen sind als Fossilien erhalten, diese gelten als wichtige Belege für die Evolution. Stammbäume helfen, verwandtschaftliche Beziehungen darzustellen.

Geschichte des Lebens auf der Erde

1 Erde vor 4,6 Milliarden Jahren (a), vor 440 Millionen Jahren (b) und heute (c)

Könnten wir 100 Millionen Jahre in die Vergangenheit reisen, so würden wir ein Bild unserer Umwelt sehen, das sich von dem heutigen stark unterscheidet: Große Reptilien, die Saurier, beherrschten die Erde. Sie existierten viele Millionen Jahre auf unserem Planeten. Vor allem die landlebenden Dinosaurier faszinieren uns noch heute, auch wenn sie längst ausgestorben sind. Die Tier- und auch die Pflanzenwelt haben sich im Verlauf der Erdgeschichte grundlegend verändert. Heute finden wir zahlreiche Lebewesen, die es vor 100 Millionen Jahren noch nicht gegeben hat. Die Geschichte des Lebens auf der Erde ist eine Geschichte mit vielen Veränderungen und sie reicht noch viel weiter zurück als bis zur Zeit der Saurier.

Erste Lebewesen Die Erde entstand bereits vor etwa 4,6 Milliarden Jahren. Vor 3,8 Milliarden Jahren tauchten die ersten Lebewesen im Wasser auf. Es waren Einzeller, die in ihrem Aufbau den heutigen Bakterien sehr ähnlich waren.
Etwa eine Milliarde Jahre später gab es Einzeller, die die Energie des Sonnenlichts umwandeln konnten. Sie betrieben Fotosynthese und produzierten dabei Sauerstoff. Die Zusammensetzung der Luft veränderte sich dadurch beträchtlich. Es entwickelten sich Lebewesen, die den Sauerstoff zum Leben nutzen konnten.
Vor ungefähr 1,5 Milliarden Jahren traten dann die ersten vielzelligen Lebewesen auf der Erde auf. Im Gegensatz zu den Einzellern bestehen Vielzeller aus vielen verschiedenen Zellen, die jeweils auf unterschiedliche Aufgaben spezialisiert sind.
Erste Pflanzen, die Algen, entstanden vor etwa 600 Millionen Jahren. 100 Millionen Jahre später begann die Entwicklung der Wirbeltiere. Die ersten Vertreter dieser Gruppe waren die Urfische. Diese fischähnlichen Tiere lebten wie alle Lebewesen zu dieser Zeit ausschließlich im Wasser.

Vom Wasser zum Land Pflanzen waren die ersten Lebewesen, die vor etwa 440 Millionen Jahren auch das Festland besiedelten. Vor 400 Millionen Jahren gab es auch erste landlebende

2 Erste Amphibien

Tiere. Sie gehörten zu den Insekten. Die ersten Wirbeltiere, die sowohl an Land als auch im Wasser leben konnten, waren Amphibien. Diese waren auch die Vorfahren der Reptilien. Die ersten Vertreter der Gruppe der Reptilien gab es vor 320 Millionen Jahren. Etwa 80 Millionen Jahre später entwickelten sich die Saurier. Sie lebten an Land, im Wasser und vogelähnliche Saurier beherrschten den Luftraum. Vor etwa 200 Millionen Jahren gab es die ersten Vögel.

Entwicklung der Säugetiere Saurier besiedelten etwa 170 Millionen Jahre lang nahezu alle Lebensräume der Erde. Zu dieser Zeit existierten bereits wenige einfache Säugetierarten. Vor rund 65 Millionen Jahren kam es zu einem plötzlichen Massensterben. Davon waren die Saurier und auch andere Tiergruppen betroffen. Man nimmt heute an, dass eine enorme Klimaveränderung, ausgelöst durch eine große Katastrophe wie einen Meteoriteneinschlag oder einen Vulkanausbruch, dafür verantwortlich war. Nach dem Aussterben der Saurier konnte sich eine Vielfalt neuer Säugetierarten entwickeln, für sie waren nun viele ökologische Nischen frei.

Vorfahren des Menschen Vor etwa 7 Millionen Jahren begannen affenähnliche Säugetiere sich auf zwei Beinen fortzubewegen. Die freien Arme verschafften ihnen einen großen Vorteil bei der Jagd, dem Transportieren von Nahrung und später auch dem Gebrauch von einfachen Werkzeugen. Etwa 5 Millionen Jahre später lebten die ersten Urmenschen ▶ Bild 3. Innerhalb der vergangenen 2 Millionen Jahre entwickelten sich diese körperlich und auch kulturell weiter zum Jetztmenschen.

3 Urmenschen

4 Versteinerter Ammonit

Fossilien Die Geschichte des Lebens auf der Erde ist 3,8 Milliarden Jahre lang. In dieser Zeit haben sich zahlreiche verschiedene Lebensformen entwickelt, von denen etliche bereits ausgestorben sind. Heute lebende Arten bezeichnet man als *rezente Arten*. Von ihren ausgestorbenen Vorfahren sind oftmals nur noch Spuren übrig, die uns jedoch Hinweise über ihre Existenz geben können.
Die Überreste eines toten Tiers oder einer Pflanze werden in der Regel von Destruenten wie Bakterien und Pilzen zersetzt. Wird ein toter Organismus allerdings von Sand, Schlamm oder Harz bedeckt oder sinkt beispielsweise auf den Grund eines Sees, dann gerät er unter Sauerstoffabschluss. In dieser Umgebung erfolgt eine Zersetzung nur sehr langsam und Bestandteile, Formen oder Strukturen bleiben erhalten. Es kommt zur Fossilisation, der Entstehung von Fossilien.
Heute findet man z. B. in Gesteinsschichten Abdrücke von Knochen oder Schalen von Lebewesen, die oft mehrere Millionen Jahre alt sind. Aus dem Alter der Gesteinsschicht können Forscher auf das Alter des Fossils schließen.
Bei einigen Lebewesen wie den Ammoniten können sich nach deren Tod Kalk oder andere Substanzen in Hohlräume einlagern. Durch hohe Drücke entstehen in langen Zeiträumen Versteinerungen ▶ Bild 4. Auch Versteinerungen gelten als Fossilien.

1 Stelle die Geschichte des Lebens auf der Erde in Form eines Zeitstrahls dar.

2 **A** Beschreibe die Entstehung von Fossilien.
B Begründe, welchen Teil des Tiers ▶ Bild 4 zeigt.

Selektion

1 Verschiedene Käferarten

Vielfalt Die Insekten bilden mit Abstand die artenreichste Klasse der Tiere, etwa eine Million verschiedene Insektenarten sind heute bekannt. Auch wenn alle Insekten eine Klasse bilden, sind die einzelnen Arten doch verschieden ▶ Bild 1. Sie unterscheiden sich im Aussehen, in der Lebensweise und auch im Verhalten.
Auch innerhalb einer Art gibt es erkennbare Unterschiede, selbst zwischen den Individuen derselben Population. Zu einer *Population* werden diejenigen Individuen einer Art zusammengefasst, die im selben Gebiet vorkommen und sich genetisch sehr ähnlich sind.
Die genetische Variabilität innerhalb von Populationen ist das Ergebnis von Rekombination bei der sexuellen Fortpflanzung sowie von *Mutation*, also der Veränderung der Erbinformation. Mutationen treten zufällig auf und verfolgen keinen Zweck.

Natürliche Auslese In einer Birkenspannerpopulation ist die genetische Variabilität durch die unterschiedliche Ausprägung der Flügelfärbung besonders gut zu erkennen: Es gibt Tiere mit hellen und Tiere mit dunklen Flügeln ▶ Bild 2. Beide Formen zählen aber zur selben Art, da sie sich untereinander fruchtbar fortpflanzen können und in wesentlichen Merkmalen übereinstimmen.
Infolge ihrer verschiedenen Färbung sind Birkenspanner unterschiedlich gut an ihre Umwelt angepasst. Die helle Variante des Birkenspanners ist auf der hellen Borke von Birken gut vor Fressfeinden geschützt. Die Tiere mit den dunklen Flügeln sind leichter zu erkennen. In einer Population überwiegt daher meist die Variante mit den hellen Flügeln, da die schwarzen Tiere von Fressfeinden eher erkannt und daher häufiger gefressen werden.
Zum Ende des 19. Jahrhunderts konnte man in Industriegebieten Englands allerdings beobachten, dass die Anzahl der Tiere mit den dunklen Flügeln immer mehr zunahm. Hier hatten die schwarzen Falter jetzt einen Vorteil: Aufgrund der Luftverschmutzung waren die Bäume mit einer schwarzen Rußschicht überzogen, auf der nun die hellen Tiere leicht zu erkennen waren ▶ Bild 3. Tiere mit schwarzen Flügeln waren gut getarnt und wurden nicht so leicht von Fressfeinden erkannt. Im Lauf der Zeit nahm die Anzahl der dunklen Tiere in der Population immer mehr zu, da auch bei den Nachkommen die schwarzen Tiere eine höhere Überlebenschance hatten.
Umweltbedingungen verändern sich ständig. Die Variabilität von Individuen in einer Population führt dazu, dass diese unterschiedlich gut an neue Bedingungen angepasst sind. Besser angepasste Individuen pflanzen sich erfolgreicher fort als die weniger gut angepassten. Diese natürliche Auslese bezeichnet man als *Selektion*. Bedingungen für Selektion sind Rekombination und Mutation. Durch Selektion kommt es zu einer ständigen Veränderung von Arten.

2 Dunkle und helle Form des Birkenspanners

3 Angepasstheit des dunklen Birkenspanners

Manchmal kommt es vor, dass ein Teil der Population räumlich von der übrigen Population getrennt wird. Dann kann die Entwicklung der beiden Teilpopulationen so unterschiedlich sein, dass dabei eine neue Art entsteht. Die Entstehung von Arten aus bereits existierenden Arten dauert aber in der Regel viele Millionen Jahre. Die Entwicklung von Lebewesen auf der Erde bezeichnet man als *Evolution*. Evolution ist das Ergebnis des Zusammenspiels von Mutation, Rekombination und Selektion.

1 **A** Stelle in einem Fließschema die Entwicklung einer Birkenspannerpopulation unter Einfluss der Luftverschmutzung dar.
B Inzwischen ist die Rußbildung der Industrie durch die Entwicklung von Filteranlagen deutlich zurückgegangen. Erläutere die Auswirkungen auf die Birkenspannerpopulation.

2 Erkläre, wann man von einer neuen Art spricht.

Selektion spielen

Innerhalb einer Population von Waldmäusen variiert die Körpergröße zum Teil beträchtlich. Sie ist genetisch bedingt und wird durch die Körpergröße beider Elternteile mitbestimmt. Am Beispiel der Körpergröße von Mäusen soll das Prinzip der Selektion modellhaft dargestellt werden.

Material: Für jede Schülerin und jeden Schüler 2 Karten (das entspricht bei 30 Personen 60 Karten), die mit den Ziffern 1–10 beschriftet sind; etwa 60 Blankokarten (unbeschriftet)

Durchführung:
Legt alle beschrifteten Karten verdeckt auf einen Tisch und durchmischt sie.

1. Jeder von euch steht stellvertretend für eine Maus und zieht zunächst 2 Karten. Die Zahlen auf den Karten stellen die von Vater bzw. Mutter weitergegebene Körpergröße dar (ohne Einheit). Ermittelt nun die Körpergröße eurer jeweiligen Maus, indem ihr die Werte beider Karten addiert. Bei einer 5 und einer 7 hat die Maus also eine Körpergröße von 12. Je höher die Zahl ist, desto größer ist die Maus.
2. Erstellt eine Tabelle wie in ▶ Bild 4 und tragt die Häufigkeit aller Körpergrößen „eurer Mäusepopulation" ein. Wenn ihr beispielsweise 3-mal die Körpergröße 12 ermittelt habt, dann schreibt ihr in das Feld der Körpergröße 12 die Anzahl 3.
3. Im Winter herrscht plötzlich eine Nahrungsknappheit. Die großen Tiere finden nicht genug Nahrung und überleben nicht. Es stirbt genau die Hälfte der Mäusepopulation. Zählt dazu die Mäuse mit der größten Körpergröße ab und legt die entsprechenden Karten zur Seite (bei 30 Mitspielern müsst ihr die 15 größten Mäuse aussortieren).
4. Die überlebenden Mäuse pflanzen sich fort. Übertragt dazu die Zahlenwerte der Karten, die ihr nicht zur Seite gelegt habt, auf Blankokarten. Jetzt sind wieder genauso viele Karten im Spiel wie zu Beginn – die Anzahl der Mäuse hat sich durch Fortpflanzung also verdoppelt. Legt die Karten wieder verdeckt auf den Tisch.
5. Wiederholt die Schritte 1 bis 4 noch zweimal. Da so immer die gleiche Anzahl an Karten im Spiel ist, können alle mitspielen. Erstellt für jeden Durchgang eine Tabelle wie in Schritt 2 ▶ Bild 4.

3 Stelle die Größenverteilungen in drei Säulendiagrammen dar. Zeichne sie untereinander.

4 Erkläre, wie die Variabilität in diesem Spiel dargestellt wird.

5 Erläutere die Selektion anhand der Spielergebnisse.

Körpergröße	2	3	4	5	6	7	8	9	10	11	12	13	14	15	16	17	18	19	20
Anzahl																			

4 Häufigkeit der Körpergrößen

CHARLES DARWIN und die Evolutionstheorie

1 CHARLES DARWIN (1809–1882) und seine Reiseroute

Die Reise von CHARLES DARWIN Schon lange machen sich Menschen Gedanken über die Entstehung und Entwicklung der verschiedenen Lebewesen. Bis zum 19. Jahrhundert vertrat man die Ansicht, alle existierenden Arten seien Ergebnis der Schöpfung und seitdem unverändert. Diese „Artenkonstanz" wurde im 19. Jahrhundert durch den englischen Naturforscher CHARLES DARWIN infrage gestellt.
Im Alter von 22 Jahren hatte DARWIN die Möglichkeit, an einer Forschungsreise der englischen Marine teilzunehmen. Diese fast 5 Jahre dauernde Reise führte den jungen DARWIN um die ganze Welt ▶ Bild 1. Während seiner Reise beschrieb und zeichnete er zahlreiche Arten, die er in unterschiedlichen Gebieten der Erde entdeckte. Einige Funde nahm er mit nach Hause. Zwei Beobachtungen waren für ihn von besonders großer Bedeutung: An der Südspitze Südamerikas war DARWIN an Ausgrabungen beteiligt, bei denen Fossilien von sehr großen Säugetieren wie dem Riesenfaultier gefunden wurden. Die Überreste stammten von Tieren, die bereits ausgestorben waren, aber große Ähnlichkeit mit rezenten Säugetieren zeigten.
Die zweite wichtige Beobachtung machte DARWIN auf den Galapagosinseln, einer kleinen Inselgruppe im östlichen Pazifischen Ozean, etwa 1000 km vom Festland entfernt. Dort fand er zahlreiche Tierarten vor, die zwar große Ähnlichkeit mit Arten auf dem Festland hatten, aber dennoch unterschiedlich waren.

DARWINS Evolutionstheorie Schon vor Antritt seiner Reise glaubte DARWIN an die Wandelbarkeit der Arten und nicht mehr an die Artenkonstanz. Die große Ähnlichkeit der Fossilien der Riesensäugetiere mit noch lebenden Säugetieren war ein wichtiger Beleg für seine Theorie. Die rezenten Säugetierarten mussten seiner Meinung nach von ähnlichen Vorfahren wie die gefundenen Fossilien abstammen. Die Ähnlichkeit der Arten auf den Galapagosinseln war für ihn ein eindeutiger Beleg dafür, dass diese von Arten auf dem Festland abstammen mussten.
Seine Beobachtungen und Erkenntnisse fasste DARWIN nach seiner Rückkehr in seinem Werk „Über die Entstehung der Arten durch natürliche Zuchtwahl" zusammen. Auch heute, 155 Jahre nach dem Erscheinen seines Werks, ist seine Evolutionstheorie noch in großen Teilen gültig. Sie beruht im Wesentlichen auf der Veränderlichkeit der Arten durch Selektion. Neue Arten entstehen durch Weiterentwicklung bereits existierender Arten.

1 **A** Stelle die Theorie von DARWIN dar.
B Erläutere, wie DARWINS Beobachtungen ihn zu seiner Theorie der Evolution führten.

Die Evolution der Giraffe

Aufgrund ihrer Größe und vor allem wegen ihres langen Halses sind Giraffen bemerkenswerte Tiere. Die Männchen der Netzgiraffe werden bis zu 6 m hoch. Mit der Evolutionstheorie kann die Entwicklung des Giraffenhalses erklärt werden.

Entwicklung des Giraffenhalses

Die Vorfahren der Giraffe, die vor 65 Millionen Jahren in Europa, Afrika und Asien lebten, hatten wesentlich kürzere Hälse als die heute dort vorkommenden Giraffen. Wendet man die Theorie von DARWIN an, so könnte sich die Entwicklung des Giraffenhalses ähnlich zugetragen haben wie in ▶ Bild 2 dargestellt.

1 **A** Erläutere die auf den ▶ Bildern 2 a–e dargestellte Entwicklung des Giraffenhalses.
B Skizziere einen Inhalt für Bild 2 f und begründe deine Entscheidung.

2 Entwicklung des Giraffenhalses

Giraffe und Okapi – gemeinsamer Vorfahre!

Die Netzgiraffe und das Okapi sind auf den ersten Blick sehr unterschiedlich ▶ Bild 3. Dennoch geht man heute von einem gemeinsamen Vorfahren aus.

2 Vergleiche Netzgiraffe und Okapi. Fertige eine Tabelle an. Nutze die Informationen aus ▶ Bild 4.

3 Begründe, warum von einem gemeinsamen Vorfahren ausgegangen werden kann.

3 Okapi und Netzgiraffe

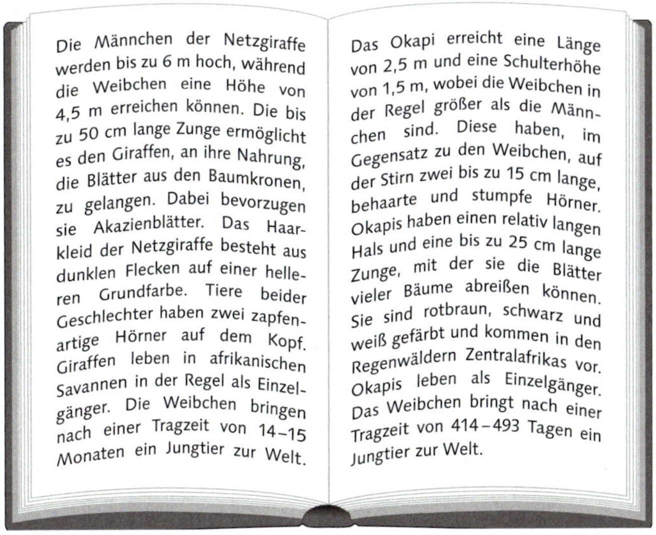

Die Männchen der Netzgiraffe werden bis zu 6 m hoch, während die Weibchen eine Höhe von 4,5 m erreichen können. Die bis zu 50 cm lange Zunge ermöglicht es den Giraffen, an ihre Nahrung, die Blätter aus den Baumkronen, zu gelangen. Dabei bevorzugen sie Akazienblätter. Das Haarkleid der Netzgiraffe besteht aus dunklen Flecken auf einer helleren Grundfarbe. Tiere beider Geschlechter haben zwei zapfenartige Hörner auf dem Kopf. Giraffen leben in afrikanischen Savannen in der Regel als Einzelgänger. Die Weibchen bringen nach einer Tragzeit von 14–15 Monaten ein Jungtier zur Welt.

Das Okapi erreicht eine Länge von 2,5 m und eine Schulterhöhe von 1,5 m, wobei die Weibchen in der Regel größer als die Männchen sind. Diese haben, im Gegensatz zu den Weibchen, auf der Stirn zwei bis zu 15 cm lange, behaarte und stumpfe Hörner. Okapis haben einen relativ langen Hals und eine bis zu 25 cm lange Zunge, mit der sie die Blätter vieler Bäume abreißen können. Sie sind rotbraun, schwarz und weiß gefärbt und kommen in den Regenwäldern Zentralafrikas vor. Okapis leben als Einzelgänger. Das Weibchen bringt nach einer Tragzeit von 414–493 Tagen ein Jungtier zur Welt.

4 Informationen zu Netzgiraffe und Okapi

Evolution der Wirbeltiere

1 Vertreter der fünf Wirbeltierklassen

Wirbeltiere – weltweit verbreitet Fische, Amphibien, Reptilien, Vögel und Säugetiere besitzen allesamt eine Wirbelsäule. Aufgrund dieses gemeinsamen Merkmals werden sie in den Stamm der Wirbeltiere eingeordnet.
Durch verschiedenste Angepasstheiten haben sich die Wirbeltiere in ihrer Entwicklung nahezu alle Lebensräume der Erde erschlossen: Fische besiedeln unsere Gewässer. Sie atmen durch Kiemen, mit denen sie den Sauerstoff, den sie zum Atmen benötigen, aus dem Wasser aufnehmen können. Flossen und der stromlinienförmige Körper machen eine schnelle Fortbewegung im Wasser möglich. Vögel können sich durch die Luft bewegen. Ihre leichten, hohlen Knochen, der Bau des Skeletts sowie ihr Federkleid ermöglichen ihnen das Fliegen. Sie benötigen beim Fliegen viel Sauerstoff und besitzen eine große Lunge mit Luftsäcken. Auch Amphibien, Reptilien und Säugetiere zeigen entsprechende Angepasstheiten an ihren Lebensraum.
Durch die Ausbreitung der Wirbeltiere in nahezu alle Lebensräume gibt es heute eine enorme Vielfalt: Etwa 58 000 verschiedene Wirbeltierarten sind bekannt, die aufgrund ihrer Merkmale in die genannten fünf Klassen eingeteilt werden.

Vom Wasser ans Land Die Entwicklung der Wirbeltiere begann vor etwa 500 Millionen Jahren. Zu dieser Zeit gab es schon einfache vielzellige Lebewesen und erste Pflanzen. Auch Urfische, die ersten Wirbeltiere, entwickelten sich. Diese lebten ausschließlich im Wasser und waren den heute lebenden Fischen sehr ähnlich.
Bei einigen Fischen entwickelten sich aus der Schwimmblase Lungen. Diese Fische konnten den Luftsauerstoff zum Atmen nutzen und so war ihnen ein kurzzeitiger Aufenthalt an Land möglich. Man vermutet, dass sich aus diesen Tieren die ersten Amphibien entwickelten. Diese lebten allerdings noch vorrangig im Wasser. Der vollständige Übergang vom Wasser ans Land vollzog sich also nicht abrupt, sondern war geprägt durch langsame, schrittweise Veränderungen durch Mutationen und Selektion, die zu Angepasstheiten an den neuen Lebensraum führten.

2 *Ichthyostega* (Rekonstruktion)

Als erstes Amphibium, das im Wasser und an Land leben konnte, gilt *Ichthyostega* ▶ Bild 2. Er zeigte noch einige Fischmerkmale: Sein Körper war stromlinienförmig, hatte einen fischartigen Schädel und eine große Schwanzflosse. Ichthyostega besaß eine Lunge, die es ihm ermöglichte, an Land zu atmen. Ganz ohne Wasser ging es aber nicht, da sich seine Larven, die Kaulquappen, im Wasser entwickelten.

Brückentiere Neben den Merkmalen der ursprünglichen Fische waren bei Ichthyostega auch deutliche Merkmale von Amphibien vorhanden. Lebewesen, die Merkmale von zwei systematischen Gruppen aufweisen, bezeichnet man als *Brückentiere*. *Ichthyostega* wird zwischen den Fischen und den Amphibien eingeordnet. Er bildet sozusagen eine Brücke zwischen diesen beiden Klassen.

3 *Anthracosaurier* (Rekonstruktion)

Auch die Entwicklung der übrigen Wirbeltierklassen hat sich in ähnlicher Weise vollzogen. Die Übergänge waren nicht sprunghaft, sodass es in der Entwicklung noch weitere Brückentiere gibt. Der *Anthracosaurier* (▶ Bild 3) gilt als Brückentier zwischen Amphibien und Reptilien: Er weist Merkmale beider Gruppen auf.

1 **A** Nenne die zugehörigen Wirbeltierklassen der Tiere aus ▶ Bild 1.
B Begründe deine Zuordnung.

2 Erläutere, warum Wirbeltiere in nahezu allen Lebensräumen vorkommen.

Archaeopteryx

Der etwa taubengroße *Archaeopteryx* gilt wie der *Ichthyostega* als Brückentier. Man kennt ihn von zahlreichen Fossilienfunden. In der Systematik ordnet man ihn üblicherweise zwischen den Sauriern und den Vögeln ein.

3 **A** Vergleiche die Merkmale von Saurier, *Archaeopteryx* und Vogel anhand von ▶ Bild 4. Fertige dazu eine Tabelle an.
B Begründe, warum *Archaeopteryx* als Brückentier gilt.

4 Forscher diskutieren, ob *Archaeopteryx* fliegen konnte. Nenne Gründe, die dafür- und dagegensprechen. Nutze dazu die ▶ Bilder 4 und 5.

5 Fossil eines *Archaeopteryx*-Skeletts

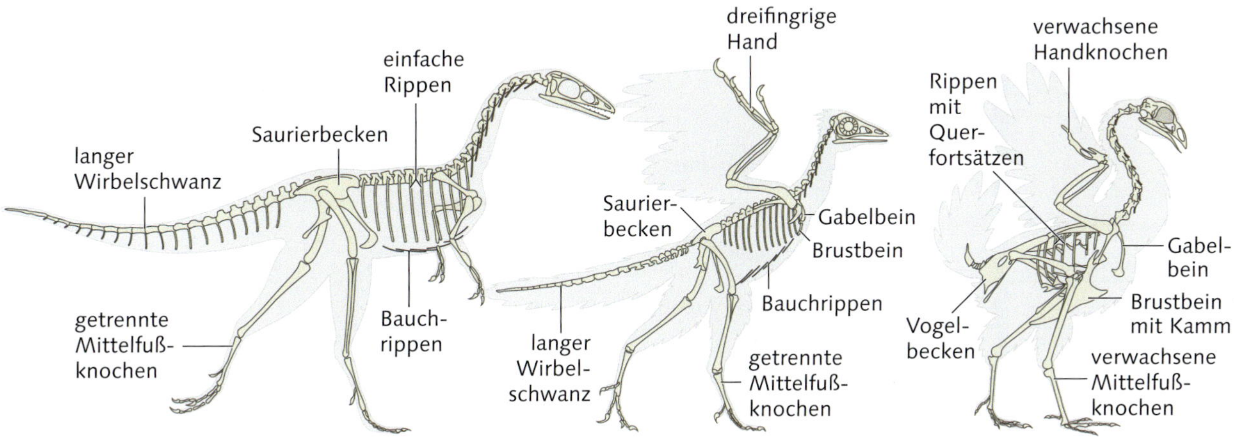

4 Saurier-, *Archaeopteryx*- und Vogelskelett

Stammbaum der Wirbeltiere

Verwandtschaft Feldhase und Kaninchen sind sich äußerlich sehr ähnlich ▶ Bild 1. Auf den ersten Blick sind sie leicht zu verwechseln. Solche Ähnlichkeiten in äußeren Merkmalen sind Zeichen für eine nahe Verwandtschaft zwischen zwei Arten. Je mehr Gemeinsamkeiten Lebewesen zeigen, desto näher sind sie in der Regel miteinander verwandt. Verwandtschaft bedeutet, dass es einen gemeinsamen Vorfahren gegeben hat. Bei nah verwandten Arten liegt dieser zeitlich gesehen weniger weit zurück als bei nicht so nah verwandten Arten.

1 Feldhase und Kaninchen – nahe Verwandte

Vergleicht man Kaninchen und Wolf, so fallen weniger Gemeinsamkeiten auf als zwischen Kaninchen und Feldhase. Kaninchen, Feldhase und Wolf gehören aufgrund gemeinsamer Merkmale dennoch alle zur Klasse der Säugetiere. Kaninchen und Feldhase gehören aufgrund gemeinsamer Merkmale, die der Wolf nicht aufweist, zur selben Ordnung. Das Kaninchen ist also näher mit dem Feldhasen verwandt als mit dem Wolf. Der gemeinsame Vorfahr von Kaninchen, Feldhase und Wolf hat somit vor längerer Zeit gelebt als der gemeinsame Vorfahr von Kaninchen und Feldhase. In einem Stammbaum kann man die verwandtschaftlichen Beziehungen zwischen Lebewesen sowie ihre zeitliche Entwicklung darstellen.

Stammbäume Ein Stammbaum ist einem Koordinatensystem ähnlich, wobei die Zeit auf der y-Achse aufgetragen wird. Je weiter zwei Gruppen auf der x-Achse voneinander entfernt sind, desto weniger eng sind sie verwandt. Zu Beginn der Entwicklung der Wirbeltiere stehen die Urfische ▶ Bild 2. Diese werden auf der y-Achse ganz unten eingetragen. Vor etwa 500 Millionen Jahren entwickelten sich daraus die Fische, vor ca. 370 Millionen Jahren die Amphibien. Amphibien und Fische sind näher miteinander verwandt als Fische und Reptilien und stehen daher näher zusammen. An jeder Verzweigung stellt man sich einen gemeinsamen Vorfahren vor, der Merkmale beider Gruppen besitzt.

1. Beschreibe den Stammbaum in ▶ Bild 2.
2. Begründe, welche Merkmale der gemeinsame Vorfahre von Amphibien und Reptilien aufgewiesen haben muss.

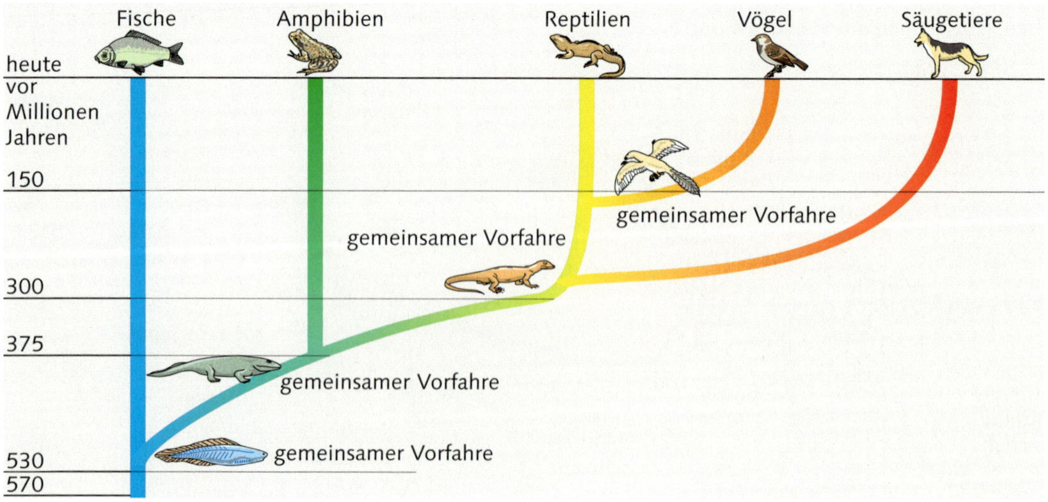

2 Stammbaum der Wirbeltiere

Evolution der Pferde

Im Verlauf der Evolution haben sich die verschiedenen Wirbeltierarten ganz unterschiedlich entwickelt. Sie zeigen unterschiedlichste Angepasstheiten an verschiedene Lebensräume. So wiesen auch die Vorfahren des heute existierenden Pferdes verschiedene Merkmale auf, durch die sie an die jeweils vorherrschenden Bedingungen angepasst waren.

Eines der ersten bekannten Pferde war *Hyracotherium*. Es lebte vor etwa 54 Millionen Jahren in den Wäldern Nordamerikas und Eurasiens. Zu dieser Zeit war das Klima feucht bei durchschnittlich höheren Temperaturen als heute. Der Waldboden war weich. *Hyracotherium* ernährte sich hauptsächlich von Laub und Früchten, es besaß ein Gebiss mit flachen Zähnen. Hyracotherium wurde nur etwa 0,5 m groß und bewegte sich auf jeweils vier gespreizten Zehen fort.
Equus, das heute lebende Pferd, erreicht eine Schulterhöhe von bis zu 1,6 m und bewegt sich auf nur jeweils einem Zeh fort. Sein Gebiss ist an die harte Grasnahrung angepasst.

In der Entwicklung der Pferde von *Hyracotherium* bis zu *Equus* gibt es noch andere Arten, die unterschiedliche Angepasstheiten an ihren jeweiligen Lebensraum zeigen. Einige dieser Arten (▶ Bild 3, 1–5) sind durch Fossilien belegt.

1. Beschreibe die Ausbreitung der fünf dargestellten Pferdearten ▶ Bild 3.
2. Vergleiche die Füße und Schädel der verschiedenen Pferdearten.
3. Stelle in einer Tabelle die Angepasstheiten der Pferde an ihren Lebensraum dar ▶ Bild 4.

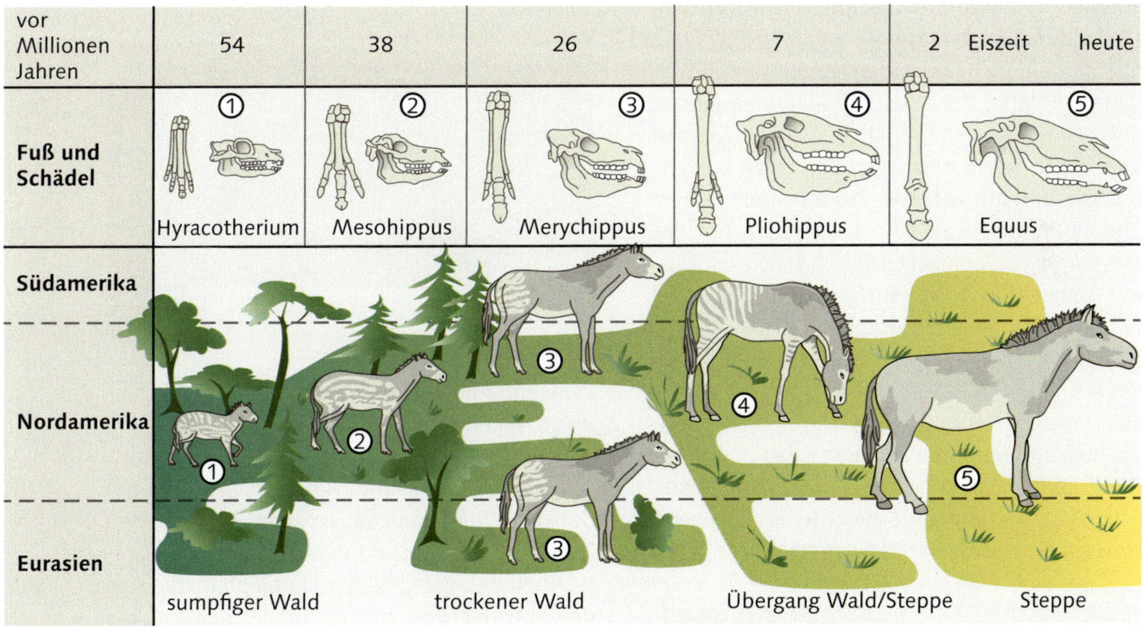

3 Evolution der Pferde

Pferdegattung	Lebensraum	Merkmale des Lebensraums	Angepasstheiten der Pferde
1. Hyracotherium ...	Wald in Nordamerika und Eurasien	Feuchter Boden, Bäume, ...	Gespreizte Zehen erleichterten das Laufen auf feuchtem Grund.

4 Tabelle zu Aufgabe 3

Zusammenfassung

Geschichte und Verwandtschaft

Die Geschichte des Lebens auf der Erde beginnt vor etwa 3,8 Milliarden Jahren. Die ersten Lebewesen waren Einzeller, die im Wasser lebten. Einige entwickelten die Fähigkeit, Fotosynthese zu betreiben. Da sich die Zusammensetzung der Luft daraufhin änderte, war bald komplexeres Leben möglich. Erste Lebewesen konnten aufgrund der Entwicklung von Lungen auch an Land leben. Dort gab es bald auch Wirbeltiere, zunächst Amphibien und Reptilien, später auch Vögel und Säugetiere. Schaut man sich die Entwicklung des Lebens auf der Erde an, so findet man in der Vergangenheit zahlreiche Arten, die es heute nicht mehr gibt. Dagegen gibt es heute viele Arten, die es vor einigen Millionen Jahren noch nicht gegeben hat. CHARLES DARWIN hat Arten beschrieben und verglichen und daraus die Evolutionstheorie begründet. Sie besagt, dass sich Arten aus bereits existierenden Arten entwickeln. Diese Entwicklung von Arten bezeichnet mal als Evolution.

Alle Wirbeltiere haben einen gemeinsamen Vorfahren. Er lebte vor etwa 500 Millionen Jahren und gehörte zu den Urfischen. Auch Säugetiere und Vögel haben einen gemeinsamen Vorfahren. Dieser lebte vor etwa 250 Millionen Jahren und besaß Merkmale beider Klassen. Arten, die Merkmale zweier Klassen in sich tragen und somit keiner Klasse eindeutig zuzuordnen sind, bezeichnet man als Brückentiere. *Archaeopteryx* gilt als Brückentier zwischen Reptilien und Vögeln ▶ Bild 1. Von *Archaeopteryx* und vielen anderen ausgestorbenen Arten gibt es Fossilien, die Auskunft über ihre Existenz geben.

Diese geschichtlichen und verwandtschaftlichen Zusammenhänge beschreibt das Basiskonzept *Geschichte und Verwandtschaft*.

1 Fossil eines *Archaeopteryx*

Variabilität und Angepasstheit

Individuen, die sich untereinander fruchtbar fortpflanzen können, zählen zur selben Art. Innerhalb einer Art unterscheiden sich die Individuen auch innerhalb derselben Population zum Teil beträchtlich. Diese Variabilität ist das Ergebnis von Rekombination und zufällig auftretenden Mutationen. Von den Birkenspannern, einer Insektenart, gibt es eine helle und eine dunkle Variante ▶ Bild 2.

In der Regel überwiegt in einer Birkenspannerpopulation die helle Variante. Die hellen Falter sind auf der weißen Borke von Birken gut vor Fressfreinden geschützt. Tiere mit dunklen Flügeln sind auf der hellen Borke von Fressfeinden leichter zu erkennen. Die hellen Tiere sind somit besser an ihre Umwelt angepasst. Besser angepasste Individuen pflanzen sich in der Regel erfolgreicher fort als weniger gut angepasste. Diese natürliche Auslese bezeichnet man als Selektion.

2 Zwei Varianten des Birkenspanners

Umweltbedingungen unterliegen einem ständigen Wandel. Zur Zeit der Industrialisierung am Ende des 19. Jahrhunderts waren im industriegeprägten England viele Birken mit einer dunklen Rußschicht überzogen. Die dunklen Tiere waren besser an diese veränderten Umweltbedingungen angepasst und pflanzten sich dementsprechend auch erfolgreicher fort als die hellen Tiere. Da auch die Nachkommen der dunklen Tiere eine bessere Überlebenschance hatten, nahm der Anteil der dunklen Variante immer mehr zu.

Die Variabilität der Birkenspanner führte also zu unterschiedlich guter Angepasstheit an verschiedene Umweltbedingungen. Diese Beziehung wird durch das Basiskonzept *Variabilität und Angepasstheit* beschrieben.

Teste dich!

1 Auf ▶ Bild 3 siehst du eine Versteinerung.
A Beschreibe, welche Strukturen auf dem Bild zu erkennen sind.
B Erkläre, wie die Versteinerung entstanden sein könnte.

3 Versteinerung eines Fischs

2 Hasen sind in verschiedenen Lebensräumen zu Hause. Im Hochgebirge wie den Alpen findet man z. B. den weiß gefärbten Schneehasen. Der braun gefärbte Feldhase lebt in Wäldern und auf Feldern.
A Erkläre das Basiskonzept Variabilität und Angepasstheit am Beispiel von Schneehase und Feldhase. Berücksichtige dabei die unterschiedlichen Verbreitungsgebiete.
B Der Schneehase macht im Sommer einen Fellwechsel von Weiß zu Braun durch. Begründe, warum dies ein Selektionsvorteil ist.

3 Der heute lebende Maulwurf (▶ Bild 4) besitzt Grabschaufeln und keine Pfoten wie seine Vorfahren. Beschreibe die Entwicklung der Grabschaufeln des Maulwurfs mit der Evolutionstheorie von DARWIN.

4 Maulwurf

4 Stammbäume stellen die Verwandtschaftsbeziehungen der verschiedenen systematischen Gruppen dar.
A Nenne die fünf Wirbeltierklassen.
B Skizziere einen einfachen Stammbaum der Wirbeltiere.

5 Im folgenden Stammbaum (▶ Bild 5) sind die verwandtschaftlichen Beziehungen verschiedener Tiergruppen genauer dargestellt.
A Nenne die Tiergruppe, die am nächsten mit den Vögeln verwandt ist.
B Begründe deine Entscheidung.
C Beurteile, ob Vögel näher mit Echsen oder mit Säugetieren verwandt sind.

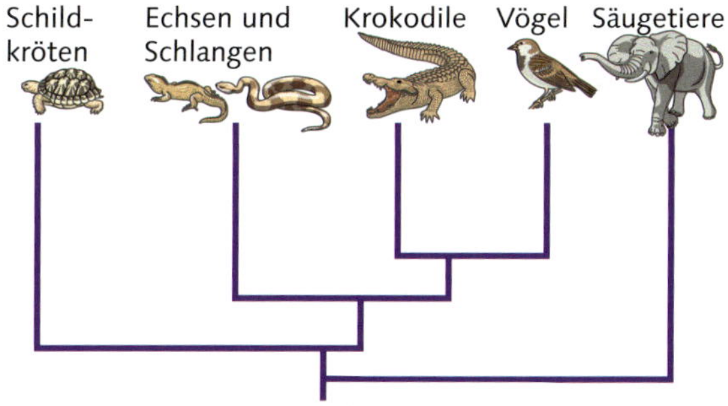

5 Stammbaum ausgewählter Tiergruppen

6 **A** *Ichthyostega* gilt als Brückentier und wird zwischen den Fischen und den Amphibien eingeordnet. Begründe.
B Vergleiche die Vordergliedmaßen von *Ichthyostega* und Salamander ▶ Bild 6.
C Erkläre, welchen Vorteil sie durch den Bau ihrer Vordergliedmaßen im jeweiligen Lebensraum haben.

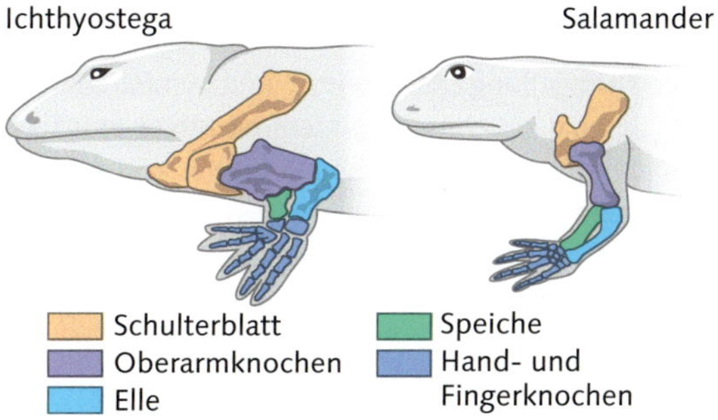

6 *Ichthyostega* und Salamander

▶ Die Lösungen zu den Aufgaben findest du im Anhang.

Anhang

Lösungen zu „Teste dich!“

Sinnesorgane

1 Reiz: Information aus der Umwelt, die auf einen Organismus einwirkt
Sinneszelle: spezielle Zelle, die Reize aus der Umwelt aufnimmt und in elektrische Signale umwandelt
Sinnesorgan: Organ, das viele Sinneszellen enthält und daher Reize aufnehmen kann (z. B. Auge, Ohr)
Wahrnehmung: Reize werden als elektrische Signale zum Gehirn geleitet. Erst dort findet die Wahrnehmung statt. Dabei wirken die Informationen verschiedener Sinnesorgane zusammen.

2 **A** 1) Lederhaut; 2) Aderhaut; 3) Netzhaut; 4) Sehnerv; 5) Hornhaut; 6) Pupille; 7) Iris; 8) Linse; 9) Glaskörper; 10) Augenmuskel
B 1) Die Lederhaut ist widerstandsfähig und schützt den Augapfel. 2) Die Aderhaut ist gut durchblutet und sichert die Sauerstoff- und Nährstoffversorgung des Auges. 3) Die Netzhaut nimmt über Zapfen und Stäbchen Lichtreize auf und gibt diese an die Nervenzellen weiter. 4) Der Sehnerv leitet die Signale der Lichtsinneszellen an das Gehirn weiter. 5) Die durchsichtige Hornhaut schützt das Auge und bricht das einfallende Licht. 6) Die Pupille reguliert den Lichtdurchlass in das Auge. 7) Die Iris ist ein Muskel, der die Größe der Pupillenöffnung variiert. 8) Die durchsichtige Linse ist verformbar und kann so das einfallende Licht unterschiedlich stark brechen. 9) Der durchsichtige Glaskörper ermöglicht, dass Licht bis auf die Netzhaut gelangt und stabilisiert den Augapfel. 10) Die vier Augenmuskeln bewegen den Augapfel in alle Richtungen, sodass Gegenstände im Umfeld ohne Kopfbewegung erfasst werden können.

3 Ist die Iris farblos, gelangt viel Licht ins Auge. Die Beleuchtungsstärke auf der Netzhaut wird also kaum reguliert. Somit werden die Lichtsinneszellen in einer hellen Umgebung stark gereizt und senden ständig Signale an das Gehirn. Personen mit Albinismus werden daher geblendet und können nicht scharf sehen. Außerdem kann die starke Lichteinstrahlung zu Schäden an der Netzhaut führen.

4 **A** Als Akkommodation bezeichnet man den Vorgang, bei dem sich die Linse verformt und somit das Sehen in der Nähe oder Ferne ermöglicht. Die Linsenform wird durch den Ziliarmuskel und die Linsenbänder variiert. Mit der Verformung der Linse ändert sich ihre Brechkraft. Bei Betrachtungen in der Nähe nimmt die Linse eine kugelige Form an. Das Licht wird nun stärker gebrochen und Gegenstände in der Nähe werden scharf gesehen (Nahakkommodation). Sieht man in die Ferne, wird die Linse flach gezogen. Die Brechkraft nimmt ab und man sieht in der Ferne scharf (Fernakkommodation).
B Lässt die Verformbarkeit nach, bleibt die Linse auch bei Nahakkommodation leicht abgeflacht. Mit zunehmendem Alter können Menschen daher Gegenstände in der Nähe nicht mehr so scharf erkennen. Der Nahpunkt, also die Entfernung, in der nahe Objekte gerade noch scharf abgebildet werden, rückt weiter in die Ferne. Man spricht von Altersweitsichtigkeit.

5 **A** Das Kaninchen hat ein viel größeres Gesichtsfeld als der Mensch. So kann es ohne Kopfbewegung beinah vollständig um sich herumblicken. Nur ein kleiner Bereich von 10° direkt hinter dem Kopf kann nicht eingesehen werden. Der Großteil des Gesichtsfelds wird jedoch nur mit einem Auge erfasst. Der Bereich des zweiäugigen Sehens ist direkt vor dem Kopf mit ca. 10° relativ klein. Beim Menschen ist der Bereich des zweiäugigen Sehens mit fast 120° viel größer. Das Gesichtsfeld ist aber mit 180° deutlich kleiner als beim Kaninchen. Hinter seinen Kopf kann der Mensch nicht sehen.
B Mit seinem großen Gesichtsfeld kann das Kaninchen Gegenstände und Bewegungen um sich herum erfassen, ohne den Kopf bewegen zu müssen. So kann es Feinde früh sehen und rechtzeitig flüchten. Die räumliche Wahrnehmung ist hingegen schlecht, da der Bereich des zweiäugigen Sehens auf 10° beschränkt ist.
Der Mensch hat mit 120° einen relativ großen Bereich, in dem er zweiäugig sehen und die Umwelt somit räumlich wahrnehmen kann. Das ermöglicht ihm, Abstände und Formen von Gegenständen einzuschätzen, wenn er mit den Händen arbeitet oder sich in engen Umgebungen bewegt.

6 Trommelfell und Gehörknöchelchen dienen der Weiterleitung und Verstärkung von akustischen Signalen im Mittelohr. Das Trommelfell beginnt bei eintreffenden Schallwellen zu schwingen. Die Schwingungen werden über die gelenkig miteinander verbundenen Gehörknöchelchen auf das ovale Fenster übertragen.

7 Da wir Menschen zwei Ohren an den Seiten unseres Kopfes besitzen, gelangen seitlich eintreffende Schallwellen zu unterschiedlichen Zeiten zu beiden Ohren. So können wir die Richtung erkennen, aus der der Schall kommt. Im Kinosaal nutzt man diese Tatsache aus, indem man ein Geräusch zunächst aus dem Lautsprecher von der einen Saalseite und erst mit kurzer Verzögerung aus dem gegenüberliegenden Lautsprecher dringen lässt. So nehmen wir das seitliche Einfahren des Autos auch mit den Ohren wahr.

8 **A** Wachsendes Verkehrsaufkommen auf den Straßen, zunehmender Flug- und Schienenverkehr, Nachbarschaftslärm in eng bewohnten Siedlungen, hohe Musiklautstärke in der Disko, bei Konzerten oder zu Hause; häufiger Gebrauch von Kopfhörern beim Musikhören

B Starke Lärmbelastung kann die feinen Haarzellen im Corti-Organ des Innenohrs schädigen. Die Schädigung ist nicht umkehrbar und führt zu dauerhafter Schwerhörigkeit. Im Extremfall können laute Geräusche Trommelfellrisse verursachen. Dann ist die Übertragung der Schallwellen nicht mehr richtig gewährleistet und es kommt zum Hörverlust. Anhaltender Lärm von geringer Lautstärke kann zu Erkrankungen des Herz-Kreislauf-Systems und der Psyche führen.

9 Auf dem Bild wird mit Pfeilen angezeigt, wie verschiedene Reize auf einen Hund einwirken. Dabei ist zu erkennen, dass nicht alle Pfeile, die auf den Hund zeigen, auch bis zu ihm vordringen. Die unterschiedliche Pfeildicke zeigt an, dass die einzelnen Reize vom Hund verschieden intensiv wahrgenommen werden. Da der Hund sehr gut riechen kann, ist der Pfeil für den Geruch einer Katze besonders dick. Das Magnetfeld kann der Hund dagegen nicht wahrnehmen, da ihm die nötigen Sinneszellen fehlen. Die Sinne sind Fenster zur Umwelt, da ein Reiz aus der Umwelt nur durch das passende Fenster wahrgenommen werden kann. Fehlt der passende Sinn für einen Reiz, nimmt der Organismus diesen nicht wahr.

Immunsystem

1 **A** Gesunde Ernährung, Sport und Bewegung an der frischen Luft. Regelmäßiges Händewaschen, vor allem vor dem Essen. Mit den Händen nicht ins Gesicht fassen. Bei Erkrankung in die Ellenbogenbeuge husten/niesen. Seltsam aussehende/riechende Nahrung oder Getränke nicht essen bzw. trinken. Wasser im Zweifelsfall abkochen.

B (1) Mechanische Barrieren: Haut, Schleimhäute, Flimmerhärchen in Nase und Luftröhre; (2) Chemische Barrieren: Säureschutzmantel der Haut, Sekrete und Enzyme der Schleimhäute in Nase, Mund und Rachen; Enzyme in Tränenflüssigkeit und Magensäure; (3) Abwehrzellen der spezifischen Abwehr: Fresszellen

2 Diagramm a zeigt eine Virusvermehrung. Die Steigungen entstehen, wenn befallene Zellen schlagartig viele Viren freisetzen. Diese befallen dann andere Zellen (Plateaus in der Kurve), die nach einiger Zeit wieder neue Viren freisetzen.

Diagramm b zeigt eine Bakterienvermehrung. Die vorhandene Anzahl an Bakterien verdoppelt sich in regelmäßigen Zeitabständen, sodass die Anzahl an Erregern exponentiell steigt.

3 **A** Antibiotika wirken nur auf Bakterien. Sie greifen in deren Stoffwechsel ein oder verhindern den Zellwandaufbau nach der Zellteilung. Da Viren keinen Stoffwechsel und keine Zellwände haben und ihre Vermehrung in Wirtszellen stattfindet, haben Antibiotika keine Wirkung auf sie.

B Multiresistente Bakterien sind Erreger, gegen die nur noch wenige Antibiotika wirksam sind. Sie können sich also immer weiter vermehren. Gerade geschwächte Menschen (z. B. nach Operationen, mit schweren Erkrankungen, Aidserkrankte, Senioren) sind den multiresistenten Bakterien schutzlos ausgeliefert, da ihr Immunsystem sie nicht bekämpfen kann und Antibiotikagaben wirkungslos sind.

C Verschiedene Viren können dieselben Wirtszellen befallen und dabei ihr Erbgut vermischen. Dadurch entstehen neue Virentypen. Durch den Flugverkehr können Erreger in kurzer Zeit auf der ganzen Welt verbreitet werden und mit anderen Viren in Kontakt kommen. Dadurch steigt die Gefahr, dass sich ein Supervirus bildet, der für den Menschen negative Eigenschaften von verschiedenen Viren vereint. Dieser würde zu einer großen Gefahr, da er sich schnell und weit verbreiten könnte, bevor es zu ersten Symptomen käme.

4 **A** Das Schlüssel-Schloss-Prinzip beschreibt, dass zwei biologische Strukturen (z. B. Virus und Wirtszelle, Antikörper und Antigen) räumlich zueinanderpassen müssen, um eine Funktion ausführen zu können. Dies entspricht einem Schlüssel, der in ein Schloss passen muss, um eine Tür zu öffnen. Beispiel 1: Bei der Virenvermehrung erkennen Oberflächenproteine auf der Virushülle spezifische Oberflächenstrukturen auf einer Wirtszelle. Nur eine passende Struktur führt dazu, dass das Virus die Zelle befallen kann. Beispiel 2: Die Immunantwort kann sich gegen einen bestimmten Erreger richten. Die Plasmazellen bilden Antikörper, die nach den Oberflächenstrukturen der Erreger geformt sind. So können sie nach dem Schlüssel-Schloss-Prinzip an sie binden, sie verklumpen und unschädlich machen.

B Es werden bevorzugt nah verwandte Personen als Organspender gesucht, da durch die genetische Verwandtschaft die Wahrscheinlichkeit groß ist, dass die Oberflächenantigene der Organe ähnlich oder gleich gebaut sind. So wird eine Abstoßungsreaktion durch das Immunsystem des Patienten minimiert.

5 **A** Ein Mensch wird mit abgeschwächten Erregern geimpft. In seinem Körper kommt es zur Bildung von Antikörpern gegen den Erreger. Nach der Immunantwort verbleiben Gedächtniszellen für die Antigene im Körper. Kommt es dann zu einer Infektion mit dem natürlichen Erreger, werden die Gedächtniszellen aktiviert. Dies führt zu einer schnellen Produktion von Antikörpern, die den Erreger bekämpfen.

B Im oberen Bild sind zwei Menschen mit Masern infiziert und sechs Menschen gegen Masern geimpft. 47 Menschen sind noch gesund, aber nicht geimpft. Nach einiger Zeit sind nur noch fünf Menschen gesund und 42 neu erkrankt. Im unteren Bild sind nur vier Menschen ungeimpft und noch gesund, zwei Menschen mit den Masern infiziert und 49 Menschen geimpft und gesund. Nach einiger Zeit ist nur einer der nicht geimpften Menschen erkrankt, drei der nicht geimpften Menschen sind immer noch gesund.

C Infektionen können sich nicht so leicht ausbreiten, wenn viele Menschen durch eine Impfung nicht erkranken können. Der Erreger kann zwar von Erkrankten verbreitet werden. Da er sich aber in den geimpften Personen nicht vermehren kann und diese ihn somit nicht weitergeben, haben auch Menschen, die sich z.B. aufgrund von Allergien nicht impfen lassen können, einen Schutz.

6 Beobachtungen: Erreger können Menschen und Tiere befallen, die Tiere erkranken aber nicht.

Fragestellung und Hypothesenbildung: In den Körpern von Tieren müssen Antikörper gebildet werden, die den Erreger unschädlich machen und dies auch im Menschen tun könnten.

Experimente zur Überprüfung: Man infiziert Pferde mit dem Erreger der Diphtherie und entnimmt die Antikörper aus dem Blut. Diese injiziert man erkrankten Menschen. Die Menschen werden gesund.

Allgemeingültige Aussage: Aus Tierblut können Heilseren für Infektionskrankheiten gewonnen werden, die erkrankte Menschen gesunden lassen.

7 Die Population der Füchse hat nach dem erfolgreichen Impfprogramm stark zugenommen. Da der Fuchs durch den Fuchsbandwurm nicht stirbt, es nun aber mehr Füchse gibt, werden auch mehr infizierte Füchse Bandwurmeier ausscheiden, die dann mehr Zwischenwirte infizieren können. Der Fuchsbandwurm wird nun häufiger in Haustieren nachweisbar sein, da diese häufiger Kontakt mit den Zwischenwirten haben können. Auch der Mensch könnte nun als Fehlwirt fungieren.

Hormone

1 1) Hypothalamus: Freisetzungshormone (z.B. TRH), hemmende Hormone; 2) Hypophyse: TSH, FSH, LH; 3) Schilddrüse: Thyroxin; 4) Nebenniere; 5) Bauchspeicheldrüse: Insulin, Glucagon; 6) Eierstöcke: Östrogene, Gestagene (z.B. Progesteron)

2 Ein Hormon bindet nur an den Rezeptor einer Körperzelle, wenn die beiden Strukturen zusammenpassen wie ein Schlüssel zu einem Schloss. Das Basiskonzept Struktur und Funktion beschreibt dieses Schlüssel-Schloss-Prinzip. Nur wenn ein Hormon eine spezifische Struktur aufweist, kann es an einen Rezeptor binden und einen bestimmten Effekt in der Zielzelle auslösen. Somit bewirken Hormone eine gezielte Informationsübertragung.

3 Da bei sportlicher Aktivität Glucose als Energie verbraucht wird, sinkt der Blutzuckerspiegel zunächst leicht ab. Nimmt die Glucosekonzentration im Blut ab, sendet das Gehirn Signale an die Bauchspeicheldrüse. Diese schüttet das Hormon Glucagon aus. Glucagon bewirkt, dass Glykogen aus den Leber- und Muskelzellen abgebaut wird und dadurch Glucose ins Blut gelangt. Der Blutzuckerspiegel steigt wieder an.

4 **A** Bei Person A liegt der Blutzuckerspiegel kurz vor der Glucoseaufnahme bei ca. 90 mg/100 ml und steigt dann innerhalb einer Stunde auf ungefähr 130 mg/100 ml an. Innerhalb der nächsten Stunde fällt er wieder auf das Ausgangsniveau. 2–5 Stunden nach der Glucoseaufnahme liegt der Blutzuckerspiegel sogar unter dem Ausgangswert bei ca. 85 mg/100 ml.

Bei Person B liegt der Blutzuckerspiegel kurz vor der Glucoseaufnahme bei knapp 140 mg/100 ml und steigt dann innerhalb von 1,5 Stunden sehr stark auf über 200 mg/100 ml an. Er fällt danach vergleichsweise langsam und liegt noch 5 Stunden nach Testbeginn über 150 mg/100 ml. Insgesamt liegt der Blutzuckerspiegel von Person B stets über dem der Person A.

B Person A: gesund, Person B: Diabetiker. Begründung: Nach der Kohlenhydrataufnahme steigt der Blutzuckerspiegel bei beiden Personen an. Beim Gesunden wirkt daraufhin das Hormon Insulin. Dies führt zur raschen Senkung des Blutzuckerspiegels und verhindert besonders hohe Werte, da viele Zielzellen im Körper, vor allem Muskel- und Leberzellen, vermehrt Glucose aus dem Blut aufnehmen und speichern. Bei Diabetikern fehlt diese Regulation oder ist stark vermindert. Der Blutzuckerspiegel bleibt über längere Zeit sehr stark erhöht.

C Person A (gesund): Insulin: Nach 1 Stunde ist die Insulinkonzentration im Blut hoch, da der Blutzuckerspiegel über 110 mg/100 ml liegt und viele Zielzellen angeregt werden sollen, Glucose aufzunehmen. Nach 4 Stunden ist die Insulinkonzentration im Blut gering, da der Blutzuckerspiegel mit 85 mg/100 ml relativ niedrig ist. Glucagon: Nach 1 Stunde ist die Glucagonkonzentration im Blut niedrig, da ausreichend Glucose im Blut vorhanden ist. Nach 4 Stunden ist der Glucagongehalt im Blut höher, da der Blutzuckerspiegel nur noch knapp über der unteren Sollgrenze von 80 mg/100 ml liegt.

Person B (insulinpflichtiger Diabetiker): Insulin: Nach 1 und 4 Stunden ist die Insulinkonzentration im Blut sehr gering bis 0, da die Bauchspeicheldrüse nur noch sehr wenig oder gar kein Insulin mehr produziert. Glucagon: Nach 1 und 4 Stunden ist die Glucagonkonzentration im Blut niedrig, da ausreichend Glucose im Blut vorhanden ist.

5 Viele Diabetiker müssen sich Insulin spritzen, da sie kein körpereigenes Insulin produzieren können. In besonderen Situationen kann es aber sein, dass die gespritzte Insulinmenge größer ist als tatsächlich benötigt, da mehr Glucose verbraucht wurde als angenommen. In diesem Fall ist der Blutzuckerwert bei Diabetikern zu gering und sie „unterzuckern". Dann hilft die Einnahme von Traubenzucker, um den Blutzuckerspiegel schnell auf den Sollwert anzuheben.

6 A Bei einer Unterfunktion der Schilddrüse wird zu wenig Thyroxin gebildet. Dieses Hormon ist im Körper wesentlich an der Regulation des Energiestoffwechsels beteiligt. Ein Thyroxinmangel bewirkt daher Müdigkeit, Konzentrationsschwäche und Frieren.

B Das von der Schilddrüse gebildete Thyroxin gelangt über die Blutbahn zum Hypothalamus und zur Hypophyse. Beide Hormondrüsen haben Rezeptoren, an denen das Thyroxin binden kann. Dadurch wird die weitere Hormonbildung in diesen Drüsen gehemmt. Da somit die Ausschüttung von TSH durch die Hypophyse sinkt, wird weniger TSH in das Blut abgegeben und die Schilddrüse weniger zur Thyroxinproduktion angeregt. Als Folge sinkt die Thyroxinkonzentration im Blut. Da Thyroxin in diesem Kreislauf seine eigene Produktion hemmt, spricht man von negativer Rückkopplung.

7 Zu den Sexualhormonen zählen nur die Hormone, die in den Geschlechtsdrüsen von Frauen und Männern gebildet werden. Dazu gehören z. B. die Östrogene und das Testosteron. FSH und LH werden in der Hypophyse gebildet und zählen somit nicht zu den Sexualhormonen.

8 A Im Eierstock wächst ein Follikel heran, in dem eine Eizelle heranreift. Nach dem Eisprung, bei dem die reife Eizelle in den Eileiter entlassen wurde, entsteht aus den Resten des Follikels der Gelbkörper. Er bildet sich schrittweise zurück.

B Die Befruchtung kann erst nach dem Eisprung stattfinden, weil sich erst dann eine reife Eizelle im Eileiter befindet und ein Spermium in sie eindringen kann. Da die Eizelle nur etwa 24 Stunden lang befruchtungsfähig ist, endet der Zeitraum für eine mögliche Befruchtung etwa einen Tag nach dem Eisprung.

C Eine befruchtete Eizelle (Zygote) wird durch den Eileiter zur Gebärmutter transportiert. Sie teilt sich bereits im Eileiter und nistet sich in die Gebärmutterschleimhaut ein. Auch eine unbefruchtete Eizelle wird zunächst durch den Eileiter zur Gebärmutter transportiert, wird dann aber zusammen mit der Menstruationsflüssigkeit durch die Scheide ausgeschieden.

Sexualität und Verantwortung

1 A Aus biologischer Sicht dient die Sexualität in erster Linie der Fortpflanzung. Beim Menschen trägt sie aber auch dazu bei, die Bindung in einer Partnerschaft zu festigen. Dabei gehen die Partner durch das Erleben von Zärtlichkeit und Lust eine enge Beziehung zueinander ein.

B Man spricht von Homosexualität, wenn sich ein Mann oder eine Frau zu Partnern mit demselben Geschlecht hingezogen fühlt. Heterosexualität bezeichnet das sexuelle Interesse am anderen Geschlecht. Fühlt sich jemand zu beiden Geschlechtern hingezogen, spricht man von Bisexualität.

C Transsexualität liegt vor, wenn das biologische Geschlecht und das Erleben des eigenen Geschlechts, also die Geschlechtsidentität, nicht übereinstimmen. Dagegen ist bei intersexuellen Menschen das biologische Geschlecht körperlich nicht eindeutig ausgeprägt. Die Geschlechtsorgane sind dabei aus genetischen oder hormonellen Ursachen unzureichend entwickelt oder funktionsunfähig.

2 Auswahl: Vertrautheit, Vertrauen, Sexualität (egal, in welcher Form), gegenseitige Verantwortung, Kommunikation, Respekt ...

3 A 1) Nabelschnur; 2) Blutgefäße des Embryos; 3) Plazentaschranke; 4) Blutgefäße der Mutter

B Die Plazenta versorgt das Ungeborene mit Stoffen aus dem mütterlichen Blut, die es noch nicht selbst aufnehmen kann. Dazu zählen Sauerstoff zur Atmung und Nährstoffe für die Ernährung. Umgekehrt werden Stoffwechselendprodukte wie Harnstoff und Kohlenstoffdioxid in das Blut der Mutter abgegeben. Mütterliches und kindliches Blut treten dabei aber durch die Plazentaschranke nicht in direkten Kontakt.

C Je größer die Oberfläche der Plazenta ist, also die Kontaktfläche zwischen mütterlichem und kindlichem Blut, desto effektiver ist der Stoffaustausch zwischen Mutter und Kind. In einer bestimmten Zeit können über die vergrößerte Oberfläche also mehr Stoffe ausgetauscht werden.

4 Nach der Geburt wird das Kind nicht mehr über das mütterliche Blut, sondern über die eigenen Organe und Stoffwechselvorgänge versorgt. Atmung, Ernährung und Ausscheidung erfolgen von nun an durch den eigenen Organismus. In den frühen Phasen des Lebens ist das Kind jedoch allein noch nicht lebensfähig. Daher muss es von den Eltern gut versorgt werden. Verlässt das Kind den gewohnten Mutterleib, gelangt es in eine neue Umwelt voller neuer Sinneseindrücke. Jedes Kind braucht den engen Kontakt zu festen Bezugspersonen und vertraute Eindrücke wie die Körperwärme, die Stimmen und die Gerüche der Eltern.

5 **A** 1. Drittel: Entwicklung vom Embryo zum Fetus, erster Herzschlag, Anlage aller Organe; 2. Drittel: Verlängerung der Gliedmaßen, Entwicklung des Nervensystems, starke körperliche Aktivität; 3. Drittel: Arbeit von Verdauungssystem und Nieren, Schlaf-Wach-Rhythmus, Heranreifung aller Organe

B Frühgeburten, die knapp 30 Wochen alt sind, haben nur einen kleinen Teil des letzten Schwangerschaftsdrittels im Mutterleib verbracht. Ihre Organe sind nicht vollständig herangereift und arbeiten noch nicht zuverlässig. Deshalb müssen solche Frühgeburten gut überwacht und die Funktion ihrer Organe eventuell durch medizinische Geräte unterstützt werden.

C Das Blut einer Raucherin enthält Kohlenstoffmonoxid, das den Sauerstoff von den roten Blutzellen verdrängt. Ist die Frau schwanger, verursacht dies eine schlechtere Sauerstoffversorgung für das Ungeborene. Dies wird noch dadurch verstärkt, dass Nikotin zu einer schlechteren Durchblutung der Plazenta führt. Der Sauerstoffmangel kann zu Frühgeburt und geringerem Geburtsgewicht führen. Auch gesundheitliche Langzeitfolgen können für das Kind entstehen.

6 Mert und Maja könnten mit der Pille oder der Minipille verhüten. Bei ordnungsgemäßer Einnahme ermöglichen diese den spontanen Geschlechtsverkehr ohne weitere Vorbereitungen. Die Gefahr der Ansteckung mit STIs besteht in einer jahrelangen treuen Partnerschaft nicht, wenn beide Partner vorher gesund waren. Je nach Alter und zukünftigem Kinderwunsch käme auch eine Kupferspirale in Frage, die für jüngere Frauen allerdings nicht empfohlen wird.

Andreas und Alexander sollten unbedingt Kondome verwenden, da dies für ein schwules Paar die einzige Möglichkeit ist, eine Ansteckung mit STIs zu verhindern.

Jasmin und Johannes könnten Kondome, eine Kupferspirale oder ein Diaphragma in Kombination mit Spermiziden verwenden, da alle Methoden hormonfrei sind. Welches dieser Verhütungsmittel sie wählen sollten, hängt von weiteren Faktoren wie Ansteckungsgefahr und zukünftigem Kinderwunsch ab.

Helena und Henry sollten unbedingt Kondome zum Schutz vor einer Ansteckung mit STIs verwenden. Um eine ungewollte Schwangerschaft sicher zu verhindern, könnten sie zusätzlich andere Verhütungsmittel wie Pille, Minipille oder Diaphragma benutzen.

7 Die Pille muss täglich zur gleichen Zeit eingenommen werden, damit der Verhütungsschutz gewährleistet wird. Bei Erbrechen und Durchfall kann sie ihre Wirkung im Körper nicht vollständig entfalten und es kann zu einer Schwangerschaft kommen, wenn nicht zusätzlich verhütet wird. Außerdem wird ihre Wirksamkeit durch einige Medikamente vermindert. Welche Medikamente dies sind, steht ausführlich in der Packungsbeilage beschrieben.

Kondome werden undicht, wenn sie mit fetthaltigen Gleitmitteln oder Cremes in Berührung kommen. Außerdem können sie durch scharfe Gegenstände wie Fingernägel beschädigt werden. Daher ist Vorsicht geboten beim Öffnen der Kondompackung und beim Überzug über den Penis.

Vererbung

1 **A** Die Mitose ist notwendig, um die Erbgleichheit von Körperzellen sicherzustellen. Dazu werden die verdoppelten Erbinformationen so auf die zwei Tochterzellen verteilt, dass diese zueinander und im Vergleich zu ihren Vorläuferzellen identisch sind.

B

Interphase	– Verdopplung der Ein-Chromatid-Chromosomen zu Zwei-Chromatid-Chromosomen – Zellwachstum – Stoffwechsel
Prophase	– Auflösung der Kernhülle – Chromatinfäden spiralisieren zu Zwei-Chromatid-Chromosomen – Bildung von Teilungskörperchen
Metaphase	– Anordnung der Chromosomen in der Äquatorialebene – Spindelfasern werden gebildet und heften sich an die Centromere der Zwei-Chromatid-Chromosomen.
Anaphase	– Verkürzung der Spindelfasern – Trennung der Zwei-Chromatid-Chromosomen – Anordnung der Ein-Chromatid-Chromosomen am Zellpol

Telophase	– Bildung einer Kernhülle um die Ein-Chromatid-Chromosomen – Neu entstehende Zellmembran trennt die Zellen. – Ergebnis: Es sind zwei diploide Körperzellen mit identischen Erbinformationen entstanden.
Interphase	– Verdopplung der Ein-Chromatid-Chromosomen zu Zwei-Chromatid-Chromosomen – Zellwachstum – Stoffwechsel

2 **A** Während der Meiose wird der Chromosomensatz reduziert. Am Ende der Meiose stehen Geschlechtszellen im haploiden Chromosomensatz bereit. Damit erhalten Nachkommen ihre Erbinformationen bei der Verschmelzung von Eizelle und Spermium jeweils zur Hälfte von beiden Eltern. Somit wird sichergestellt, dass bei der Fortpflanzung auch in den Nachkommen der für die Art typische Chromosomensatz erhalten bleibt. Zudem findet während der Meiose eine Rekombination statt, durch die sich verschiedene Nachkommen der gleichen Eltern voneinander unterscheiden. Die Meiose ermöglicht also das Zeugen von Nachkommen zweier Elternteile.

B

Meiose I	Prophase I	– Chromatinfäden verdichten sich zu Zwei-Chromatid-Chromosomen. – Homologe Zwei-Chromatid-Chromosomen lagern sich paarweise aneinander. – Teilungskörperchen bilden sich aus.
	Metaphase I	– Anordnung der homologen Chromosomenpaare in der Äquatorialebene – Spindelfasern werden sichtbar.
	Anaphase I	– Verkürzung der Spindelfasern – Trennung der homologen Chromosomenpaare – zufällige Anordnung von jeweils einem der homologen Zwei-Chromatid-Chromosomen an den zwei Zellpolen
	Telophase I	– Einschnürung und Teilung der Zelle
	Metaphase II	– Anordnung der Zwei-Chromatid-Chromosomen in der Äquatorialebene – Anheftung der Spindelfasern an die Centromere der Zwei-Chromatid-Chromosomen
	Anaphase II	– Trennung der Zwei-Chromatid-Chromosomen – Ein-Chromatid-Chromsomen werden durch Verkürzung der Spindelfasern zu den entgegengesetzten Zellpolen gezogen.
	Telophase II	– Einschnürung der Zellen – Ergebnis: Es sind vier haploide Geschlechtszellen mit unterschiedlichen Erbinformationen entstanden.

3 Der Zellkern ist im Lichtmikroskop sichtbar. Er enthält die Erbinformationen für den gesamten Organismus. Diese liegen in Form von Chromosomen vor. Sie lassen sich nur mit bestimmten Farbstoffen und in bestimmten Phasen der Zellteilung im Mikroskop erkennen. Jeder Organismus hat einen typischen Chromosomensatz mit jeweils unterschiedlichen Erbinformationen. In der Regel sind die Chromosomen nicht zu erkennen, weil sie in unverdichteter Form als Chromatinfäden vorliegen. Diese bestehen wiederum aus DNA. In der DNA liegt die Erbinformation verschlüsselt vor. Definierte Abschnitte der DNA werden als Gene bezeichnet. Diese Gene tragen Erbinformationen für Merkmale. Als Allele bezeichnet man Genabschnitte an identischen Orten homologer Chromosomen. Sie sind ausschlaggebend dafür, dass sich Organismen voneinander unterscheiden, denn Allele können unterschiedliche Erbinformationen tragen und somit zu unterschiedlichen Ausprägungen eines Merkmals führen.

4 Liegen bei einem Lebewesen zwei Allele für eine Merkmalsausprägung vor, kann der Beitrag des Allels zum Phänotyp je nach Allel bzw. Allelkombination unterschiedlich sein. Die genannten Begriffe beschreiben den Einfluss der Allele auf den Phänotyp eines Lebewesens. Dominante Allele führen gegenüber anderen Allelen zu ihrer entsprechenden Merkmalsausprägung. Sie prägen den Phänotyp. Rezessive Allele werden in ihrer Merkmalsausprägung von den dominanten Allelen unterdrückt. Sie prägen den Phänotyp nur bei homozygoten Genotypen. Kodominant wird eine Vererbung genannt, wenn beide Allele bei der Merkmalsausprägung gleichermaßen zusammenwirken. Eine unvollständig dominante Vererbung tritt auf, wenn Allele im heterozygoten Genotyp zu einem anderen Phänotyp führen als im homozygoten Zustand.

5 **A** Schritt 1 (autosomaler oder gonosomaler Erbgang): Es handelt sich um einen gonosomalen Erbgang, da beide Geschlechter in deutlich unterschiedlicher Häufigkeit betroffen sind. Schritt 3a (X-gonosomal-dominanter Erbgang): nicht zutreffend, denn Frauen sind nicht häufiger betroffen als Männer. Schritt 3b (X-gonosomal-rezessiver Erbgang): zutreffend, denn Männer sind deutlich häufiger betroffen als Frauen. Schritt 3c (Y-gonosomaler Erbgang): nicht zutreffend, denn es sind auch Frauen betroffen.

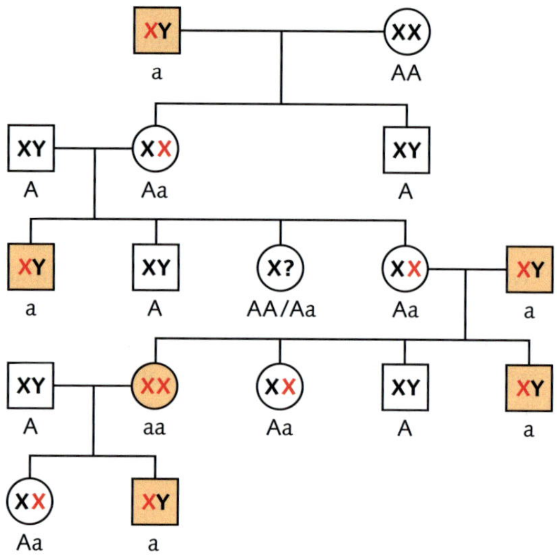

B Die Aussage bezieht sich auf das Phänomen, dass in zweiter Generation kein Merkmalsträger vorhanden ist. Dies lässt sich damit erklären, dass es sich um einen rezessiven Erbgang handelt. Tatsächlich liegt das Allel, das die Rot-Grün-Sehschwäche auslöst, auch in zweiter Generation bei der Tochter vor. Diese besitzt allerdings ein zweites, nicht betroffenes Allel. Somit ist sie eine Überträgerin. Erst bei ihrem Sohn, der das entsprechende Allel von seiner Mutter erhalten hat, tritt die Sehschwäche wieder phänotypisch auf. Die Aussage ist also missverständlich, da sie suggeriert, dass die Erbinformationen, die die Sehschwäche auslösen, in der zweiten Generation gar nicht vorhanden seien.

6 Bei Heuschrecken muss das Geschlecht durch die An- bzw. Abwesenheit eines zweiten X-Gonosoms festgelegt sein. Dies geht daraus hervor, dass Heuschrecken neben ihren 22 Autosomen nur einen Typ von Geschlechtschromosomen besitzen. Während männliche Tiere nur ein X-Gonosom besitzen, weisen weibliche Heuschrecken zwei X-Gonosomen auf. Folglich besitzt hinsichtlich der Geschlechtszellen jede Eizelle ein X-Gonosom, während Spermien entweder ein X-Gonosom oder gar kein Gonosom besitzen. Wie beim Menschen entscheidet damit der Chromosomensatz des Spermiums über das Geschlecht der Nachkommen.

7 Die Anzahl der Möglichkeiten berechnet sich nach der Formel 2^n. Die Basis 2 ergibt sich dabei aus dem diploiden Chromosomensatz, weil von jedem Chromosom eines von zwei Chromatiden auf die Geschlechtszelle übertragen wird. Der Faktor n ergibt sich hingegen aus der Anzahl an homologen Chromosomen. Bei dem vorliegenden Beispiel gibt es einen diploiden Chromosomensatz mit $2n = 6$ Chromosomen. Damit ist $n = 3$ und die Formel lautet 2^3. Somit gibt es $2 \cdot 2 \cdot 2 = 8$ Kombinationsmöglichkeiten.

8 Die zwei homologen Chromosomen der Mutter stammen ursprünglich von ihrer eigenen Mutter und ihrem Vater. Damit wird klar, dass sich die homologen Chromosomen unterscheiden müssen. Die jeweils homologen Chromosomen sind nur dahingehend gleich, dass sie die gleichen Gene besitzen. Da sich die Erbinformationen der Allele homologer Chromosomen voneinander unterscheiden können, kann es zu unterschiedlichen Merkmalsausprägungen kommen. Es ist also sehr wohl entscheidend, welches der zwei homologen Chromosomen das Kind von seinen Eltern erbt.

9 Durch wechselnde Umweltbedingungen verändern sich auch die Anforderungen an die Lebewesen. Die Variabilität der Nachkommen, die durch sexuelle Fortpflanzung entsteht, ermöglicht Angepasstheit. Jede Geschlechtszelle erhält jeweils zufällig eines von zwei homologen Chromosomen des Elternteils. Damit entstehen Geschlechtszellen, die sich in ihren Erbinformationen unterscheiden. Beim Verschmelzen mit den Geschlechtszellen des Sexualpartners entstehen somit neue Kombinationsmöglichkeiten der Chromosomen und Nachkommen mit veränderten Phänotypen. Manche Nachkommen haben damit möglicherweise Eigenschaften, die bei den herrschenden Bedingungen vorteilhaft sind. Sie stellen in besonderer Weise das Überleben der Art sicher. Andererseits können natürlich auch Nachkommen mit besonders nachteiligen Eigenschaften entstehen.

10A Es werden Kreuzungsversuche mit bezüglich der betrachteten Merkmale homozygoten Tieren durchgeführt. Im vorliegenden Versuch werden zwei Fruchtfliegen miteinander gekreuzt. Diese beiden Fliegen der P-Generation unterscheiden sich in den zwei Merkmalen Flügelform und Borsten. Während eine Fliege normale Flügel und Borsten besitzt, hat die andere Fliege Stummelflügel und ist borstenlos. In der F_1-Generation sind alle Nachkommen uniform. Alle Fliegen weisen normale Flügel und Borsten auf.

B Da alle Fliegen den gleichen Phänotyp eines der Elternteile besitzen und die P-Generation für die betrachteten Merkmale homozygot gewesen ist, muss es sich um einen dominant-rezessiven Erbgang handeln. Hier ist also die Uniformitätsregel (1. Mendel'sche Regel) zutreffend. Da die heterozygoten Individuen der F_1-Generation beide Allelformen besitzen, aber im Phänotyp normale Flügel und Borsten ausgeprägt haben, müssen die Allele für normale Flügelform und für die Ausbildung von Borsten dominant sein. Die Allele für Stummelflügel und Borstenlosigkeit sind hingegen rezessiv.

C

F – normale Flügel	B – Borsten
f – Stummelflügel	b – borstenlos

F_1-Generation

Phänotyp	Normale Flügel / Borsten		Normale Flügel / Borsten	
Genotyp Körperzelle	FfBb		FfBb	
Genotyp Geschlechtszelle	FB	Fb	FB	Fb
	fB	fb	fB	fb

F_2-Generation

	FB	Fb	fB	fb
FB	FFBB	FFBb	FfBB	FfBb
	Normale Flügel / Borsten	Normale Flügel / Borsten	Normale Flügel / Borsten	Normale Flügel / Borsten
Fb	FFBb	FFbb	FfBb	Ffbb
	Normale Flügel / Borsten	Normale Flügel / borstenlos	Normale Flügel / Borsten	Normale Flügel / borstenlos
fB	FfBB	FfBb	ffBB	ffBb
	Normale Flügel / Borsten	Normale Flügel / Borsten	Stummelflügel / Borsten	Stummelflügel / Borsten
fb	FfBb	Ffbb	ffBb	ffbb
	Normale Flügel / Borsten	Normale Flügel / borstenlos	Stummelflügel / Borsten	Stummelflügel / borstenlos

Laut der Spaltungsregel (2. Mendel'sche Regel) treten beim Kreuzen von heterozygoten Nachkommen die ursprünglichen Phänotypen der P-Generation in der F_2-Generation wieder auf, weil nun wieder homozygote Genotypen möglich sind. Des Weiteren kommt es nach der Unabhängigkeitsregel (3. Mendel'sche Regel) zur Neukombination von Merkmalsausprägungen, weil Allele unabhängig voneinander vererbt werden können. Es entstehen also Individuen mit zuvor nicht vorhandenen Merkmalskombinationen. Diese sollten in einem Verhältnis von 9 (Borsten und normale Flügel) zu 3 (Borsten und Stummelflügel) zu 3 (keine Borsten und normale Flügel) zu 1 (keine Borsten und Stummelflügel) auftreten.

Evolution

1 A Bild 3 zeigt eine Versteinerung eines Fisches. Man erkennt die knöchernen Strukturen des Tieres wie das Kopfskelett, die Wirbelsäule und die Rippenbögen.

B Wahrscheinlich ist der Fisch nach seinem Tod auf den Grund eines Sees oder eines Meeres gesunken und wurde von Sand oder Schlamm überdeckt, sodass er unter Sauerstoffabschluss geraten ist und zudem nicht von Destruenten zersetzt werden konnte. Die Knochen hinterließen einen Abdruck im Gestein, der bis heute erhalten geblieben ist.

2 A Schneehase und Feldhase sind eng miteinander verwandt. Beide sind durch ihre Fellfarbe an ihren Lebensraum angepasst. Der braune Feldhase ist in Wäldern und vor allem auf braunen Feldern gut getarnt. Im schneebedeckten Hochgebirge ist der Schneehase mit seinem weißen Fell gut getarnt. Die Variabilität der Fellfärbung der beiden Hasen führt also zur jeweiligen Angepasstheit an verschiedene Umweltbedingungen und wird durch das Basiskonzept Variabilität und Angepasstheit beschrieben.

B Im Sommer, wenn der Schnee schmilzt, ist der Schneehase mit seinem weißen Fell auf den braunen Felsen nicht mehr getarnt und somit leichter von Fressfeinden zu erkennen. Ein Wechsel zu einem graubraunen Fell sorgt dafür, dass der Hase im Sommer besser an die veränderten Umweltbedingungen angepasst und somit auch besser getarnt ist.

3 Die Evolutionstheorie von DARWIN besagt, dass Individuen durch Mutation und Rekombination in ihren Merkmalen variieren. Die jeweils am besten an (veränderte) Umweltbedingungen angepassten Individuen pflanzen sich erfolgreicher fort, wobei ihre Merkmale an die Nachkommen weitergegeben werden. Eine mögliche Theorie der Entwicklung der Grabschaufeln geht von Vorfahren mit kleinen Pfoten aus, ähnlich denen vieler heute lebender Säugetiere. Durch die unterirdische Lebensweise hat der Maulwurf eine ökologische Nische besetzt, wo er sich nahezu ohne natürliche Feinde fortpflanzen kann. Für diese unterirdische Lebensweise waren Mutationen von Vorteil, die besseres Graben ermöglichten. Tiere, die zufällig schaufelähnliche Pfoten ausbildeten, waren erfolgreicher in der Nahrungssuche, hatten bessere Überlebenschancen und pflanzten sich somit erfolgreicher fort als die Tiere mit den normalen Pfoten. Auch ihre Nachkommen besaßen größere Pfoten. Mit der Zeit entwickelten sich somit aus den ursprünglichen Pfoten die Grabschaufeln der heute lebenden Maulwürfe.

4 A Fische, Amphibien, Reptilien, Vögel, Säugetiere

B

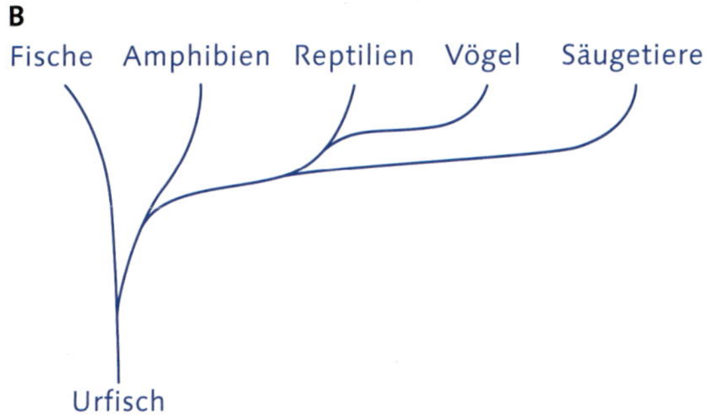

5 A Am nächsten mit den Vögeln verwandt sind – laut dem Stammbaum in Bild 3 – die Krokodile.

B In einem Stammbaum wird die Zeit auf der y-Achse angezeichnet. Je weiter auseinander zwei Arten dort aufgetragen werden, umso weniger nah sind sie miteinander verwandt. Zudem stellt man sich an jeder Verzweigung im Stammbaum einen gemeinsamen Vorfahren vor. Der gemeinsame Vorfahre von Krokodil und Vogel liegt zeitlich gesehen am wenigsten weit zurück, sodass hier von einer nahen Verwandtschaft ausgegangen werden kann.

C Vögel sind näher mit Echsen verwandt. Im Stammbaum ist erkennbar, dass Krokodile und Vögel einen gemeinsamen Vorfahren haben, der zeitlich weniger weit zurückliegt als der gemeinsame Vorfahre von Vögeln, Krokodilen und Echsen. Der gemeinsame Vorfahre von Echsen und Säugetieren liegt zeitlich allerdings noch weiter zurück. Daher sind Vögel näher mit Echsen verwandt als mit Säugetieren.

6 A *Ichthyostega* wies Merkmale der ursprünglichen Fische auf: sein Körper war stromlinienförmig, hatte einen fischartigen Schädel und eine große Schwanzflosse. Bei *Ichthyostega* waren aber auch deutliche Merkmale von Amphibien vorhanden, z.B. besaß er eine Lunge, die es ihm ermöglichte, an Land zu atmen. Lebewesen, die Merkmale von zwei systematischen Gruppen aufweisen, bezeichnet man als Brückentiere, sie bilden quasi eine „Brücke" zwischen den Arten.

B Die Vordergliedmaßen von *Ichthyostega* und Salamander sind im Aufbau, also in den wesentlichen Merkmalen, gleich: Bei beiden unterteilen sich die Vordergliedmaßen in Schultergürtel, Oberarmknochen, Elle, Speiche und Handknochen. Der Schultergürtel bei *Ichthyostega* ist stärker ausgeprägt als beim Salamander, dagegen sind Oberarmknochen, Elle, Speiche und Handknochen weniger ausgeprägt. Dies führt dazu, dass die Vordergliedmaßen des Salamanders insgesamt länger sind. Im Gegensatz zu *Ichthyostega* sitzt das Gelenk zwischen Ober- und Unterarmknochen beim Salamander außerhalb des Rumpfes. Der Handknochen des Salamanders gliedert sich in vier Finger, der von *Ichthyostega* in fünf.

C *Ichthyostega* lebte sowohl im Wasser als auch an Land. Durch seine amphibienähnlichen Vordergliedmaßen konnte er sich an Land fortbewegen. Durch die Schwimmhäute zwischen den Fingern war eine Fortbewegung auch auf schlammigem Untergrund im Uferbereich möglich. Auch schwimmähnliche Bewegungen konnte er durch die Struktur der Vordergliedmaßen ausühren. Der Salamander ist durch das außerhalb des Rumpfes liegende Gelenk hervorragend an die Fortbewegung an Land angepasst.

Glossar

Adaptation: Anpassung des Auges an unterschiedliche Helligkeitswerte; ermöglicht durch die Irismuskulatur, die die Änderung der Pupillengröße bewirkt

adäquater Reiz: ► Reiz; Reizart, auf die bestimmte ► Sinneszellen optimal ansprechen

Aids: von ► Viren (► HIV) übertragene Immunschwächekrankheit (engl. *Acquired Immunodeficiency Syndrome*), bei der im Endstadium die Immunabwehr zusammenbricht und der Patient an eigentlich harmlosen ► Infektionen stirbt

Akkommodation: Vorgang, bei dem sich die Linse des Auges verformt und somit das Sehen in der Nähe oder Ferne ermöglicht

aktive Immunisierung: Schutzimpfung; ► Impfung mit abgetöteten oder abgeschwächten Krankheitserregern; führt zum Aufbau eines ► Immungedächtnisses; wird vorbeugend durchgeführt

Allele: die beiden Ausführungen eines ► Gens im ► diploiden ► Chromosomensatz

Allergen: ► Antigen, das im ► Immunsystem eine allergische Reaktion (► Allergie) auslöst; befindet sich z. B. auf Pollen und Tierhaaren

Allergie: krankhaft übersteigerte Reaktion des ► Immunsystems auf eigentlich harmlose Stoffe

Antibiotikum (Plural: Antibiotika)**:** Arzneimittel, das ► Bakterien hemmt oder abtötet

Antigen: körperfremder Stoff, z. B. Teil eines Erregers, der vom ► Immunsystem erkannt wird und Zellen der ► spezifischen Abwehr aktiviert

Antigen-Antikörper-Komplex: Antikörper passen nach dem ► Schlüssel-Schloss-Prinzip zu bestimmten Antigenen und binden an die dazugehörigen Erreger, wodurch diese unschädlich gemacht werden.

Antikörper: nach einer ► Infektion gebildete Proteine, die spezifisch an ► Antigene binden

Art: Gesamtheit von Individuen mit charakteristischen gemeinsamen Merkmalen, die sich potenziell untereinander fortpflanzen können

asexuelle Fortpflanzung: ungeschlechtliche Fortpflanzung; Erzeugung von Nachkommen ohne Geschlechtspartner

Autoimmunerkrankung: Erkrankung, deren Ursache eine Reaktion des Immunsystems auf körpereigene Gewebe ist, die fälschlicherweise als Fremdkörper bekämpft werden

Autosomen: alle ► Chromosomen, die keine ► Geschlechtschromosomen sind. Der Mensch hat 44 Autosomen (22 Paare).

Bakterien (Singular: Bakterium)**:** einzellige ► Organismen ohne ► Zellkern. Nach ihrer Gestalt unterscheidet man verschiedene Bakterienformen (z. B. Kokken, Stäbchen).

Befruchtung: Verschmelzung einer weiblichen und einer männlichen Geschlechtszelle

bisexuell: sexuelle Orientierung sowohl zu Partnern weiblichen als auch männlichen Geschlechts

Blutzuckerspiegel: Konzentration von Glucose im Blut; liegt bei gesunden Menschen bei etwa 80–100 mg/100 ml

Brückentier: Lebewesen, das Merkmale von zwei systematischen Gruppen aufweist, z. B. von Fischen und Amphibien

Centromer: Einschnürungsstelle am ► Chromosom, an der die ► Chromatiden zusammenhängen. Die Fasern des Spindelapparats bei ► Mitose und ► Meiose setzen hier an.

Chromatid: Hälfte eines ► Chromosoms. Jedes ► Chromosom besteht aus zwei identischen Chromatiden, die wiederum aus ► Chromatinfäden bestehen.

Chromatin: Form der Erbinformation im ► Zellkern jeder Zelle; lange und dünne Fäden aus ► DNA und Proteinen; bilden die ► Chromatiden

Chromosom: Träger der Erbinformation im ► Zellkern. Jedes Chromosom besteht aus zwei Chromatiden, die am ► Centromer zusammenhängen.

Chromosomensatz: Anzahl aller ► Chromosomen pro ► Zellkern. Man unterscheidet den ► haploiden und ► diploiden Chromosomensatz.

Crossing-over: Überkreuzung und Austausch von ► Chromatiden homologer ► Chromosomen in der ersten Reifeteilung der ► Meiose

Diabetes mellitus: Zuckerkrankheit; Stoffwechselkrankheit, die zu einem dauerhaft zu hohen ► Blutzuckerspiegel führt

diploid: doppelter ► Chromosomensatz (2n), bei dem die ► Chromosomen in homologen Paaren vorliegen

DNA (engl. *deoxyribonucleic acid*)**:** Desoxyribonukleinsäure; langes Molekül, in dem die Erbinformation eines Lebewesens verschlüsselt vorliegt

dominant: ► Allel, das sich gegenüber dem anderen Allel phänotypisch durchsetzt

Eisprung: Vorgang, bei dem die reife Eizelle den ► Follikel verlässt und in den Eileiter gelangt, wo sie befruchtet werden kann

Ektoparasit: ▶ Parasit, der vorübergehend oder dauerhaft auf seinem ▶ Wirt lebt

Embryo: menschlicher Keim bis zum Ende des ersten Schwangerschaftsdrittels

Empfängnisverhütung: von Mann und Frau angewendete Methoden, mit denen eine Schwangerschaft verhindert werden soll

Endoparasit: ▶ Parasit, der im Körperinnern seines ▶ Wirtes lebt

Eukaryoten: alle Lebewesen, deren Zellen einen ▶ Zellkern besitzen

Evolution: Entwicklung der Lebewesen auf der Erde; alle existierenden ▶ Arten haben sich aus früher lebenden Arten entwickelt. ▶ Variabilität und ▶ Selektion sind die wichtigsten Ursachen für Evolution.

Fetus: sich entwickelndes Kind nach Anlage aller Organe; etwa ab dem Ende des ersten Schwangerschaftsdrittels

Follikel: Eibläschen, in dem eine Eizelle heranreift; Einheit aus Eizelle und der sie umgebenden Schicht

Fossilien: Lebensspuren aus früheren erdgeschichtlichen Zeiten. Dazu zählen Reste von Lebewesen, Abdrücke und Ausscheidungen.

Fresszellen: Zellen des ▶ Immunsystems, die in den Körper eingedrungene Fremdkörper unschädlich machen und Abwehrzellen aktivieren

Gedächtniszellen: bei der Erstinfektion oder ▶ aktiven Immunisierung gebildete Zellen des ▶ Immunsystems; lösen bei einer erneuten ▶ Infektion mit dem gleichen Erreger eine rasche und wirkungsvolle Immunantwort aus

Gen: Abschnitt der ▶ DNA, der die Erbinformation für ein Merkmal trägt

Genommutation: Veränderung der Chromosomenzahl gegenüber dem normalen ▶ Chromosomensatz

Genotyp: Gesamtheit aller Gene eines Organismus oder bestimmte Allelpaare an Genorten homologer Chromosomen

Glucagon: ▶ Hormon der Bauchspeicheldrüse; bewirkt die Abgabe von Glucose ins Blut und damit die Erhöhung des ▶ Blutzuckerspiegels; Gegenspieler von ▶ Insulin

gonosomal: Erbgänge von Merkmalen, deren ▶ Gene auf den ▶ Geschlechtschromosomen lokalisiert sind

Gonosomen: ▶ Geschlechtschromosomen; Chromosomen, deren Erbinformationen das Geschlecht eines Lebewesens bestimmen

haploid: einfacher ▶ Chromosomensatz (n), bei dem jedes ▶ Chromosom nur einmal vorhanden ist

heterosexuell: sexuelle Orientierung zu Partnern des anderen Geschlechts

heterozygot: ▶ mischerbig; Zellen oder Organismen, die verschiedene ▶ Allele eines ▶ Gens tragen

Histamin: Signalstoff im Körper, der unter anderem Entzündungsreaktionen auslöst und bei ▶ Allergien in großen Mengen freigesetzt wird

HIV (engl. *Human Immunodeficiency Virus*): ▶ Virus, das die Immunschwächekrankheit ▶ Aids auslöst

homosexuell: sexuelle Orientierung zu Partnern des gleichen Geschlechts

homozygot: ▶ gleicherbig; Zellen oder Organismen mit identischen ▶ Allelen eines ▶ Gens

Hormone: Botenstoffe, die in Hormondrüsen gebildet werden, spezifisch wirken und im Körper Informationen übermitteln

Immungedächtnis: Fähigkeit des ▶ Immunsystems, durch die Ausbildung von ▶ Gedächtniszellen auf eine Zweitinfektion mit einem Erreger so schnell und heftig zu reagieren, dass die Krankheit nicht ausbricht

Immunität: Fähigkeit zur erfolgreichen ▶ spezifischen Abwehr von Krankheitserregern durch antigenspezifische ▶ Gedächtniszellen

Immunsystem: alle an der körpereigenen Abwehr beteiligten Organe und Zellen

Impfung: künstliche Immunisierung; künstlich hergestellte ▶ Immunität gegenüber einem Krankheitserreger durch kontrollierten Antigenkontakt (▶ aktive Immunisierung) oder durch Zufuhr von fremden ▶ Antikörpern (▶ passive Immunisierung)

Infektion: Eindringen von Krankheitserregern in den Körper mit anschließender Vermehrung

Infektionskrankheiten: meist ansteckende Krankheiten, die durch Krankheitserreger ausgelöst werden

Inkubationszeit: Zeitraum zwischen der ▶ Infektion und dem Ausbruch einer ▶ Infektionskrankheit

Insulin: ▶ Hormon, das in der Bauchspeicheldrüse gebildet wird und die Senkung des ▶ Blutzuckerspiegels bewirkt; Gegenspieler von ▶ Glucagon

Karyogramm: bildliche Darstellung des ▶ Chromosomensatzes einer Zelle

Klone: genetisch identische Zellen oder Organismen

kodominant: Vererbung, bei der beide ▶ Allele vollständig zur Ausprägung kommen

Meiose: Reifeteilung; Zellkernteilung, die bei der Bildung von Geschlechtszellen den Chromosomensatz der Vorläuferzellen vom ▶ diploiden auf den ▶ haploiden Satz reduziert

Menstruationszyklus: monatlicher Zyklus der Frau, bestehend aus Eizellreifung, Aufbau der Gebärmutterschleimhaut und Menstruation

Mitose: Zellkernteilung, bei der aus einer Körperzelle zwei erbgleiche Tochterzellen entstehen

Modifikation: Merkmalsveränderung, die durch Umwelteinflüsse hervorgerufen wird

Mutation: zufällig auftretende Veränderung der Erbinformation; neben der ► Rekombination eine wichtige Ursache für die ► Variabilität von Lebewesen

negative Rückkopplung: Regulationsvorgang, bei dem ein Endprodukt wie ein Hormon seine eigene Produktion hemmt, sobald es in hoher Konzentration vorliegt

Nervenzelle: Einheit des Nervensystems; leitet elektrische Signale, z. B. von den ► Sinneszellen zum Gehirn sowie vom Gehirn zu den Erfolgsorganen

Netzhaut: innere Schicht des Auges, in der die Lichtsinneszellen (► Sinneszellen zur Aufnahme von Lichtreizen) liegen

Parasit: Lebewesen, das auf Kosten eines anderen Organismus (► Wirt) lebt

passive Immunisierung: ► Impfung bei einer akuten Erkrankung mit einem Serum, das Antikörper gegen den Krankheitserreger enthält; führt nicht zu dauerhaftem Impfschutz

Pearl-Index: Maß für die Sicherheit eines Verhütungsmittels; gibt an, wie viele von 100 Frauen trotz Verhütung innerhalb eines Jahres schwanger werden

Phänotyp: Summe aller Merkmale eines Organismus; äußeres Erscheinungsbild, das durch den ► Genotyp und Umwelteinflüsse geprägt wird

Plazenta: Mutterkuchen; übernimmt bis zur Geburt die Versorgung des ► Embryos bzw. ► Fetus und die Entsorgung von Abfallstoffen

Plazentaschranke: dünne, hautähnliche Zellschicht, die die kindlichen Zotten in der ► Plazenta umgibt; verhindert, dass mütterliches und kindliches Blut in direkten Kontakt treten

polygene Vererbung: durch viele unterschiedliche Gene beeinflusste Merkmalsausprägung (z. B. Körpergröße, Hautfarbe)

Population: Gesamtheit der Individuen einer ► Art, die zur gleichen Zeit in einem begrenzten Lebensraum leben

primäre Geschlechtsmerkmale: Geschlechtsmerkmale, die direkt an der Fortpflanzung beteiligt sind; sind von Geburt an vorhanden (z. B. Schamlippen, Penis)

Prokaryoten: einzellige Lebewesen ohne ► Zellkern

Pubertät: geschlechtliche Reifung des Menschen, durch ► Sexualhormone gesteuert

Reiz: Informationen aus der Umwelt oder aus dem Körperinnern. Nur ► adäquate Reize werden von den entsprechenden ► Sinnesorganen aufgenommen.

Rekombination: Neukombination der ► Gene bei der Bildung der Geschlechtszellen in der ► Meiose; wichtigste Ursache für die ► Variabilität von Nachkommen

Rezeptor: Bindungsstelle einer Zelle, die aufgrund ihrer Struktur spezifisch für einen bestimmten Stoff ist, z. B. für ein ► Hormon

rezessiv: ► Allel, das gegenüber dem anderen Allel zurücktritt und im ► heterozygoten Organismus nicht zur Merkmalsausprägung führt

Schlüssel-Schloss-Prinzip: biologisches Prinzip, das die Passgenauigkeit zwischen zwei Strukturen beschreibt, deren Passung eine bestimmte Funktion ermöglicht (z. B. Bindung von Hormon an Zielzelle)

Schutzimpfung: ► aktive Immunisierung

sekundäre Geschlechtsmerkmale: Geschlechtsmerkmale, die nicht direkt an der Fortpflanzung beteiligt sind; bilden sich während der ► Pubertät heraus (z. B. weibliche Brust, männliche Körperbehaarung)

Selektion: natürliche Auslese; unterschiedlich erfolgreiche Fortpflanzung von Individuen aufgrund unterschiedlich guter Angepasstheit an Umweltbedingungen

Sexualhormone: Geschlechtshormone; ► Hormone, die in den Eierstöcken und Hoden gebildet werden und unter anderem die Ausbildung der männlichen und weiblichen Geschlechtsmerkmale und ► Pubertät steuern

Sexualität: Unterscheidung männlicher und weiblicher Individuen aufgrund ihrer Geschlechtsmerkmale; außerdem die geschlechtlich bedingten Verhaltensweisen wie Fortpflanzung und Partnerbindung über Zärtlichkeit und Lust

sexuelle Fortpflanzung: geschlechtliche Fortpflanzung, bei der nach Befruchtung einer Eizelle durch ein Spermium Nachkommen erzeugt werden

Sinnesorgane: aus ► Sinneszellen und Hilfsgeweben bestehende Organe wie Augen und Ohren; nehmen ► adäquate Reize aus der Umwelt auf und wandeln sie in elektrische Signale um

Sinneszellen: Zellen, die ► adäquate Reize in elektrische Signale umwandeln

spezifische Abwehr: im Lauf des Lebens erworbenes, körpereigenes Abwehrsystem; Krankheitserreger führen zur Bildung von spezifischen ► Antikörpern und zur Ausbildung des ► Immungedächtnisses

Stammzellen: undifferenzierte, nicht spezialisierte Zellen bei Tieren und Menschen, die teilungsfähig bleiben und aus denen sich verschiedene Typen von differenzierten Zellen bilden können

STI (engl. *Sexually Transmitted Infections*): durch Geschlechtsverkehr übertragbare ► Infektionskrankheiten

Symptom: Anzeichen, mit denen eine Erkrankung in Erscheinung tritt

Testosteron: ► Sexualhormon, das in den Hoden des Mannes (und in geringen Mengen in den Eierstöcken der Frau) gebildet wird und die Ausbildung der Geschlechtsmerkmale sowie die Spermienreifung bewirkt

transsexuell: Menschen, bei denen das biologische Geschlecht nicht mit deren Geschlechtsidentität, dem Erleben des eigenen Geschlechts, übereinstimmt

Trisomie: dreifaches Vorkommen eines ► Chromosoms im ► Chromosomensatz

Unspezifische Abwehr: angeborenes körpereigenes Abwehrsystem; bekannte Krankheitserreger werden sofort von ► Fresszellen beseitigt; führt zu Resistenz

unvollständige Dominanz: Form der Vererbung, bei der es bei heterozygoten Individuen zu einer neuen Merkmalsausprägung im Vergleich zu der bei den homozygoten Eltern kommt (auch als intermediäre Vererbung bezeichnet)

Variabilität: Unterschiedlichkeit der Individuen einer ► Art innerhalb einer ► Population; begründet durch unterschiedliche ► Gene oder ► Modifikation

Vererbung: Weitergabe von Erbinformationen von der Elterngeneration zu den Nachkommen

Viren (Singular: Virus)**:** Krankheitserreger, die sich in ► Wirtszellen vermehren und diese zerstören; besitzen keinen eigenen Stoffwechsel; keine Lebewesen

Wahrnehmung: aus dem Zusammenwirken von Sinnesorganen und Gehirn konstruiertes Abbild der Umwelt

Wirtszelle: lebende Zelle, die von einem ► Virus, ► Bakterium oder Parasiten infiziert werden kann und in der dieser Erreger oder Parasit sich vermehrt

Zelldifferenzierung: Vorgang, bei dem sich Zellen unterschiedlich entwickeln und auf bestimmte Funktionen spezialisieren

Zellkern: Träger der Erbinformation in Zellen; Ort der Steuerung von Zellvorgängen; wesentliches Merkmal von ► Eukaryoten

Zellzyklus: ständig erfolgender Wechsel von Phasen mit Zellkernteilung und ohne Zellkernteilung (Interphasen) bei vielzelligen Organismen

Zielzelle: Zelle mit Rezeptoren, an die z. B. ein Hormon spezifisch binden und seine Wirkung auslösen kann

Zygote: Zelle, die durch Verschmelzung von Eizelle und Spermienzelle (► Befruchtung) entsteht

Register

Der Stern * verweist auf eine Abbildung, f. nach der Seitenzahl bedeutet „folgende Seite“ und ff. „folgende Seiten“.

Bildnachweis

Titelfoto: Shutterstock/Alexlky
Agentur Focus/SPL/DR. G. MOSCOSO: 89/4, Hinteres Vorsatz, Reproduktion, oben; **akg-images:** 49/3; akg/Science Photo Library: 128/1; **Biophoto Associates**/Science Source/OKAPIA: 70/2; **blickwinkel:** /Roland Günter: 54/1a; blickwinkel: 54/1b; **bridgemanart:** 44/2; **BzgA:** Mit freundlicher Genehmigung und Unterstützung der Bundeszentrale für gesundheitliche Aufklärung: 51/2; **Colourbox:** 140/1a–f; **Cornelsen/Birgit Giffhorn:** Vorderes Vorsatz, MMP, links, oben und rechts, 112/1a, 113/2, 113/3 a–c; **Cornelsen/Markus Schönke:** 18/1 (links, rechts), 19/4, 19/5, 21/4 (links, rechts); **Cornelsen/Astrid Wolf:** Hinteres Vorsatz, Kompartimentierung, unten; **ddp images:** 20/2; **DuckDuckGo.** The search engine that doesn't track you: 38/1c; **epd-bild**/Giesbert Kühnle: 84/1; **F1online:** Vorderes Vorsatz, Grundwissen, oben, 4/oben, 8, 23/5, 86/links, 87/3a, 110/2, 114/1, 116/2, 146/1a, 146/1b; Age/Ton Koene: 67/3; Blend Images/ERproductions: 95/3; Blend Images/Shestock: 83/oben; Caia Image/Anthony Lee: 9/unten, 13/3; Kage-Mikrofotografie: 32, 4 unten; Maskot: 61/unten; VisualsUnlimited: 116/1; Westend61/Uwe Umstätter: 87/3c; /Design Pics: Hinteres Vorsatz/oben rechts; **Fotolia:** /Africa Studio: 53/5, 97/5; Christian Schwier: 39/4; cirodelia 75693800: 125/3; Dan Race: 33/unten; Eric Isselée: 143/3a, 143/3b; Jürgen Fälchle: 144/1c; Matthias Stolt: 57/5; Monkey Business: Vorderes Vorsatz, Einstiegseite, oben rechts; 95/4, 105/oben; phanuwatnandee: 34/2; Photographee.eu: 67/4, 83/unten; rosifan19: 97/1; Sindy: 92/2; Sven Knie: 130/1b; swisshippo: 144/1d; Tramper2: 149/4; William Burlingham: 87/3b; /Serg Zastavkin: Hinteres Vorsatz, Steuerung und Regelung, oben (links u. rechts); **Glow Images:** /Corbis RF: 60, Hinteres Vorsatz, unten rechts; Cultura RF: 9/Mitte; imageBROKER: Hinteres Vorsatz, Kompartimentierung, unten; GlowWellness: 61/Mitte; Prisma RM: Vorderes Vorsatz, Teste dich! unten, 34/1, 135/3; SuperStock: 29/6; **Google** und das Google-Logo sind eingetragene Marken von Google Inc., Verwendung mit Genehmigung 38/1b, 39/3; **imago:** 23/6, 149/3, Hinteres Vorsatz, Geschichte und Verwandtschaft, oben; imago/Science Photo Library: 40/2, 58/1, Hinteres Vorsatz, Struktur und Funktion, unten; **Interfoto**/PHOTOAISA: 142/oben; **mauritius images:** /Alamy: 56/2; Alamy/Helen Sessions: 130/1a; Alamy/Bill Coster: 140/2, 140/3, 148/2, Hinteres Vorsatz, Variabilität und Angepasstheit, oben; Alamy/Ian Miles-Flashpoint Pictures: 97/3; Alamy/Paul Mayall Birds: 23/4; Alamy/Russell Hoban: 139/4; mauritius images/BSIP/Amelie Benoist: 121/6; BSIP/B. BOISSONNET: 97/4; BSIP SA/Alamy Stock Photo: 36/2; Image Source: 127/1; imageBROKER/bilwissedition: 137/Mitte; imagebroker/Siegfried Kuttig: 63/4, Hinteres Vorsatz, Stoff- und Energieumwandlung, unten; Juice Images: 93/3; Minden Pictures/Michael Durham: 22/3, Hinteres Vorsatz, Information und Kommunikation, unten; Oxford Scientific: 89/5; Phototake: 44/1; Phototake/Carolina Biological Supply Company: 106/1; Phototake/KunkelD: 83/Mitte; Phototake/Philippe Dacla: Vorderes Vorsatz, Einstiegsseite, Mitte rechts, 105/Mitte, 106/3, 145/5, 148/1; Rubberball: Vorderes Vorsatz, Einstiegsseite, unten rechts, 105/unten; Science Source: 16/3, 50/1, 106/2; Science Source: 125/1a, 125/1b; Science Source/Biophoto Associates: Vorderes Vorsatz, links; 104; Stockbroker RF: 99/4, 101/3; Uwe Umstätter: 82; Westend61/Lisa und Wilfried Bahnmüller: 9/oben, Hinteres Vorsatz, Information und Kommunikation, oben; **MetaGer:** 38/1e; **Microsoft® Office.** Nutzung mit Genehmigung von Microsoft: 38/1a; **Okapia:** /Dietmar Nill: 22/1, Hinteres Vorsatz, Geschichte und Verwandtschaft, unten rechts; imageBROKER/Ottfried Schreiter: 97/2; NAS/Don W. Fawcett: 88/1, Hinteres Vorsatz, Struktur und Funktion, oben; Okapia/NAS/Mitte Abbey: Vorderes Vorsatz, Grundwissen, unten, 110/1 (links, Mitte, rechts), 111 (links, Mitte, rechts); NAS/Martin Shields: 126/1; **Olaf Fritsche, www.visuelles-denken.de:** 29/4; **Photoshot**/Photos Horticultural: 130/1c; picture-alliance: /dpa: 121/5; dpaweb: 137/oben; dpa/Maxppp: 22/2; dpa/Westend61/Retales Botijero: 86/r.; Sergey Kleptc: 137/unten; Okapia/Fred Bruemmer: 136; WILDLIFE: 126/2, Hinteres Vorsatz, Reproduktion, oben; **Shutterstock:** /Alexander Raths: 33/oben; Alexius Sutandio: 144/1e; Bomshtein: 92/1; Gunnar Pippel: 11/5; Mircea BEZERGHEANU: 144/1b; RACOBOVT: Vorderes Vorsatz, MMP, unten Mitte, 112/1d, Rawpixel.com: 132/1 und Hinteres Vorsatz, Variabilität und Angepasstheit, unten; Roblan: Vorderes Vorsatz, Teste dich! rechts, 135/5; Ryan Carter: 29/5; Scott E Read: 144/1a, Hinteres Vorsatz, Geschichte und Verwandtschaft, unten links; yochika photographer: 33/Mitte; **2016 StartPage by Ixquick Search Engine:** 38/1d; Wellcome Images, CC BY 4.0: 46/1; **yourphototoday**/PHANIE: 61/oben; YourPhotoToday/PM: 96/1; PM: 102/1

Soweit in diesem Lehrwerk Personen fotografisch abgebildet sind und ihnen von der Redaktion fiktive Namen, Berufe, Dialoge und Ähnliches zugeordnet oder diese Personen in bestimmte Kontexte gesetzt werden, dienen diese Zuordnungen und Darstellungen ausschließlich der Veranschaulichung und dem besseren Verständnis des Inhalts.

Basiskonzepte ▸▸ in der Biologie

STRUKTUR UND FUNKTION

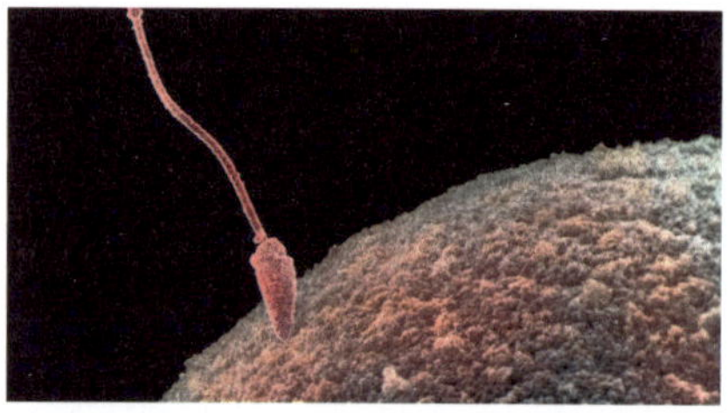

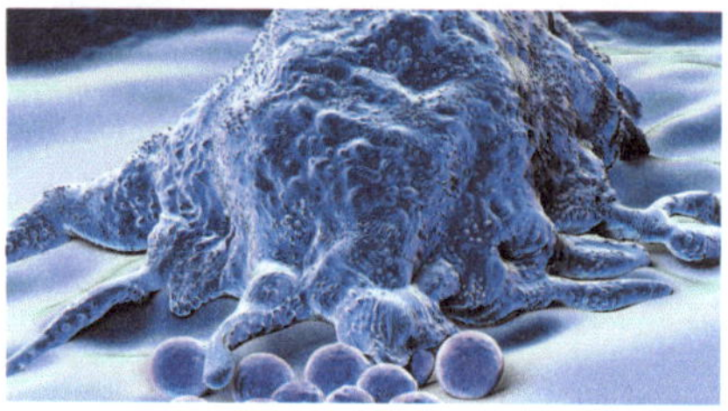

Die Struktur der Organe, Gewebe und Zellen hängt mit deren Funktion zusammen. Spermien können sich mit ihrer Geißel fortbewegen, um zur Eizelle zu gelangen. Das Immunsystem erkennt körperfremde Stoffe an deren Oberflächenstrukturen.

VARIABILITÄT UND ANGEPASSTHEIT

Lebewesen sind in ihren Merkmalen an ihre Umwelt angepasst. Individuen der gleichen Art unterscheiden sich oft beträchtlich voneinander. Diese Variabilität ermöglicht die Anpassung an veränderte Umweltbedingungen.

GESCHICHTE UND VERWANDTSCHAFT

In der Evolution entwickeln sich neue Arten aus bereits existierenden Arten. Dies wird durch Fossilien belegt. Verschiedene Wirbeltiere, z. B. Säugetiere und Vögel, haben gemeinsame Vorfahren.

INFORMATION UND KOMMUNIKATION

Lebewesen nehmen über Sinnesorgane wie Augen, Ohren und Nase Reize aus der Umwelt auf. Die Leistungsfähigkeit der Sinne unterscheidet sich zwischen den Tiergruppen deutlich.